陈镭 潘亮 许建明 甄新蓉 编著

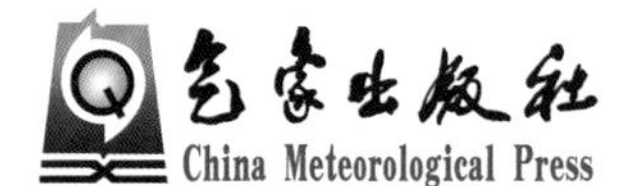

内 容 简 介

空气质量与人们的健康和生活息息相关，$PM_{2.5}$ 污染危害人体健康，给城市居民生活带来严重的不利影响。本书收集整理了2013—2020年上海市 $PM_{2.5}$ 污染日（392 d），根据成因将污染天气分为积累型、输送型和混合型3类，并结合地面、高空天气系统的配置，对这3类污染进行天气学分型，同时筛选出各类污染类型的典型个例，重点分析了造成污染的气象影响因素和污染特征，有助于读者了解不同类型污染的主要特点，旨在为提高空气污染预报预警水平和 $PM_{2.5}$ 污染防治提供一定的技术支撑。

本书图像信息丰富，提供了污染天气的基本分析方法和预报思路，实用性强，可作为预报员分析污染天气的参考和依据。

图书在版编目（CIP）数据

上海市PM2.5污染个例图集 / 陈镭等编著. -- 北京 : 气象出版社, 2024. 7. -- ISBN 978-7-5029-8232-4

Ⅰ. X513-64

中国国家版本馆CIP数据核字第20241ZJ638号

上海市 $PM_{2.5}$ 污染个例图集

Shanghai Shi $PM_{2.5}$ Wuran Geli Tuji

出版发行：气象出版社

地　　址：北京市海淀区中关村南大街46号　**邮政编码**：100081

电　　话：010-68407112（总编室）　010-68408042（发行部）

网　　址：http://www.qxcbs.com　**E-mail**：qxcbs@cma.gov.cn

责任编辑：黄海燕　**终　　审**：张　斌

责任校对：张硕杰　**责任技编**：赵相宁

封面设计：艺点设计

印　　刷：北京地大彩印有限公司

开　　本：787 mm×1092 mm　1/16　**印　　张**：12.75

字　　数：287千字

版　　次：2024年7月第1版　**印　　次**：2024年7月第1次印刷

定　　价：128.00元

前 言

上海市位于我国东部沿海地区，是一个经济发达、人口稠密的超大型城市，其环境空气质量的变化与人们的生活息息相关，尤其是 $PM_{2.5}$ 污染可以危害人体健康、影响植物生长、损坏文物古迹及降低能见度等。2013—2020 年上海市 $PM_{2.5}$ 平均浓度为 44 $\mu g/m^3$，污染天数为 392 d，其中中度及以上污染等级天数达 110 d，$PM_{2.5}$ 浓度呈现夏秋低、冬春高的季节变化特点，且污染主要出现在冬季，如 2013 年 12 月上海市出现了 23 d 污染，中度及以上污染等级天数达到 14 d，上旬出现了长达 9 d 的连续污染过程，其中有 61 h 的严重污染，给城市居民的生活带来了严重的不利影响。虽然污染排放是造成 $PM_{2.5}$ 污染的根本原因，但是在一定时间尺度内，排放源一般变化不大，天气形势是影响最终污染状况的重要因素，因此，做好相关气象条件分析是 $PM_{2.5}$ 污染预报预警的关键。

本书共分为 6 章，第 1 章分析了上海市 $PM_{2.5}$ 污染天气的时间变化特征及天气对 $PM_{2.5}$ 的扩散、输送和湿沉降影响。第 2 章根据污染成因将 2013—2020 年上海市 $PM_{2.5}$ 污染天气分为积累型、输送型和混合型 3 类，并结合地面、高空天气系统的配置，对这 3 类污染进行天气学分型。第 3—5 章分别选取积累型、输送型和混合型 $PM_{2.5}$ 污染的典型个例各 10 个，着重分析其污染特征及造成污染的气象影响因素，并针对不同污染类型提供基本预报思路。第 6 章总结了上海市 $PM_{2.5}$ 污染天气概念模型，并对未来空气质量预报和服务的发展方向进行展望。本书旨在帮助环境气象预报员更深入细致地了解各类 $PM_{2.5}$ 污染天气的气象影响因素和污染特征，提供基本分析方法和预报思路，提高对污染天气的预报预警水平，为 $PM_{2.5}$ 污染防治提供一定的技术支撑。

本书的编写是在长三角环境气象预报预警中心的领导和同事的大力支持和帮助下完成的，在此表示真诚的感谢！

由于作者的水平有限，书中难免会有不足和错误之处，恳请读者批评指正。

作者

2023 年 9 月

目 录

前言

第 1 章 上海市 $PM_{2.5}$ 污染天气概述 …… 1

1.1 上海市 $PM_{2.5}$ 污染天气的统计特征 …… 2
1.2 天气对 $PM_{2.5}$ 的影响途径 …… 7

第 2 章 上海市 $PM_{2.5}$ 污染分型 …… 11

2.1 积累型污染 …… 12
2.2 输送型污染 …… 15
2.3 混合型污染 …… 17

第 3 章 积累型污染个例分析 …… 21

3.1 2013 年 1 月 18—19 日污染过程 …… 22
3.2 2014 年 1 月 16 日污染过程 …… 26
3.3 2014 年 2 月 27 日污染过程 …… 30
3.4 2014 年 3 月 18 日污染过程 …… 33
3.5 2014 年 12 月 6 日污染过程 …… 38
3.6 2015 年 3 月 28—29 日污染过程 …… 43
3.7 2015 年 7 月 26 日污染过程 …… 47
3.8 2015 年 10 月 13—14 日污染过程 …… 51
3.9 2018 年 3 月 23 日污染过程 …… 56
3.10 2019 年 1 月 18 日污染过程 …… 61
3.11 本章小结 …… 65

第 4 章 输送型污染个例分析 …… 67

4.1 2013 年 1 月 9 日污染过程 …… 68
4.2 2013 年 4 月 15 日污染过程 …… 72

4.3 2013年4月23—24日污染过程 …… 76
4.4 2013年11月3日污染过程 …… 81
4.5 2013年12月19—20日污染过程 …… 86
4.6 2014年1月12日污染过程 …… 90
4.7 2014年1月25日污染过程 …… 94
4.8 2015年12月14—15日污染过程 …… 99
4.9 2016年2月20日污染过程 …… 104
4.10 2017年11月3日污染过程 …… 108
4.11 本章小结 …… 112

第5章 混合型污染个例分析 …… 115

5.1 2013年3月7—9日污染过程 …… 116
5.2 2013年12月1—9日污染过程 …… 127
5.3 2013年12月28日—2014年1月4日污染过程 …… 137
5.4 2014年7月10—11日污染过程 …… 146
5.5 2015年12月30—31日污染过程 …… 154
5.6 2016年1月13—16日污染过程 …… 160
5.7 2016年2月8日污染过程 …… 167
5.8 2017年12月31日—2018年1月1日污染过程 …… 174
5.9 2018年1月30日—2月1日污染过程 …… 180
5.10 2020年12月11—13日污染过程 …… 187
5.11 本章小结 …… 193

第6章 总结和展望 …… 195

6.1 上海市 $PM_{2.5}$ 污染天气概念模型总结 …… 196
6.2 展望 …… 197

参考文献 …… 198

第1章

上海市 $PM_{2.5}$污染天气概述

上海市位于我国东部沿海地区，是一个经济发达、人口稠密的超大型城市，其环境空气质量的变化与人们的生活息息相关，尤其是 $PM_{2.5}$ 污染危害人体健康，给城市居民生活带来严重的不利影响。相关研究表明，上海市 $PM_{2.5}$ 污染存在较明显的季节变化，天气形势对其影响巨大，地面风向风速、降水量等气象条件对上海市 $PM_{2.5}$ 浓度的时空变化起到十分重要的作用（王璟 等，2008；张国琏 等，2010；陈敏 等，2013；陈镭 等，2016，2017；刘超 等，2017）。

1.1 上海市 $PM_{2.5}$ 污染天气的统计特征

1.1.1 资料及方法

本书中采用的空气质量资料来自上海市环境监测中心的 10 个环境空气质量自动监测国控点位（图 1.1.1，含 1 个对照点）的 $PM_{2.5}$ 小时浓度资料，这 10 个点位中有 7 个分布在市区，3 个位于市区的边缘，其监测资料对上海市具有一定的代表性。资料时段为 2013—2020 年。

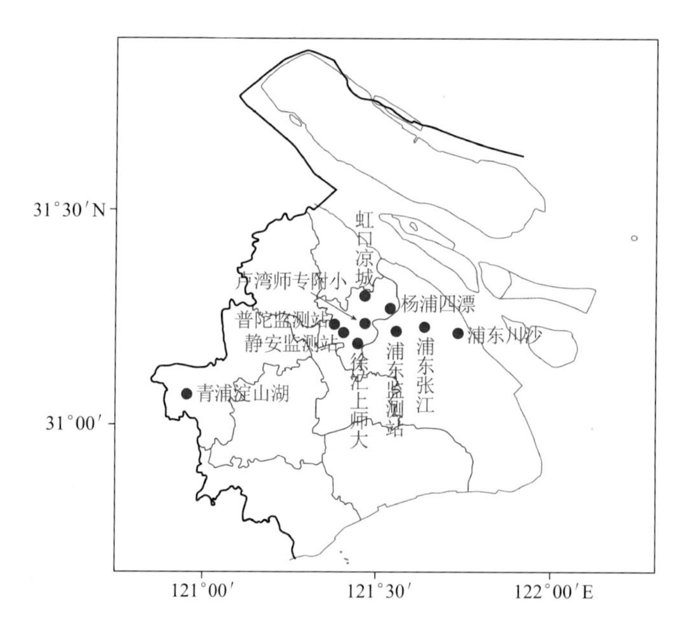

图 1.1.1 上海市环境监测中心环境空气质量自动监测国控点位分布

上海市环境监测中心从 2013 年 1 月 1 日起正式对外发布空气质量指数和空气质量分指数，用其作为衡量空气质量状况的新指标。空气质量指数（air quality index，AQI）是定量描述空气质量状况的无量纲指数；空气质量分指数（individual air quality index，IAQI）则是单项污染物的空气质量指数。IAQI 的计算方法是将监测的空气污染物根据适当的分级浓度限值对其进行等标化，简化成为单一的无量纲的指数形式（式（1.1）），以此可以进行不同污染物之间的比较，得出最大的 IAQI 值即为当日的 AQI 值。将 IAQI

按照一定的标准进行级别划分，可分为6级，分别为1级优（0～50）、2级良（51～100）、3级轻度污染（101～150）、4级中度污染（151～200）、5级重度污染（201～300）和6级严重污染（＞300），级别越高说明污染情况越严重，对人体的危害越大（中华人民共和国环境保护部，2012）。

污染物项目P的空气质量分指数按式(1.1)计算：

$$IAQI_P = \frac{IAQI_{Hi} - IAQI_{Lo}}{BP_{Hi} - BP_{Lo}}(C_P - BP_{Lo}) + IAQI_{Lo} \tag{1.1}$$

式中：$IAQI_P$为污染物项目P的空气质量分指数（无量纲量）；C_P为污染物项目P的质量浓度值（单位：μg/m³）；BP_{Hi}为与C_P相近的污染物浓度限值的高位值（单位：μg/m³）；BP_{Lo}为与C_P相近的污染物浓度限值的低位值（单位：μg/m³）；$IAQI_{Hi}$为与BP_{Hi}对应的空气质量分指数（无量纲量）；$IAQI_{Lo}$为与BP_{Lo}对应的空气质量分指数（无量纲量）。

计算公式中所用参数均参照中华人民共和国环境保护部制定的《环境空气质量指数（AQI）技术规定（HJ 633—2012）》中空气质量分指数及对应的污染物项目浓度限值中取得，$PM_{2.5}$浓度限值及与IAQI的对应标准见表1.1.1。

表1.1.1 IAQI及对应的$PM_{2.5}$浓度限值

	$PM_{2.5}$浓度限值/（μg/m³）							
	0	35	75	115	150	250	350	500
IAQI	0	50	100	150	200	300	400	500

本书使用上述空气质量状况评价标准，对2013—2020年上海市$PM_{2.5}$状况进行分析研究。书中使用的气象资料包括常规高空、地面观测资料及美国国家环境预报中心（NCEP）每6 h一次的FNL 1°×1°再分析资料，时段均为2013—2020年。书中如无特别说明，上海市气象观测数据均使用国家基本气象站宝山站观测资料。

1.1.2 $PM_{2.5}$的年际变化特征

图1.1.2给出了2013—2020年上海市$PM_{2.5}$年平均浓度分布。由图上可以看到，上海市$PM_{2.5}$年平均浓度基本呈现逐年下降的趋势，由2013年的61.7 μg/m³下降至2020年的31.7 μg/m³，降幅达到48.6%，也是在2020年$PM_{2.5}$年平均浓度首次降至35 μg/m³以下。

图1.1.3为2013—2020年上海市$PM_{2.5}$各等级出现的天数及优良率。由图上可以看到，$PM_{2.5}$优良率基本呈现逐年上升的趋势，其中从2017年开始优良率上升至90%以上，到2020年优良率已经达到95.4%。从$PM_{2.5}$不同等级出现天数可以看到，上海市$PM_{2.5}$达优等级天数也基本呈现逐年上升的趋势，由2013年的109 d上升至2020年的254 d，达优等级天数翻了一倍以上，而污染天数（除优良以外其余等级）基本呈现逐年下降的趋势，从2014年开始上海市就没有严重污染出现了，而重度污染从2016年开始也明显减少，每年仅出现1～2 d，2019年没有出现重度污染。

由2013—2020年$PM_{2.5}$年平均浓度和各等级出现天数的逐年变化可以看到，随着

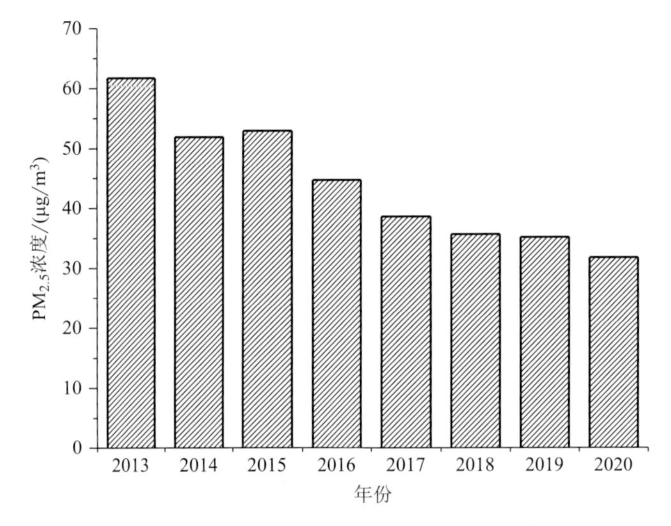

图 1.1.2　2013—2020 年上海市 $PM_{2.5}$ 年平均浓度

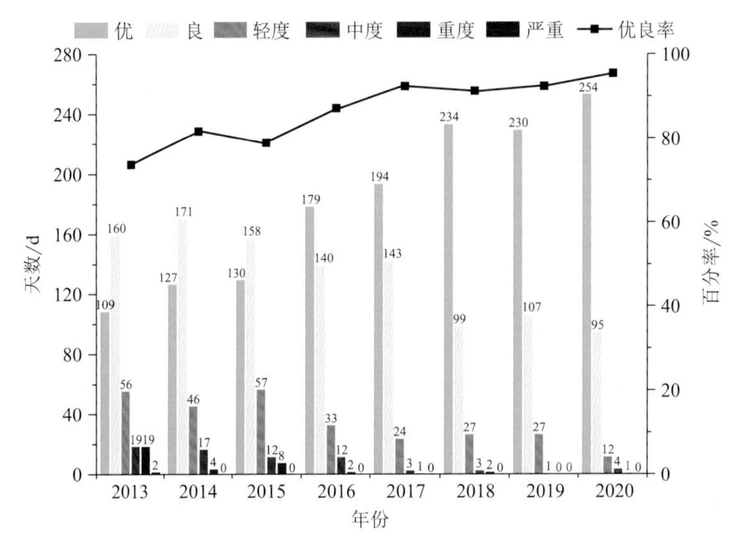

图 1.1.3　2013—2020 年上海市 $PM_{2.5}$ 各等级出现的天数及优良率

政府部门的大力治理，上海市 $PM_{2.5}$ 状况呈现逐年好转的趋势。

1.1.3　$PM_{2.5}$ 的月际变化和季节变化特征

从 2013—2020 年上海市 $PM_{2.5}$ 月平均浓度分布（图 1.1.4）可以看到，上海市 $PM_{2.5}$ 月平均浓度全年呈现先下降再上升的变化趋势，1 月和 12 月是 $PM_{2.5}$ 浓度的高值月，其中 1 月为一年中的最高月，2—8 月浓度是一个逐月下降的过程，8 月为一年中的最低月，之后浓度逐月上升，全年除 1 月和 12 月外，月平均浓度均在 50 $\mu g/m^3$ 以下。表 1.1.2 给出了上海市不同季节的 $PM_{2.5}$ 平均浓度，可以看到一年中冬季 $PM_{2.5}$ 浓度最高，夏季最低，夏秋两季的 $PM_{2.5}$ 平均浓度均在 35 $\mu g/m^3$ 以下。由上述分析可知，上海市 $PM_{2.5}$ 呈现夏秋低、冬春高的季节变化特征。

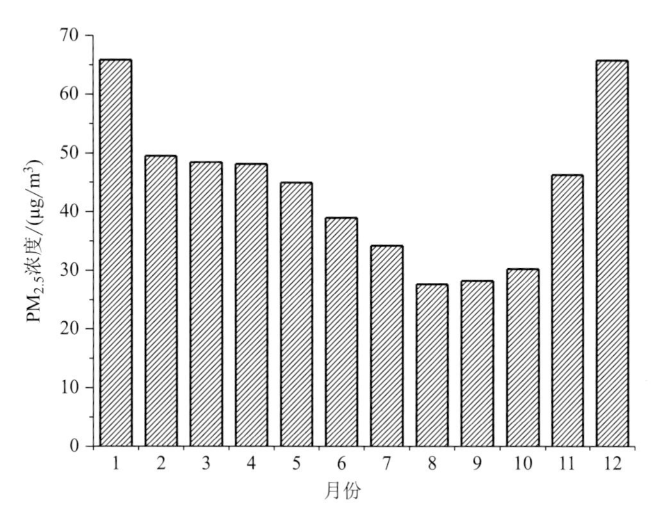

图 1.1.4　2013—2020 年上海市 $PM_{2.5}$ 月平均浓度

表 1.1.2　2013—2020 年上海市 $PM_{2.5}$ 四季平均浓度　　单位：μg/m³

	春	夏	秋	冬
$PM_{2.5}$ 平均浓度	47.2	33.6	34.9	60.4

从 2013—2020 年上海市 $PM_{2.5}$ 各等级出现天数及优良率逐月分布(图 1.1.5a)可以看到，上海市优良率呈现先上升后下降的趋势，1 月优良率最低，仅为 62.9%，之后逐月上升，9 月达到全年最高，为 98.8%，之后优良率快速下降，全年 6—10 月优良率均在 90%以上；8—10 月出现污染天数很少，且没有中度及以上等级的污染出现，其中 9 月在 2013—2020 年 8 年间一共仅出现了 3 d 轻度污染，而重度和严重污染则主要出现在 1—3 月和 11—12 月。图 1.1.5b 给出了 2013—2020 年上海市 $PM_{2.5}$ 在不同季节各等级出现天数及优良率分布，可以看到，夏季优良率最高，冬季最低，说明污染主要出现在冬季。

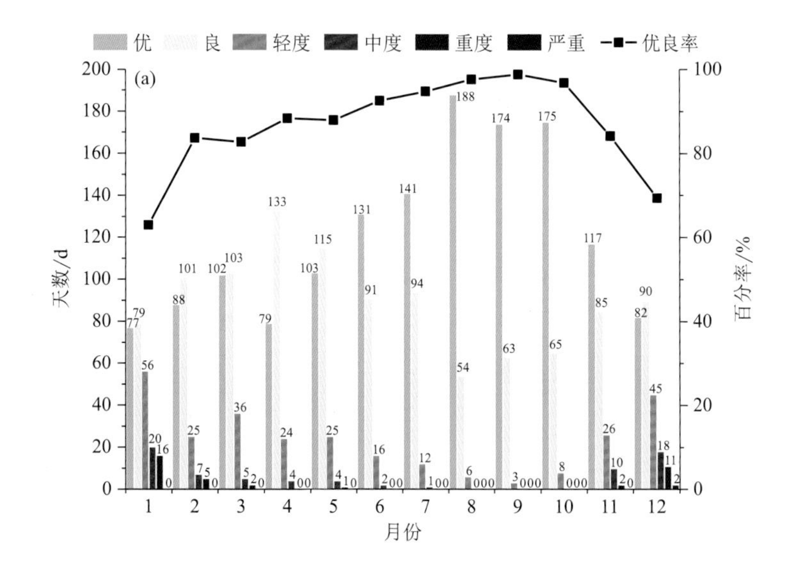

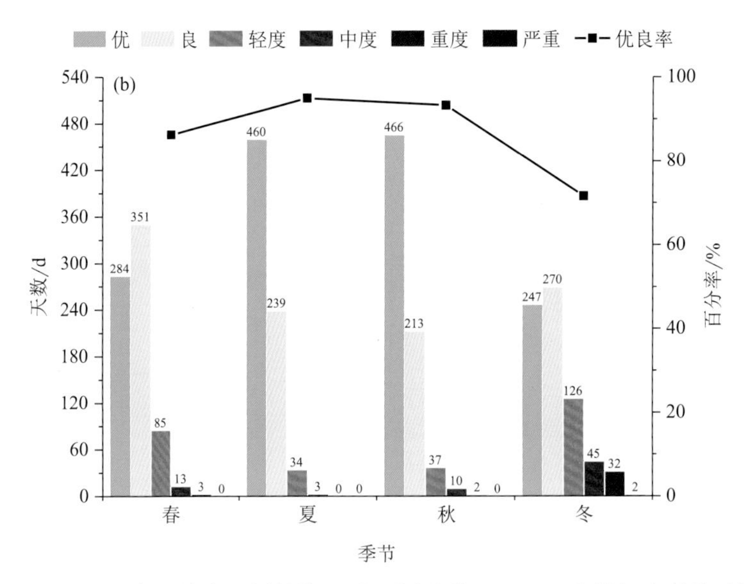

图 1.1.5　2013—2020 年上海市不同月份(a)和不同季节(b)$PM_{2.5}$ 各等级出现的天数及优良率

1.1.4　$PM_{2.5}$ 的日变化特征

图 1.1.6 给出了 2013—2020 年上海市 $PM_{2.5}$ 小时平均浓度时序。由图上可以看到，一天中 $PM_{2.5}$ 小时平均浓度呈现双峰型变化特征，两个峰值分别出现在 09 时和 21 时，上午的峰值浓度高于夜间，一天中的谷值出现在 17 时。$PM_{2.5}$ 浓度的日变化幅度不大，在 41～47 $\mu g/m^3$ 范围内起伏。

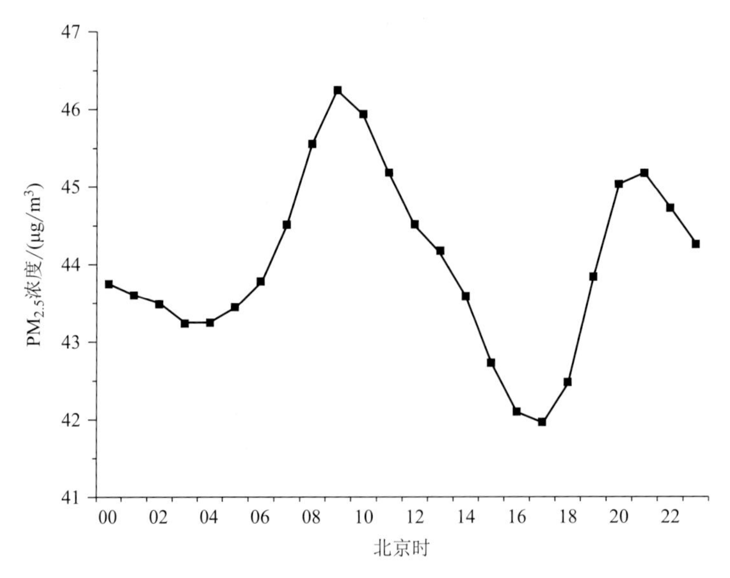

图 1.1.6　2013—2020 年上海市 $PM_{2.5}$ 小时平均浓度时序

1.2 天气对 $PM_{2.5}$ 的影响途径

天气形势对于 $PM_{2.5}$ 浓度影响巨大，地面风向风速、降水量等气象条件对上海市 $PM_{2.5}$ 浓度变化起着重要的作用，其对 $PM_{2.5}$ 的影响途径主要有传输、扩散和湿沉降 3 个方面，本节将做详细介绍。

1.2.1 扩散影响

天气对 $PM_{2.5}$ 的扩散影响分为水平扩散和垂直扩散，李小飞等(2012)研究指出，污染物在水平方向上的扩散由风速决定，风速越大，污染物越容易扩散，风速小甚至静风时，污染物难以扩散，容易形成污染物局地积累，甚至出现污染。统计 2013—2020 年上海市地面风速发现，静风(≤0.2 m/s)影响下的 $PM_{2.5}$ 平均浓度达 61.3 μg/m^3，污染概率达 28.2%，非静风(>0.2 m/s)条件下，$PM_{2.5}$ 平均浓度为 43.4 μg/m^3，污染概率为 14.2%。由此可见，地面风速对于 $PM_{2.5}$ 浓度的变化有着重要的影响。

图 1.2.1 给出了 2013—2020 年上海市地面风速小时平均和月平均分布，由图 1.2.1a 可以看到，地面风速一天中有一个峰值和一个谷值，白天风速大于夜间风速。对比图 1.1.6 可以看到，早晨风速较小，而此时城市交通早高峰造成排放源增多，水平扩散条件不利，容易造成 $PM_{2.5}$ 浓度的上升，上午随着风速增大，水平扩散条件转好，$PM_{2.5}$ 浓度出现下降过程，傍晚到夜间随着风速不断减小，水平扩散条件持续转差，再叠加城市交通晚高峰，$PM_{2.5}$ 浓度再次出现上升过程，而半夜到早晨排放源少，虽然此时风速最小，$PM_{2.5}$ 浓度仍然缓慢下降，总体来看，$PM_{2.5}$ 浓度日变化与地面风速有一定的负相关关系。从上海市地面风速月平均分布(图 1.2.1b)可以看到，风速逐月变化幅度不大，为 2.2～2.8 m/s，1—3 月是一个缓慢增大的过程，3 月之后风速逐月减小，6—8 月风速迅速增大，其中 8 月为全年风速最大的月份，之后风速总体呈现下降的趋势，11 月为全年风速最小

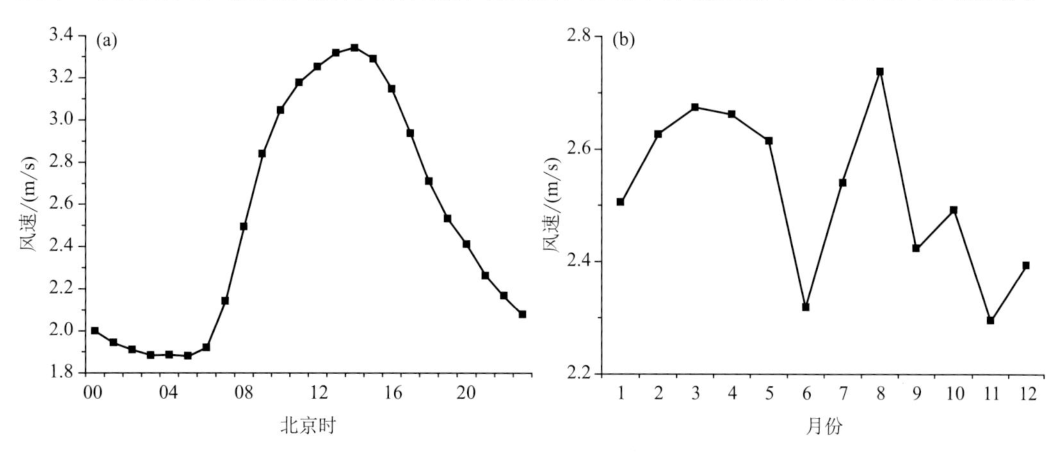

图 1.2.1 2013—2020 年上海市地面风速小时平均(a)和月平均(b)分布

月。对比图 1.1.4 发现，月平均风速与月平均 $PM_{2.5}$ 浓度没有呈现明显的负相关关系，造成此种情况的原因与风向有关，在相同的风速条件下，不同的风向会对 $PM_{2.5}$ 浓度造成不同影响，下面将做详细分析。

Carroll 等(2002)、耿建生等(2006)研究结果表明，$PM_{2.5}$ 在垂直方向上扩散主要受到垂直方向上温度分布状况的控制，当出现逆温时，近地层大气垂直层结比较稳定，会减弱大气湍流交换和热力对流，阻碍 $PM_{2.5}$ 向上扩散稀释，导致 $PM_{2.5}$ 在低空不断积聚，从而造成浓度的上升，甚至出现污染。统计 2013—2020 年 $PM_{2.5}$ 污染日(392 d)发现，去除气象高空站点观测资料缺测 18 d，共有 171 d 出现接地逆温情况。由此可见，逆温也是导致 $PM_{2.5}$ 污染的一个重要影响因子。

1.2.2 输送影响

前文提到相同的风速条件下，不同的风向会对 $PM_{2.5}$ 浓度造成不同的影响，天气对 $PM_{2.5}$ 的输送影响主要是通过风向的变化来实现。上海市地处我国东部沿海，西部地区为内陆城市，因此，东向风是来自海上的洁净空气，有利于 $PM_{2.5}$ 浓度的稀释下降，西向风则来自内陆城市，有利于将上游城市的污染物输送至上海市，造成 $PM_{2.5}$ 浓度的上升，甚至出现污染。

图 1.2.2a 给出了 2013—2020 年不同风向影响下的 $PM_{2.5}$ 平均浓度，由图上可以看到，$PM_{2.5}$ 在东向风(NE、E、SE)控制下浓度明显低于西向风(NW、W、SW)，其中东南风影响下平均浓度最低，仅 35.3 $\mu g/m^3$，偏西风最高，达 68.9 $\mu g/m^3$，是东南风的近 2 倍。图 1.2.2b 为 2013—2020 年不同风向影响下 $PM_{2.5}$ 出现污染的概率，可以看到，偏西风控制下 $PM_{2.5}$ 出现污染的概率最大，为 34.2%，其次为西北风，达 25.3%，东南风出现污染的概率最低，仅为 7.4%，东向风(NE、E、SE)控制下出现污染的概率明显低于西向风(NW、W、SW)。从图上还可以看到，偏南风和偏北风影响下上海市 $PM_{2.5}$ 平均浓度和出

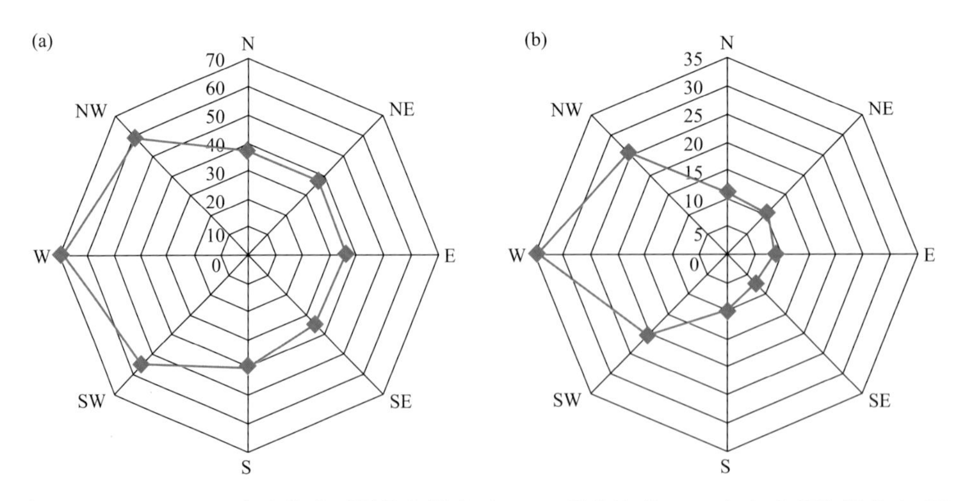

图 1.2.2 2013—2020 年上海市不同风向影响下 $PM_{2.5}$ 平均浓度(a，$\mu g/m^3$)和污染概率(b，%)

现污染的概率均在西向风和东向风之间，这是因为对于上海市来说，来自北方和来自南方的气团成分较复杂，部分来自陆地、部分来自海洋，如果气团中来自陆地的分量更多一些，则 $PM_{2.5}$ 浓度值更容易上升，容易出现污染，如果来自海洋的分量多一些，则情况反之。由上述分析可知，风向对于上海市 $PM_{2.5}$ 浓度的变化有着十分重要的影响。

由 1.1 节分析可知，$PM_{2.5}$ 浓度具有夏秋低、冬春高的季节变化特征，且污染主要出现在冬季，以下将从风向的角度探讨出现此种季节变化特征的原因。表 1.2.1 和表 1.2.2 分别给出了 2013—2020 年各月及各季节不同风向出现的频率，可以看到，上海市风向具有明显的季节变化特征，而这种变化与影响上海市的天气系统有关，冬季蒙古冷性高压强度最大，可以控制整个东亚地区，整个冬季就是冷空气活动重复侵入的过程，此种天气形势下，上海市地面主导风向为偏西风和西北风的时间增多，因此，有利于将上游的污染物不断重复地输送至本地，容易造成 $PM_{2.5}$ 浓度的上升并且出现污染；夏季上海市主要受西太平洋副热带高压控制，地面盛行风向为东南风，海上洁净的空气有利于污染物的稀释，不易造成 $PM_{2.5}$ 污染；秋季冷高压又开始活跃，但由于西太平洋副热带高压仍维持在我国上空，冷空气影响偏北，因此，上海市虽然偏西风和西北风开始增多，但东北风和偏东风仍占主导地位，地面风向仍然有利于 $PM_{2.5}$ 浓度的下降；春季影响上海市的天气系统较其他三季复杂，这一季节冷空气势力逐渐减弱，西南暖湿气流逐渐活跃，气旋活动开始频繁，各个风向都有可能出现，对比秋季而言，虽然来自海上的风(NE、E、SE)频率相当，但来自内陆的风(SW、W、NW)较秋季偏多，因此，春季的风向更有利于 $PM_{2.5}$ 浓度的上升。风向的季节变化正好与 $PM_{2.5}$ 的季节变化特征相对应，夏、秋季的风向更有利于 $PM_{2.5}$ 浓度的下降，而冬、春季，尤其是冬季的风向更有利于 $PM_{2.5}$ 浓度的上升且出现污染。

表 1.2.1 2013—2020 年各月上海市不同风向频率 %

	1月	2月	3月	4月	5月	6月	7月	8月	9月	10月	11月	12月
N	14.1	13.0	10.9	6.3	3.7	2.3	2.0	3.9	11.8	17.7	17.0	12.3
NE	26.0	23.0	18.7	16.8	12.6	15.1	10.9	15.4	30.3	33.9	23.4	20.2
E	12.6	19.2	20.1	19.8	21.2	26.8	18.5	22.7	24.2	17.1	16.6	12.3
SE	8.3	10.8	17.1	21.4	28.7	27.4	27.8	27.1	11.7	8.7	10.3	6.7
S	4.3	5.9	10.2	11.0	12.5	7.9	16.7	11.6	2.9	3.1	4.6	3.0
SW	3.8	4.8	6.1	6.2	6.5	10.4	12.4	7.9	3.4	2.0	3.8	4.4
W	18.6	13.3	9.3	11.1	9.8	7.4	8.9	7.5	9.6	8.7	14.7	23.6
NW	12.4	10.0	7.5	7.5	5.0	2.6	2.8	3.8	6.1	8.7	9.7	17.4

表 1.2.2 2013—2020 年各季节上海市不同风向频率 %

	春	夏	秋	冬
N	7.0	2.7	15.5	13.1
NE	16.1	13.8	29.2	23.1
E	20.4	22.7	19.3	14.7

续表

	春	夏	秋	冬
SE	22.4	27.4	10.2	8.6
S	11.3	12.1	3.5	4.4
SW	6.3	10.3	3.1	4.3
W	10.1	8.0	11.0	18.5
NW	6.7	3.1	8.1	13.3

1.2.3 湿沉降影响

降水对 $PM_{2.5}$ 有一定的湿沉降作用。图 1.2.3 给出了 2013—2020 年上海市月平均和季节平均降水量分布，可以看到，上海市降水主要集中在 6—9 月，6 月降水量最大，这段时间上海市先处于梅雨季节，之后受夏季强对流影响，因此，降水量丰沛，而其余月份降水量较少，除 10 月外，平均降水量基本为 50～100 mm，总体来说，上海市夏季降水量最多，秋季次之，冬季最少。降水对 $PM_{2.5}$ 具有湿沉降作用，降水较多，有利于 $PM_{2.5}$ 浓度的下降，因此，在一定程度上造成了上海市夏、秋季 $PM_{2.5}$ 浓度偏低，且污染较少。

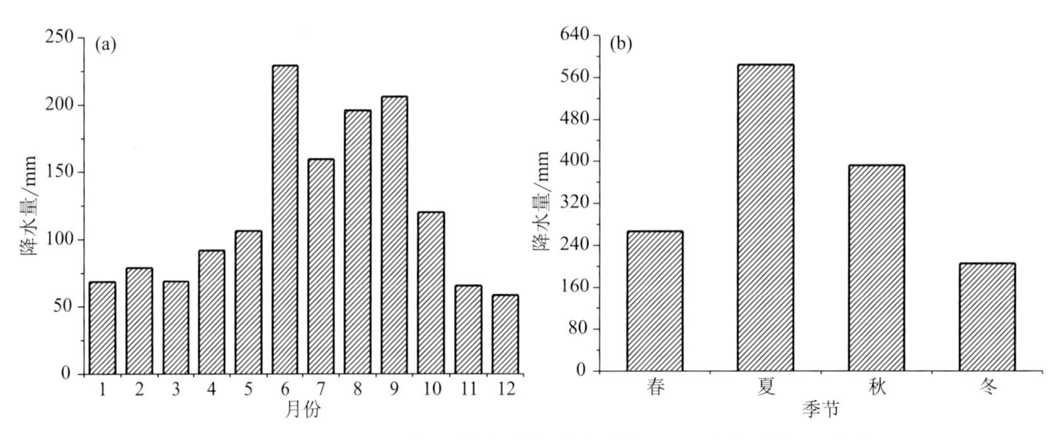

图 1.2.3 2013—2020 年上海市降水量月平均(a)和季节平均(b)分布

综上所述，气象因子对上海市 $PM_{2.5}$ 浓度变化具有重要的影响，地面风速的日变化与 $PM_{2.5}$ 浓度的日变化具有一定的负相关关系，风速越小，水平扩散条件越差，越容易造成 $PM_{2.5}$ 浓度的上升，如果垂直方向上再配合逆温，抑制 $PM_{2.5}$ 垂直扩散，则容易导致污染出现。风向的季节变化特征与 $PM_{2.5}$ 浓度季节变化特征相对应，来自海上的洁净空气（东向风）有利于 $PM_{2.5}$ 浓度的稀释下降，来自内陆的风（西向风）则有利于将上游的污染物输送至上海市，造成 $PM_{2.5}$ 浓度的上升和污染过程。另外，降水也是影响 $PM_{2.5}$ 浓度变化的重要气象因子，降水偏多，湿沉降作用明显，有利于 $PM_{2.5}$ 浓度的下降。

第2章

上海市 $PM_{2.5}$污染分型

2013—2020 年上海市共出现 $PM_{2.5}$ 污染 392 d，虽然污染排放是造成 $PM_{2.5}$ 污染的根本原因，但是在一定的时间尺度内，排放源一般变化不大，天气形势是影响最终污染状况的重要因素，做好相关气象条件分析是 $PM_{2.5}$ 污染预报的关键。分析上海市 $PM_{2.5}$ 污染日高低空天气系统的配置及其对 $PM_{2.5}$ 浓度的影响，然后根据 $PM_{2.5}$ 污染成因可以将其分为 3 种类型（去除气象地面观测资料缺测 2 d），分别为积累型污染（由本地 $PM_{2.5}$ 积聚造成，共出现 119 d）、输送型污染（由上游 $PM_{2.5}$ 输送至上海市造成，共出现 106 d）、混合型污染（由本地积聚叠加上游输送造成，共出现 165 d），混合型污染出现概率是 3 种污染类型里最高的。

2.1 积累型污染

2.1.1 积累型污染天气学分型

积累型污染主要由本地较差的水平和垂直扩散条件引起，污染来源以本地积聚为主。500～850 hPa 高度场上（图 2.1.1a～c），上海市多为槽后西北气流影响，此种天气形势不利于出现大强度的降水，不会对 $PM_{2.5}$ 造成湿沉降影响；850 hPa 温度场上（图 2.1.1d），上海市经常为暖脊控制，垂直层结比较稳定，垂直方向不利于 $PM_{2.5}$ 的稀释扩散。

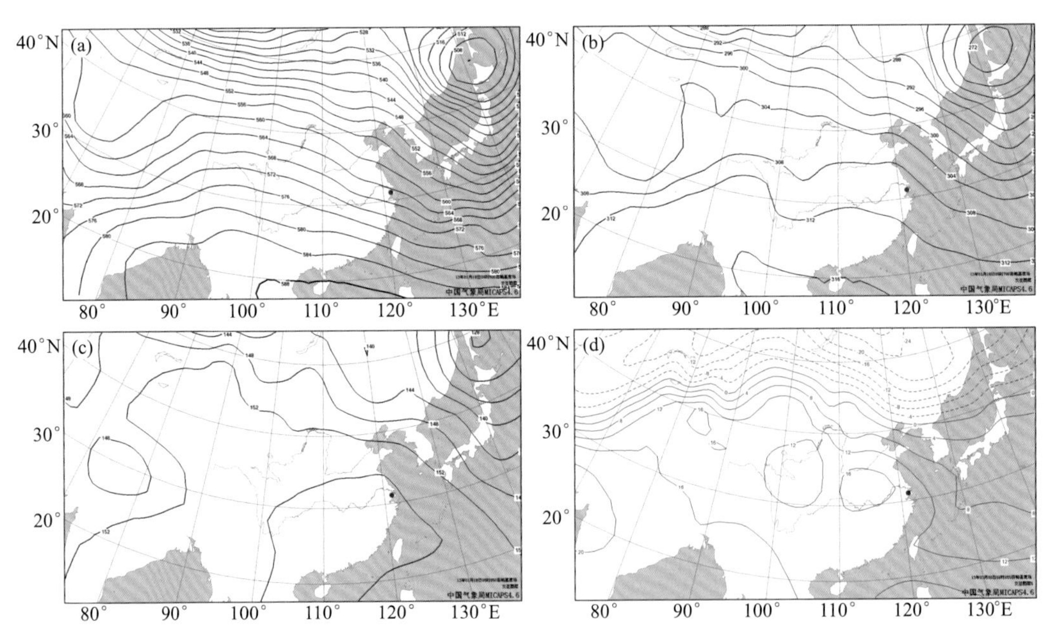

图 2.1.1 500 hPa(a)、700 hPa(b)和 850 hPa(c)高度场及 850 hPa 温度场(d)

（高度场单位：dagpm；温度场单位：℃；•：上海市位置）

对造成积累型污染的海平面气压场形势进行分型，主要有高压中心型（图 2.1.2a）、鞍型场型（图 2.1.2b、c）和均压场型（图 2.1.2d）。这 3 种天气形势的特征及其造成污染的频率见表2.1.1,可以看到,2013—2020年高压中心型造成积累型污染的概率最高,其次为鞍型场型,上海市在这3种天气类型的控制下气压场均偏弱,地面风速小。

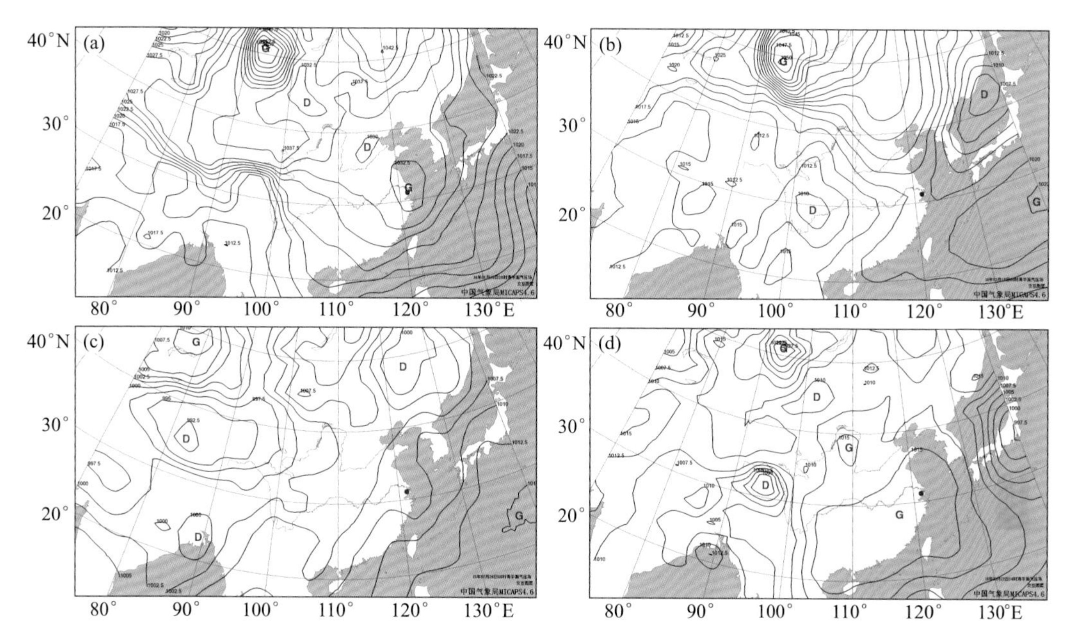

图2.1.2 高压中心型(a)、鞍型场型(b)、鞍型场型(低压前部)(c)和均压场型(d)海平面气压场(单位:hPa;•:上海市位置)

表2.1.1 2013—2020年上海市积累型污染的天气类型及影响频率

天气类型	影响频率/%	天气形势及风场特征
高压中心	49.6	高压系统或弱高压中心位于长江下游附近,上海市受高压中心控制,风速小
鞍型场	29.4	上海市处于鞍型场或低压前部(类似鞍型场形势),等压线稀疏,风速小
均压场	21.0	上海市处于高压环流内,等压线稀疏,风速小

2.1.2 积累型污染特征

图2.1.3a给出了2013—2020年上海市积累型污染各等级出现天数及频率,从图上可以看到,轻度污染出现天数最多,达93 d,出现频率为78.3%,而中度及以上等级的污染仅26 d,由此可见,积累型污染由于其污染来源以本地积聚为主,因此,$PM_{2.5}$浓度的日均值以轻度污染居多,污染程度相对较轻,污染持续时间也较短,长时间的连续污染过程出现频次较低。分析积累型污染个例的$PM_{2.5}$浓度变化(图2.1.3b)发现,$PM_{2.5}$前期上升速度较慢,污染过程中峰值多出现在早晨—上午及傍晚—前半夜,由于积累型污染是由本地$PM_{2.5}$积聚造成,因此,其峰值出现时间多与城市交通早晚高峰时间有关。从气象条件来看,积累型污染最重要的特征就是较差的水平和垂直扩散条件,表现在气象要素上就是地面风速小(图2.1.4a),有静风,垂直运动弱(图2.1.4b),经常会有逆温(图2.1.4c)出现,另外,在高压系统的控制下,上海市上空近地层为下沉气流(图2.1.4b),进一步抑制了$PM_{2.5}$向上扩散。

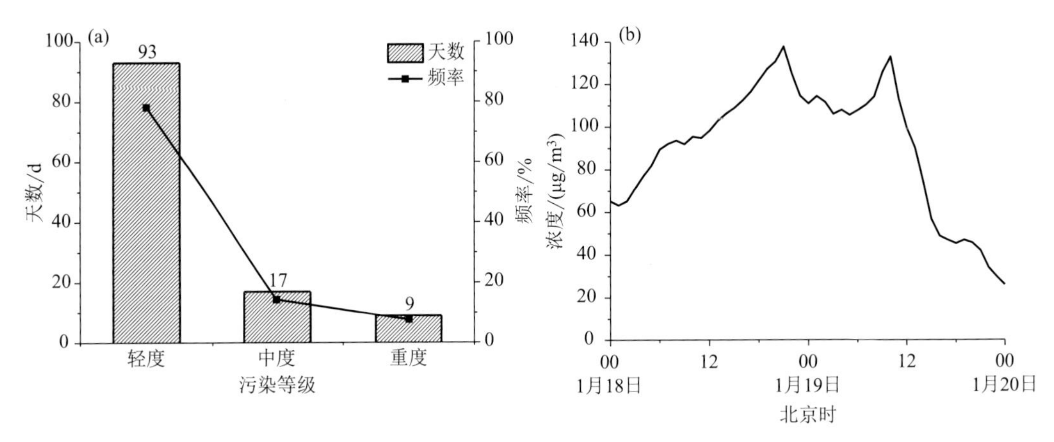

图 2.1.3　2013—2020 年上海市积累型污染各等级出现的天数、频率分布(a)及个例浓度时间序列(b)

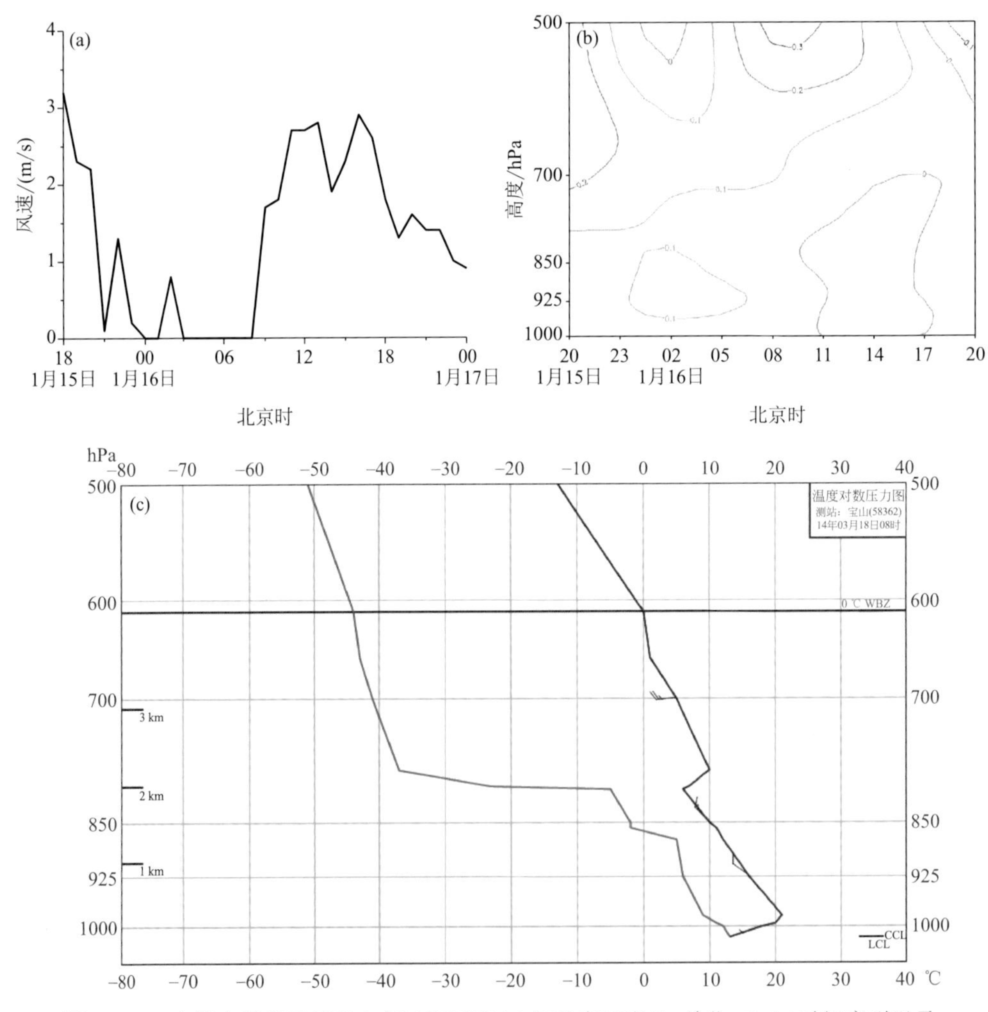

图 2.1.4　上海市积累型污染个例地面风速(a)和垂直速度(b,单位:Pa/s)时间序列以及探空曲线(c),图 c 中蓝线为温度曲线(单位:℃)

2.2 输送型污染

2.2.1 输送型污染天气学分型

输送型污染主要由上游污染物输送至上海市造成 $PM_{2.5}$ 污染，因此，污染来源以外源输入为主。在高度场上其形势与积累型污染基本一致，500～850 hPa 多为槽后西北气流影响(图略)，此种天气形势不利于出现大强度的降水，不会对 $PM_{2.5}$ 造成湿沉降影响。

对造成输送型污染的海平面气压场形势进行分型，主要有冷空气型(图 2.2.1a)和低压型(图 2.2.1b、c)。这 2 种天气形势的特征及其造成 $PM_{2.5}$ 污染的频率见表 2.2.1，可以看到，2013—2020 年输送型污染主要由冷空气携带污染物向南输送造成，由低压系统引起的污染输送出现较少，频率仅为 8.6%。上海市在这 2 种天气类型的控制下等压线较密集，地面风速较大，主导风向以西向风为主。

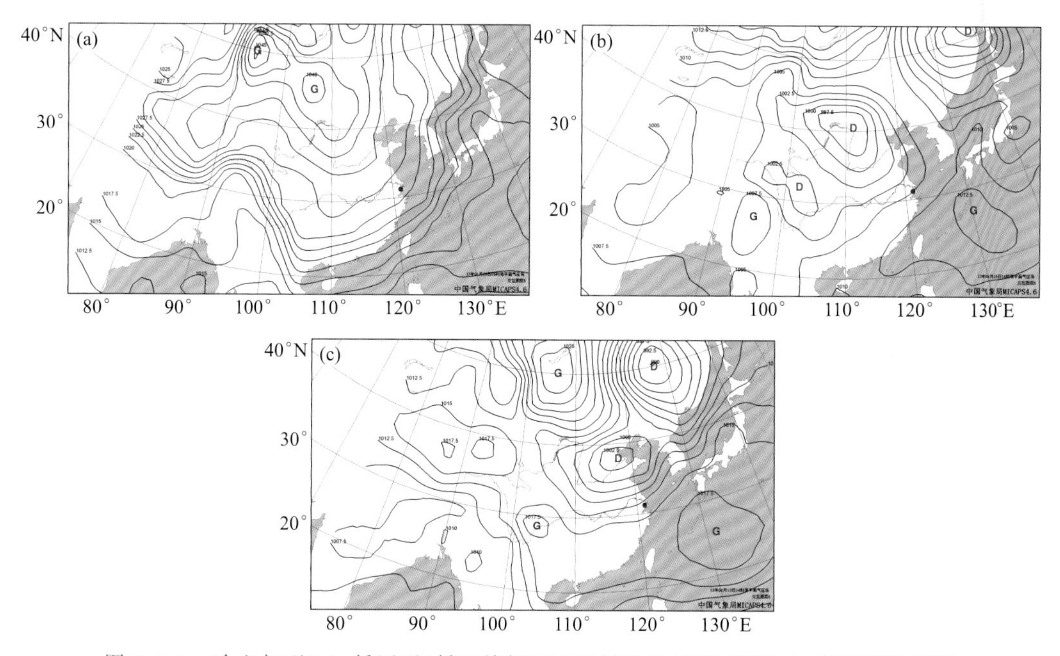

图 2.2.1 冷空气型(a)、低压型(低压前部)(b)和低压型(低压底部)(c)海平面气压场(单位：hPa；•：上海市位置)

表 2.2.1 2013—2020 年上海市输送型污染的天气类型及影响频率

天气类型	影响频率/%	天气形势及风场特征
冷空气	91.4	冷空气从 115°E 以西移向华东地区，等压线较密集，风速较大，上海市位于冷高压的底前部，主导风向为西北风
低压	8.6	上海市位于低压前部或底部，主导风向为西向风(西北风、偏西风或西南风)，等压线较密集，风速较大

2.2.2 输送型污染特征

图 2.2.2a 给出了 2013—2020 年上海市输送型污染各等级出现天数及频率，从图上可以看到，轻度污染出现天数最多，达 77 d，出现频率为 73.3%，而中度及以上等级的污染仅 28 d，出现频率略高于积累型污染，由此可见，输送型污染虽然由上游污染物的输送导致，但由于地面风速较大，水平扩散条件较好，污染气团过境较快，因此，$PM_{2.5}$ 浓度的日均值以轻度污染居多，污染持续时间相对较短，长时间的连续污染过程出现频次较低。分析输送型污染个例的 $PM_{2.5}$ 浓度变化（图 2.2.2b）发现，$PM_{2.5}$ 浓度前期上升速度相较于积累型污染偏快，污染出现时间与上游污染气团到达时间有关；另外，$PM_{2.5}$ 浓度经常出现短时重度及以上等级的污染。从气象条件来看，输送型污染地面风向一般为西向风（西北风、偏西风和西南风，图 2.2.3a），来自陆地的风有利于上游污染物输送至本地，地

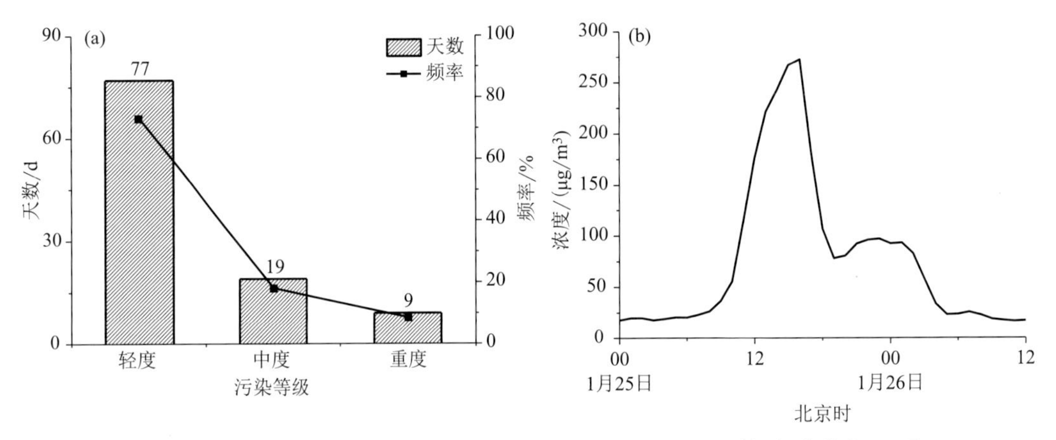

图 2.2.2 2013—2020 年上海市输送型污染各等级出现的天数、频率分布（a）及个例浓度时间序列（b）

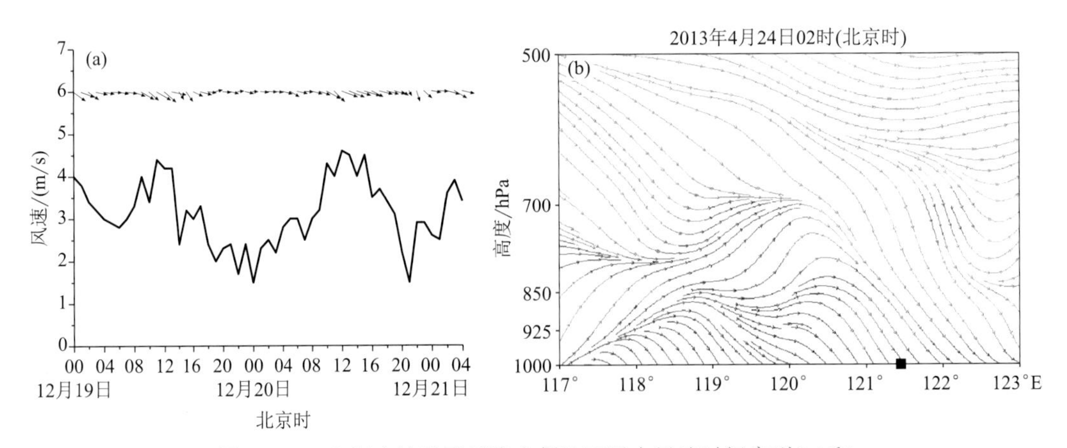

图 2.2.3 上海市输送型污染个例地面风向风速时间序列（a）和垂直环流剖面（b）（■：上海市位置）

面风速较积累型污染明显偏大(图 2.2.3a),没有静风时段,有利于污染气团的快速过境。另外,输送型污染垂直方向上经常存在一条输送通道(图 2.2.3b),可以将上游的污染物从中低空输送至上海市,同时叠加地面输送,往往会造成 $PM_{2.5}$ 浓度的快速上升和短时高浓度的污染过程。

2.3 混合型污染

2.3.1 混合型污染天气学分型

混合型污染是由本地污染物积聚叠加上游输送造成的 $PM_{2.5}$ 污染,其污染来源既有本地积累,也有外源输入。在高度场上其形势与前 2 种污染类型基本一致,500~850 hPa 多为槽后西北气流影响(图略),此种天气形势不利于出现大强度的降水,不会对 $PM_{2.5}$ 造成湿沉降影响;850 hPa 温度场上和积累型污染一致(图略),上海市也经常为暖脊控制,垂直层结比较稳定,垂直方向不利于 $PM_{2.5}$ 的稀释扩散。

对造成混合型污染的海平面气压场形势进行分型,主要有 L 型高压型(图 2.3.1a)、高压楔型(图 2.3.1b)、高压顶部型(图 2.3.1c)和低压型(图 2.3.1d、e)。这 4 种天气形势的特征及其造成 $PM_{2.5}$ 污染的频率见表 2.3.1,可以看到,2013—2020 年混合型污染主要由高压系统造成,L 型高压、高压楔和高压顶部的影响频率达到 84.8%,其中又以 L 型高压影响频率最高,而由低压系统引起的混合型污染出现较少。上海市在这 4 种天气类型的控制下等压线较稀疏,地面风速较小,主导风向以西向风为主。

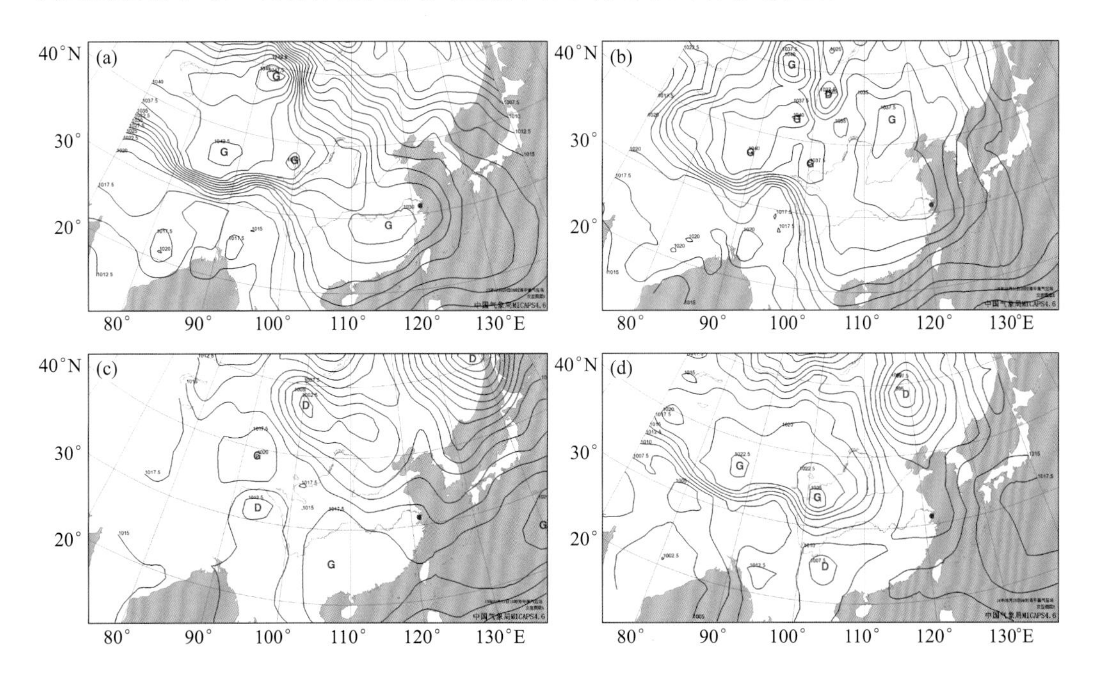

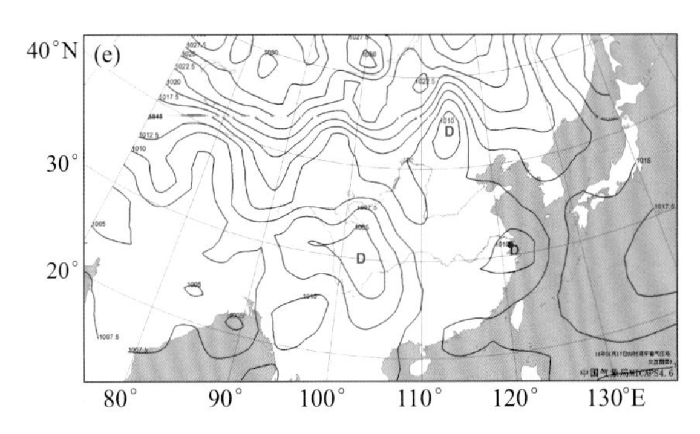

图 2.3.1 L 型高压型(a)、高压楔型(b)、高压顶部型(c)、低压型(低压带)(d)、低压型(低压中心)(e)海平面气压场(单位：hPa;•:上海市位置)

表 2.3.1 2013—2020 年上海市混合型污染的天气类型及影响频率

天气类型	影响频率/%	天气形势及风场特征
L 型高压	37.6	海平面气压场上高压环流形状类似英文字母“L”,上海市位于高压前部,主导风向为西向风(西北风、偏西风或西南风),气压场较弱,地面风速较小
高压楔	35.7	高压主体位于河套及以北地区,上海市气压场较弱,地面风速较小,主导风向为偏西风或西北风
低压	15.2	上海市位于东北—西南向低压带内或低压中心附近,等压线较稀疏,地面风速较小,主导风向为西向风(西北风、偏西风或西南风),常出现局地风向辐合
高压顶部	11.5	海平面气压场上为“南高北低”的形势,上海市南侧为大范围的高压环流控制,上海市位于其顶部,等压线较稀疏,地面风速较小,主导风向为西向风(西北风、偏西风或西南风)

2.3.2 混合型污染特征

图 2.3.2a 给出了 2013—2020 年上海市混合型污染各等级出现天数及频率,从图上可以看到,虽然轻度污染出现天数最多,但中度及以上等级的污染出现频率是 3 种污染类型里最高的,达 33.3%,并且出现了 2 d 严重污染,由此可见,混合型污染由于其污染来源既有本地积累,也有外源输入,因此,$PM_{2.5}$ 浓度的日均值达到中度及以上等级的天数增多,污染持续时间也较长,污染程度较重,长时间的连续污染过程出现频次较高。分析混合型污染个例的 $PM_{2.5}$ 浓度变化(图 2.3.2b)发现,污染过程中 $PM_{2.5}$ 浓度经常出现较快速的上升过程,重度及以上等级的污染时段出现较多,持续时间较长。从气象条件来看,混合型污染既具有积累型污染的特征,也具有输送型污染的特征,地面风速较小(图 2.3.3a),经常出现静风,垂直方向上垂直运动弱(图 2.3.4a),有时会有逆温(图 2.3.4c),在高压系统的控制下,上海市上空近地层为下沉气流(图 2.3.4a),进一步抑制了 $PM_{2.5}$ 向上扩散,因此,水平和垂直扩散条件较差是其一个重要特征;从地面风向来看,混合型污染一般为西向风(西北风、偏西风和西南风,图 2.3.3a),来自陆地的风有利于上游污染物输送至本地,如果处于低压系统的控制,上海市则经常出现局地风向辐合(图 2.3.3b),有利于周边污染物迅速向辐合中心集中;混合型污染在垂直方向上也经常

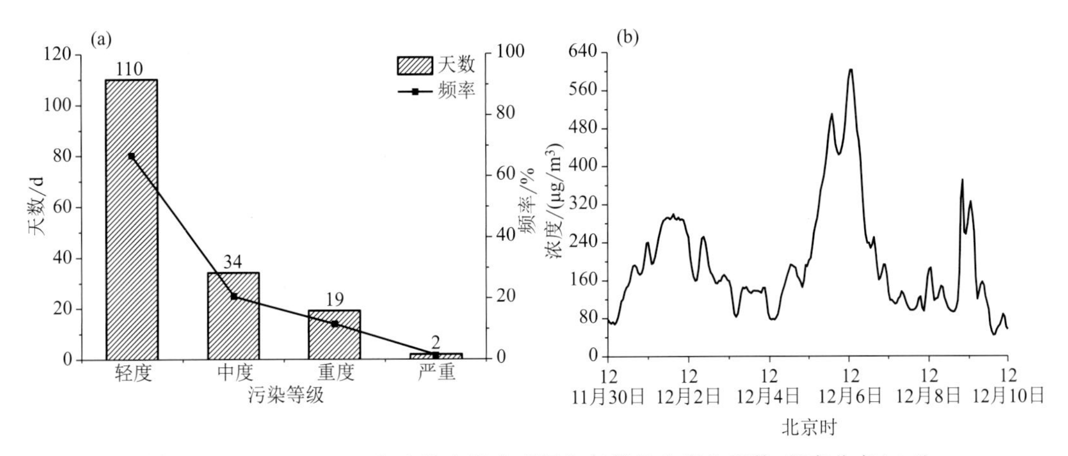

图 2.3.2 2013—2020年上海市混合型污染各等级出现的天数、频率分布(a)及个例浓度时间序列(b)

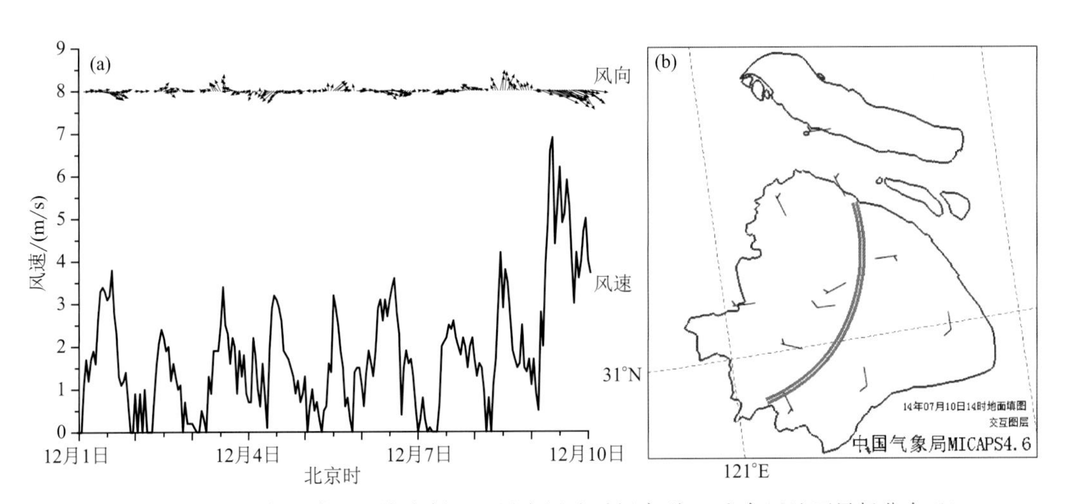

图 2.3.3 上海市混合型污染个例地面风向风速时间序列(a)和各区地面风场分布(b)(单位:m/s,图中"//"表示风向辐合线)

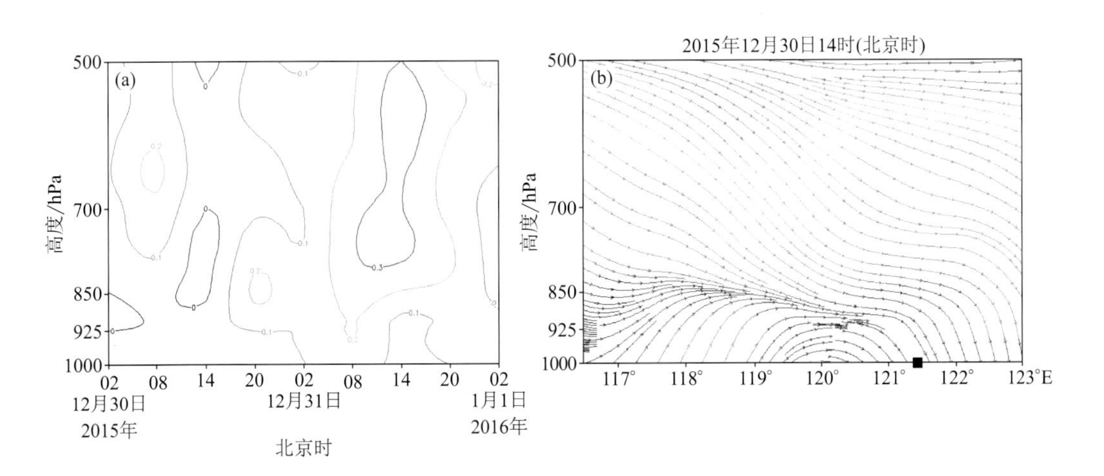

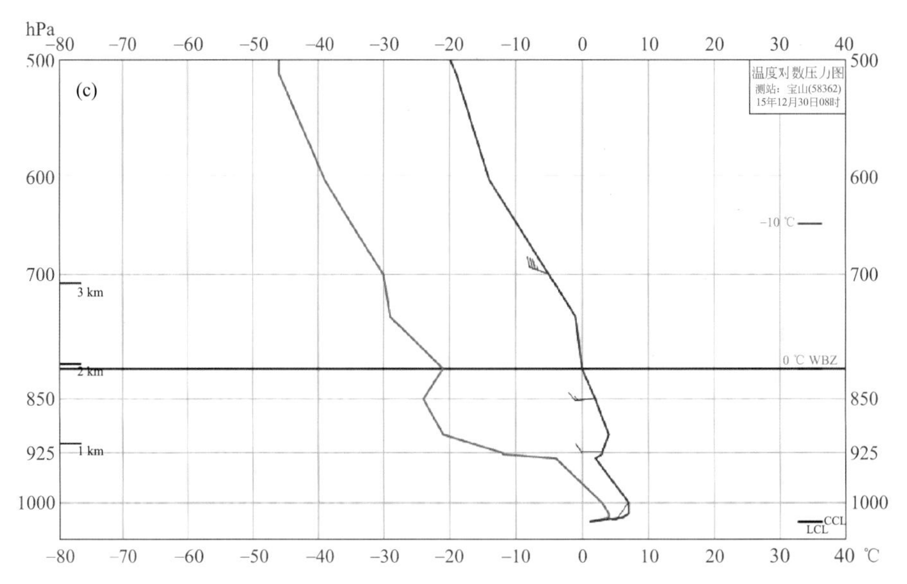

图 2.3.4　上海市混合型污染个例垂直速度(单位：Pa/s)时间序列(a)、垂直环流剖面图(b)(■：上海市位置)以及探空曲线图(c)，图中蓝线为温度曲线(单位：℃)(WBZ：湿球温度 0 ℃层；CCL：对流凝结高度；LCL：抬升凝结高度)

存在一条输送通道(图 2.3.4b)，可以将上游的污染物从中低空输送至上海市。因此，较差的扩散条件叠加上游污染物的输送，往往会造成上海市 $PM_{2.5}$ 浓度的快速上升和长时间高浓度的污染过程。另外，需要注意的是，混合型污染由于其污染持续时间较长，因此，随着地面天气形势的变化常常与积累型污染及输送型污染交替出现。

第3章
积累型污染个例分析

3.1 2013年1月18—19日污染过程

3.1.1 污染过程概述

2013年1月18—19日上海市出现了连续2 d的 $PM_{2.5}$ 污染过程(图3.1.1a),均达到轻度污染级别。图3.1.1b给出了18—19日 $PM_{2.5}$ 小时浓度时序,从图上可以看到,18日开始 $PM_{2.5}$ 浓度是一个缓慢上升的过程,04时达到轻度污染级别,17时达到中度污染级别,到21时出现第一个峰值,也是此次污染过程小时浓度最大值,达137.7 $\mu g/m^3$,之后浓度出现回落,至23时降回轻度污染级别,19日05时开始 $PM_{2.5}$ 浓度再次上升,09时达到中度污染级别,10时出现第2个峰值,浓度为132.9 $\mu g/m^3$,之后浓度迅速下降,14时降回良等级,污染过程结束。污染时段为18日04时—19日13时,共34 h,其中出现了8 h中度污染、26 h轻度污染。

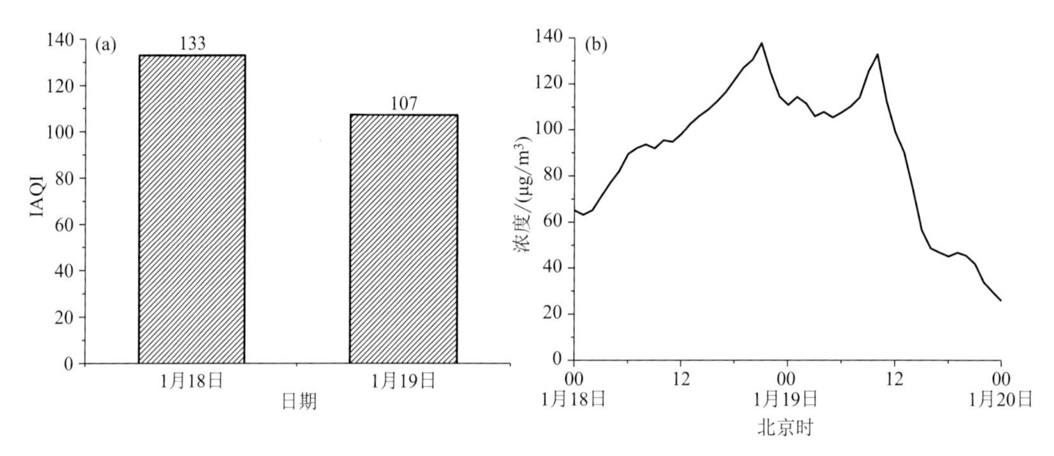

图3.1.1 2013年1月18—19日上海市 $PM_{2.5}$ IAQI(a)和小时浓度(b)时间序列

3.1.2 天气形势分析

从1月18日08时低空到高空的高度场(图3.1.2a～c)可以看到,上海市主要受槽后西北气流控制,水汽不足不会产生大强度降水,对 $PM_{2.5}$ 不会造成湿沉降作用,有利于污染持续;850 hPa温度场显示(图3.1.2d),上海市受暖脊控制,低层增温明显,为大气产生稳定层结创造了良好的条件,不利于 $PM_{2.5}$ 在垂直方向上扩散,有利于 $PM_{2.5}$ 的积聚。19日高空形势(图略)与18日一致,此种环流配置为 $PM_{2.5}$ 导致污染创造了有利条件。

图3.1.3给出了1月18—19日海平面气压场,可以看到,18日08时(图3.1.3a)整个华东地区都受到高压控制,上海市位于高压中心附近,气压场弱,风速很小,属于高压中心型,此种形势一直持续到19日08时(图3.1.3b),上海市在高压中心控制下,近地层为下沉气流,大气层结稳定,$PM_{2.5}$ 在垂直方向上得不到扩散,同时地面气压场弱,在水平

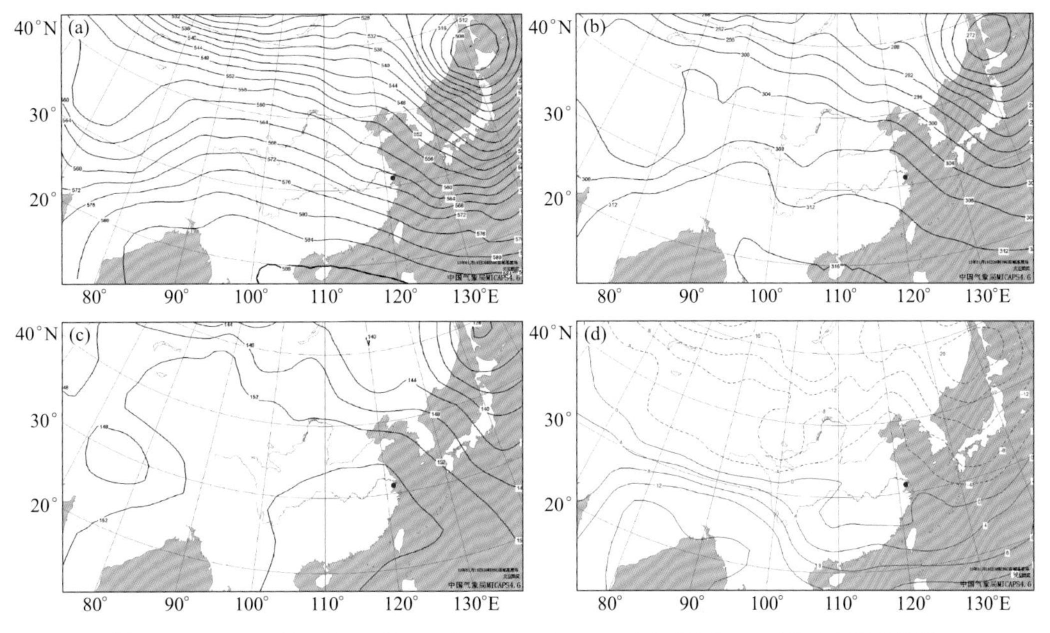

图 3.1.2 2013 年 1 月 18 日 08 时 500 hPa(a)、700 hPa(b)和 850 hPa(c)高度场及 850 hPa 温度场(d)(高度场单位:dagpm;温度场单位:℃;•:上海市位置)

方向上的扩散条件也差,导致 $PM_{2.5}$ 在本地逐步积累,进而出现污染过程(图 3.1.1b)。19 日白天(图 3.1.3c)随着高压中心进一步东移,上海市地面风速逐渐增大,水平扩散条件明显好转,$PM_{2.5}$ 浓度出现了明显下降(图 3.1.1b),污染过程结束。

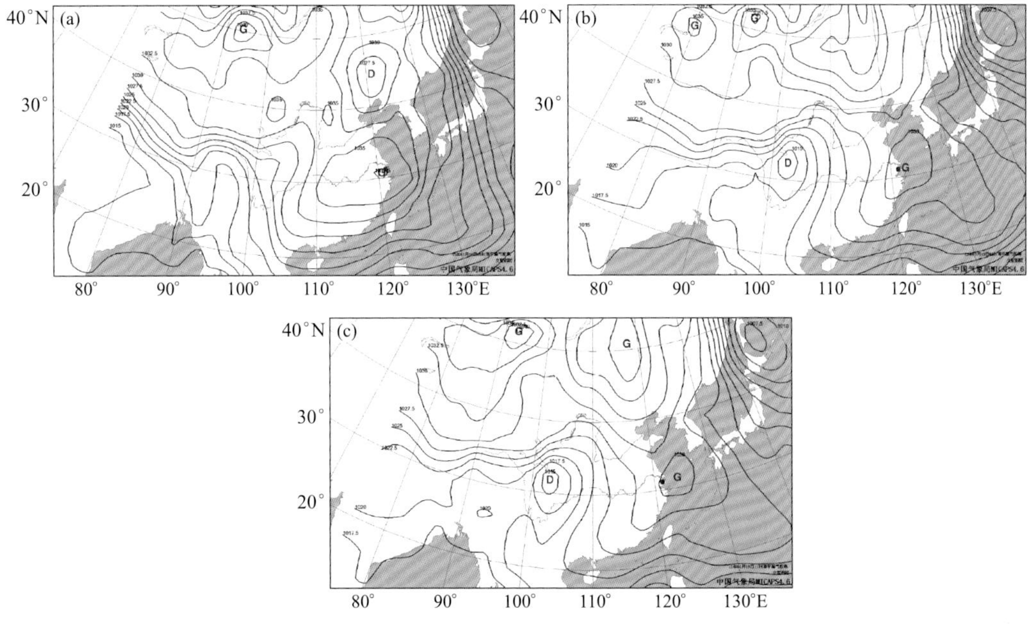

图 3.1.3 2013 年 1 月 18—19 日海平面气压场(单位:hPa;•:上海市位置)
(a)18 日 08 时;(b)19 日 08 时;(c)19 日 11 时

3.1.3 气象要素分析

分析 1 月 18—19 日上海市地面风速可知(图 3.1.4),18 日开始上海市风速是一个逐渐减小的过程,到 18 日夜间风速最小,19 日白天风速逐渐增大。在整个污染时段内(18 日 04 时—19 日 13 时)上海市风速基本在 3 m/s 以下,其中 2 m/s 及以下的风速占污染时段的 73.5%,静风时段占 8.8%,小的风速使得污染物在水平方向上不易扩散出去,为污染物的积聚创造了十分有利的条件。

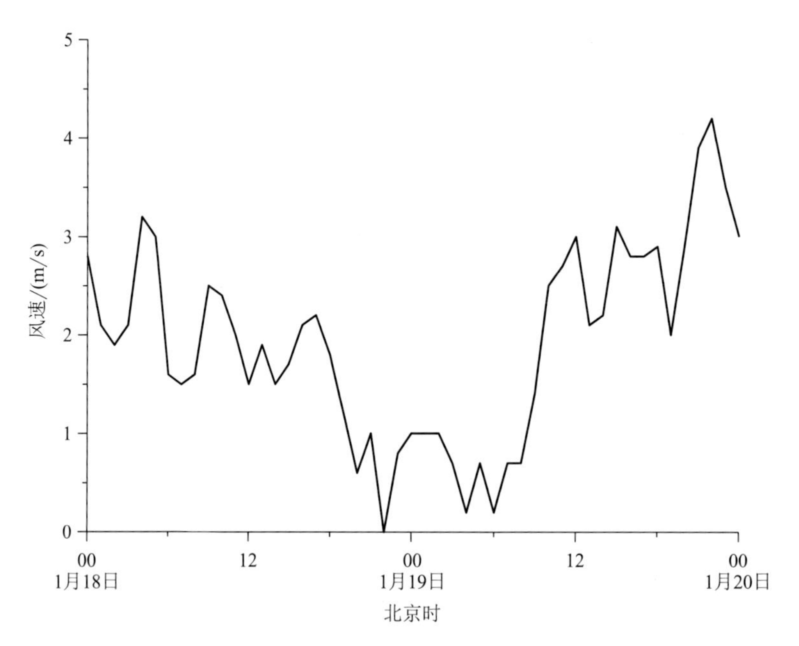

图 3.1.4 2013 年 1 月 18—19 日上海市地面风速变化时序

图 3.1.5 为 1 月 19 日 08 时上海市探空曲线,可以看到,19 日早晨上海市近地面出现了明显的辐射逆温,逆温层顶高 240 m,逆温强度为 2 ℃/(100 m)。辐射逆温是由于夜间地面有效辐射减弱,近地层气温迅速下降,而高处大气降温较少,从而出现上暖下冷的现象,逆温强度为逆温层内大气温度垂直递增率,逆温强度越大,大气垂直层结越稳定,大气湍流交换和热力对流越弱,越不利于逆温层内 $PM_{2.5}$ 的向上扩散稀释,导致 $PM_{2.5}$ 在低空不断积聚,容易造成污染。

3.1.4 物理量诊断分析

利用 1 月 18—19 日 NCEP 每 6 h 一次的 FNL 1°×1°再分析资料对上海市(121°—122°E,31°—32°N)做区域平均的垂直速度和散度垂直剖面图。从垂直速度图(图 3.1.6a)可以看到,19 日中午以前上海市 700 hPa 以下垂直速度不强,绝对值基本在 0.2 Pa/s 及以下,说明这段时间上下层垂直交换较弱,不利于 $PM_{2.5}$ 在垂直方向上扩散,另外,从图中可以看到,$PM_{2.5}$ 污染时段(18 日 04 时—19 日 13 时)上海市上空以下沉运动为主,下

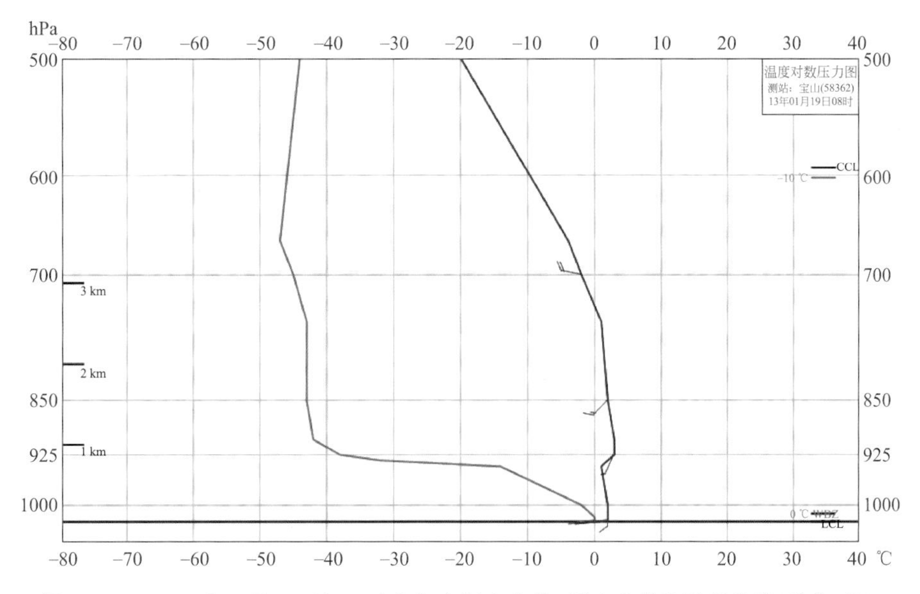

图 3.1.5 2013 年 1 月 19 日 08 时上海市探空曲线，图中蓝线为温度曲线（单位：℃）

沉运动对 $PM_{2.5}$ 垂直扩散起到进一步抑制作用，有利于 $PM_{2.5}$ 在地面堆积。19 日 14 时后上海市上空转为上升运动，且逐渐增强，有利于 $PM_{2.5}$ 在垂直方向上扩散。从散度垂直剖面图（图 3.1.6b）也可以看到，19 日中午以前上海市辐合辐散都弱，进一步说明这段时间上海市垂直方向交换确实较弱，不利于 $PM_{2.5}$ 在垂直方向上扩散。

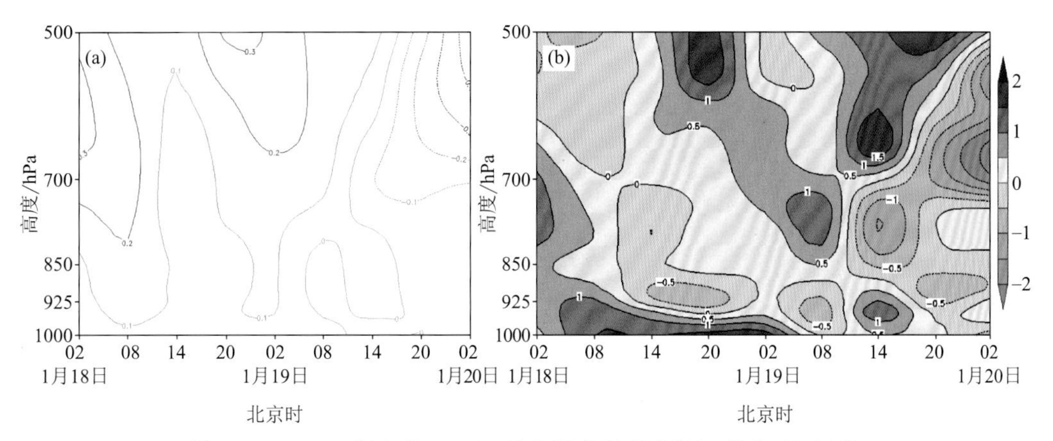

图 3.1.6 2013 年 1 月 18—19 日上海市垂直速度（a，单位：Pa/s）和散度（b，单位：10^{-6}/s）区域平均时序

3.1.5 小结

（1）2013 年 1 月 18—19 日上海市出现了连续 2 d 的 $PM_{2.5}$ 轻度污染天气，此次污染过程主要由本地污染物积聚造成，属于积累型污染。从 $PM_{2.5}$ 浓度变化来看，前期 $PM_{2.5}$ 浓度上升速度较慢，污染过程中出现了 2 个峰值，短时达到了中度污染级别。

（2）此次污染过程与天气形势的高低空配置有密切关系。根据地面天气形势分型，此次污染过程属于高压中心型，地面弱的气压场同时配合高空槽后西北气流，且垂直方向上层结稳定，有利于 $PM_{2.5}$ 在地面的积聚和维持，容易出现污染。

(3)诊断分析污染时段的气象要素发现，该时段上海市在水平方向上风速小，有静风出现，在垂直方向上 700 hPa 以下垂直运动不强，且有下沉运动，存在明显的逆温，水平和垂直方向上的扩散条件都有利于 $PM_{2.5}$ 在地面堆积，对于出现积累型污染起到了至关重要的作用。

3.2 2014 年 1 月 16 日污染过程

3.2.1 污染过程概述

2014 年 1 月 16 日上海市出现 $PM_{2.5}$ 轻度污染过程，IAQI 为 103。图 3.2.1 给出了 15 日 18 时—17 日 00 时 $PM_{2.5}$ 小时浓度时序，可以看到，15 日夜间—16 日上午 $PM_{2.5}$ 浓度是一个缓慢上升的过程，16 日 01 时达到轻度污染级别，09 时出现峰值，浓度达 112.6 $\mu g/m^3$，之后 $PM_{2.5}$ 浓度出现下降过程，12 时降回良等级，污染过程结束。此次污染过程持续时间很短，污染时段为 16 日 01—11 时，仅维持了 11 h 的轻度污染。

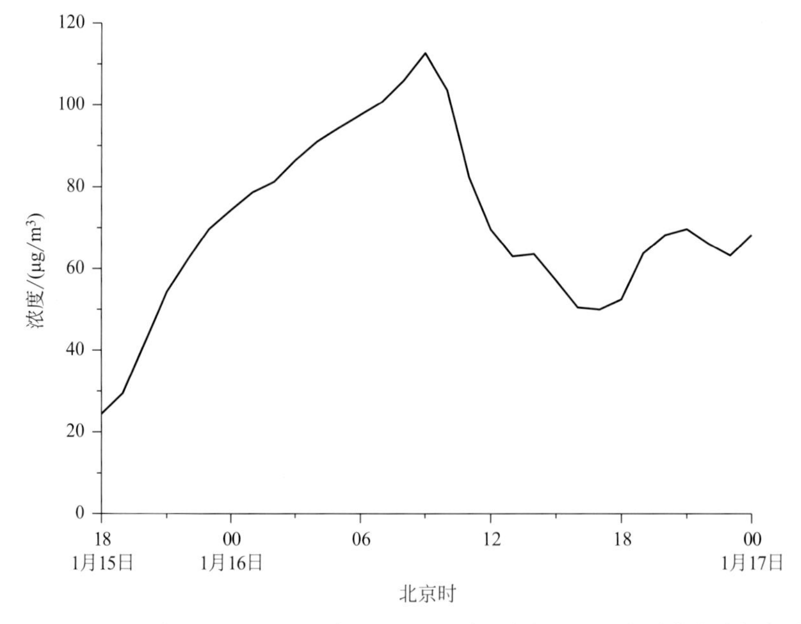

图 3.2.1 2014 年 1 月 15 日 18 时—17 日 00 时上海市 $PM_{2.5}$ 小时浓度时间序列

3.2.2 天气形势分析

从 1 月 15 日 20 时低空到高空的高度场(图 3.2.2a～c)可以看到，上海市主要受槽后西北气流控制，水汽不足不会产生大强度降水，对 $PM_{2.5}$ 不会造成湿沉降作用，有利于

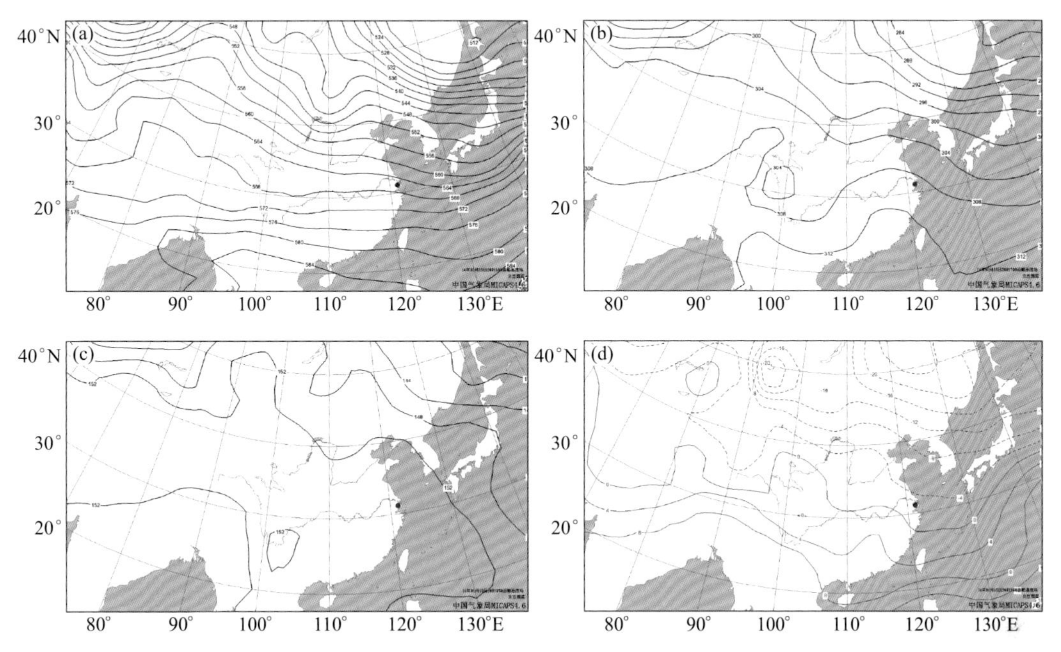

图 3.2.2 2014 年 1 月 15 日 20 时 500 hPa(a)、700 hPa(b)和 850 hPa(c)高度场及 850 hPa 温度场(d)(高度场单位:dagpm;温度场单位:℃;•:上海市位置)

污染持续;850 hPa 温度场显示(图 3.2.2d),上海市位于暖脊前部,受脊前暖平流影响,上海市低层增温明显,为大气产生稳定层结创造了良好的条件,不利于 $PM_{2.5}$ 在垂直方向上扩散,有利于 $PM_{2.5}$ 积聚。

图 3.2.3a 给出了 1 月 15 日 20 时海平面气压场,可以看到,上海市受高压控制,位于高压中心附近,气压场很弱,风速很小,为高压中心型,此种形势一直维持至 16 日 08 时(图 3.2.3b),上海市在高压中心控制下,近地层为下沉气流,大气层结稳定,$PM_{2.5}$ 在垂直方向上得不到扩散,同时地面气压场弱,在水平方向上的扩散条件也差,从而导致 $PM_{2.5}$ 在本地逐步积累,进而出现污染过程(图 3.2.1)。16 日白天(图略),随着高压中心逐渐东移,上海市地面风速逐渐增大,水平扩散条件转好,$PM_{2.5}$ 浓度出现明显下降(图 3.2.1),污染过程结束。对比 2013 年 1 月 18—19 日的污染过程发现,此次污染过程高压

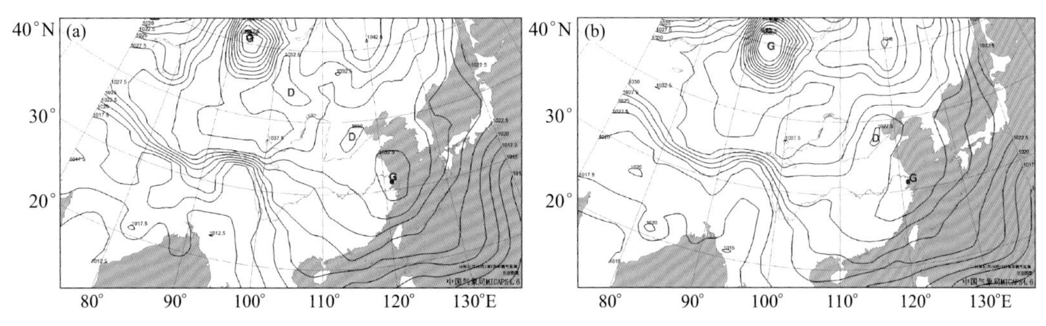

图 3.2.3 2014 年 1 月 15—16 日海平面气压场(单位:hPa;•:上海市位置)

(a)15 日 20 时;(b)16 日 08 时

中心控制上海市的时间较短，静稳形势维持时间不长，因此，这次污染的持续时间更短，仅出现了 11 h，同时峰值浓度也较低。

3.2.3 气象要素分析

分析 1 月 15 日 18 时—17 日 00 时上海市地面风速可知（图 3.2.4），15 日夜间地面风速是一个明显减小的过程，一直到 16 日 08 时以后风速才开始增大。在整个污染时段（16 日 01—11 时），除 11 时上海市风速基本在 2 m/s 以下，其中静风时段占污染时段的 63.6%，小的风速使得污染物在水平方向上不易扩散出去，为污染物的积聚创造了十分有利的条件。

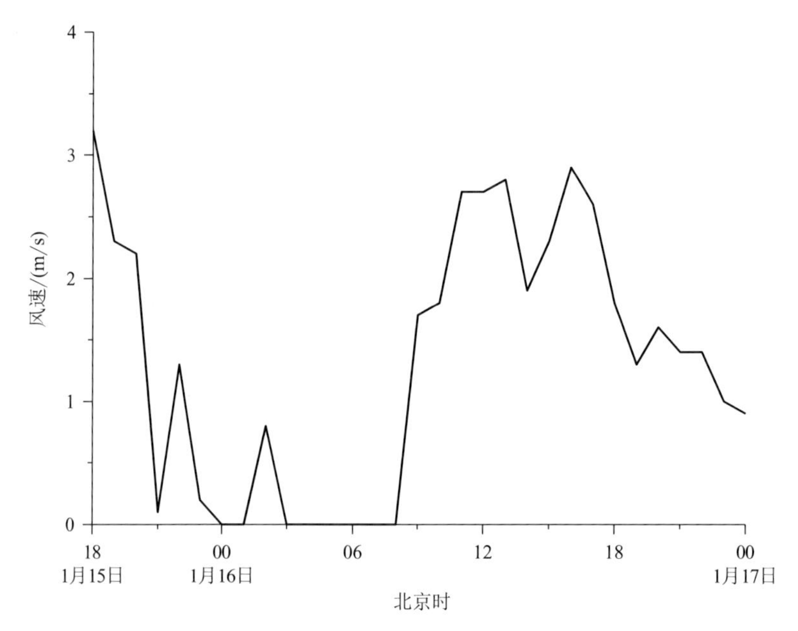

图 3.2.4 2014 年 1 月 15 日 18 时—17 日 00 时上海市地面风速变化时序

图 3.2.5 为 1 月 16 日 08 时上海市探空曲线，可以看到，16 日早晨上海市近地面出现了明显的辐射逆温，逆温层顶高 108 m，逆温强度为 5 ℃/(100 m)，逆温强度强，大气垂直层结稳定，导致 $PM_{2.5}$ 在低空不断积聚，容易造成污染。

3.2.4 物理量诊断分析

利用 1 月 15 日 20 时—16 日 20 时 NCEP 每 6 h 一次的 FNL 1°×1°再分析资料对上海市（121°—122°E，31°—32°N）做区域平均的垂直速度和散度垂直剖面图。从垂直速度图（图 3.2.6a）可以看到，污染时段内（16 日 01—11 时）上海市 700 hPa 以下垂直速度很弱，绝对值基本在 0.1 Pa/s 及以下，说明这段时间上下层垂直交换很弱，不利于 $PM_{2.5}$ 在垂直方向上扩散，另外，由图上可以看到，16 日中午以前上海市上空以下沉运动为主，下沉运动对 $PM_{2.5}$ 垂直扩散起到了抑制作用，有利于 $PM_{2.5}$ 在地面堆积。16 日中午以后上

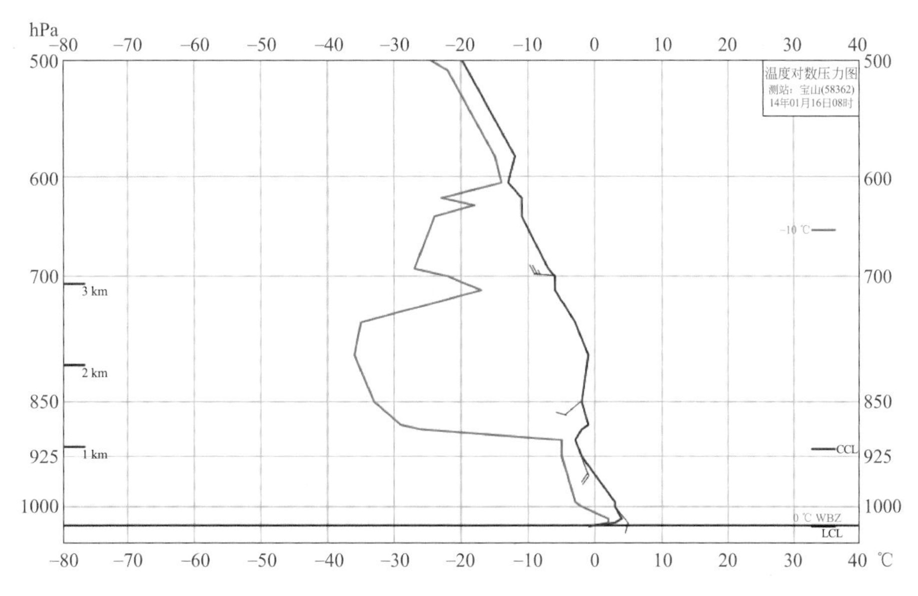

图 3.2.5 2014 年 1 月 16 日 08 时上海市探空曲线，图中蓝线为温度曲线（单位：℃）

海市上空逐渐转为上升运动，有利于 $PM_{2.5}$ 在垂直方向扩散。从散度垂直剖面图（图 3.2.6b）也可以看到，污染时段内（16 日 01—11 时）上海市辐合辐散都弱，进一步说明这段时间上海市垂直方向的交换确实较弱，不利于 $PM_{2.5}$ 在垂直方向扩散。

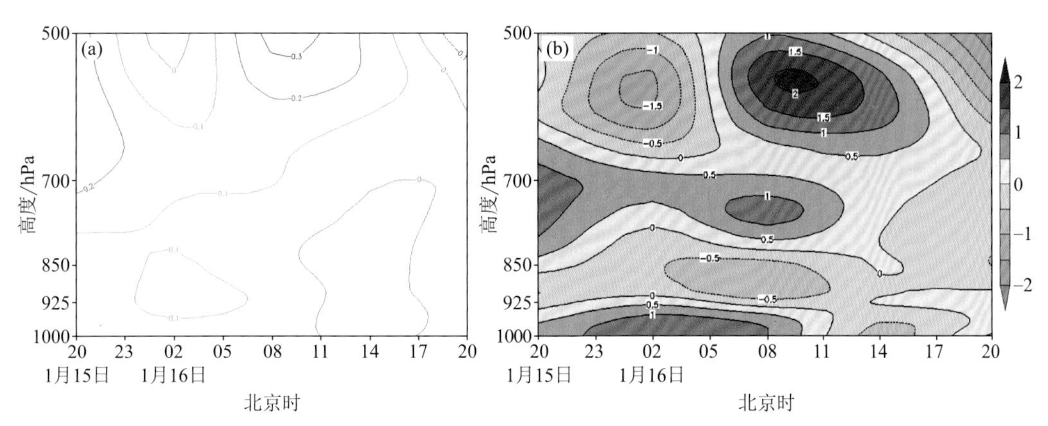

图 3.2.6 2014 年 1 月 15 日 20 时—16 日 20 时上海市垂直速度（a，单位：Pa/s）和散度（b，单位：10^{-6}/s）区域平均时序

3.2.5 小结

（1）2014 年 1 月 16 日上海市出现了 $PM_{2.5}$ 轻度污染天气，此次污染过程主要由本地污染物积聚造成，属于积累型污染。从 $PM_{2.5}$ 浓度变化来看，前期 $PM_{2.5}$ 浓度上升速度较慢，达到污染级别后仅出现了 1 个峰值，污染持续时间很短。

（2）此次污染过程与天气形势的高低空配置有密切关系。根据地面天气形势分型，此次污染过程属于高压中心型，地面弱的气压场同时配合高空槽后西北气流，且垂直方向上层结稳定，有利于 $PM_{2.5}$ 在地面的积聚和维持，但由于此次污染过程高压中心控制上海市的时间较短，因此污染持续时间不长。

(3)诊断分析污染时段的气象要素发现，该时段上海市在水平方向上风速小，静风时段较长，在垂直方向上垂直运动很弱，有下沉运动，并且存在明显的逆温，水平和垂直方向上的扩散条件都有利于 $PM_{2.5}$ 在地面堆积，对于出现积累型污染起到了至关重要的作用。

3.3 2014年2月27日污染过程

3.3.1 污染过程概述

2014年2月27日上海市出现 $PM_{2.5}$ 轻度污染过程，IAQI为125。图3.3.1给出了26日15时—27日23时 $PM_{2.5}$ 小时浓度时序，可以看到，26日下午开始 $PM_{2.5}$ 浓度是一个上升的过程，18时达到轻度污染水平，到20时出现第一个峰值，之后至27日15时浓度值一直在90～113 μg/m³ 上下振荡，其中27日10时出现了此次污染过程的小时浓度最大值，为113.1 μg/m³，15时之后浓度值出现明显回落，21时降回良等级，污染过程结束。此次轻度污染过程持续了27 h，污染时段为26日18时—27日20时。

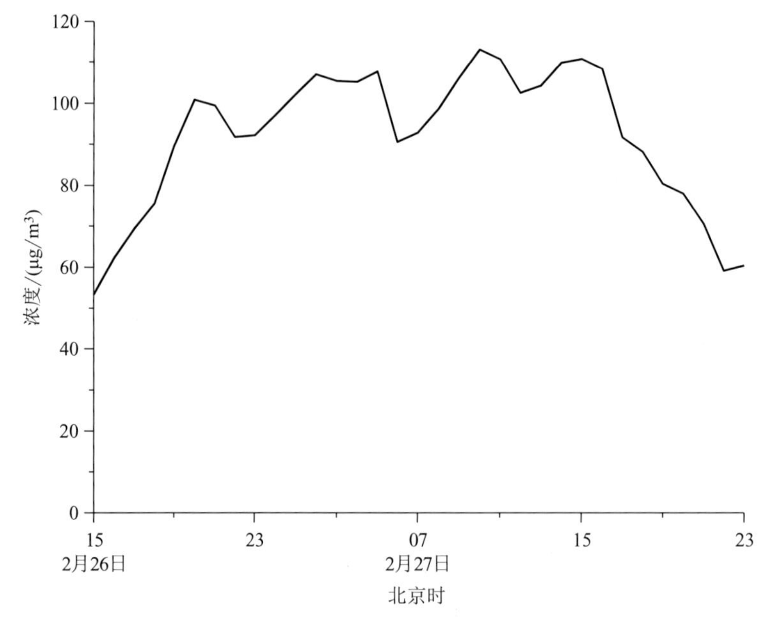

图3.3.1 2014年2月26日15时—27日23时上海市 $PM_{2.5}$ 小时浓度时间序列

3.3.2 天气形势分析

从2月26日20时低空到高空的高度场(图3.3.2a～c)可以看到，上海市处于槽后西北气流的控制之下，此种高空形势会导致水汽不足，不会产生大强度的降水，对 $PM_{2.5}$ 不会造成湿沉降作用，有利于污染持续。

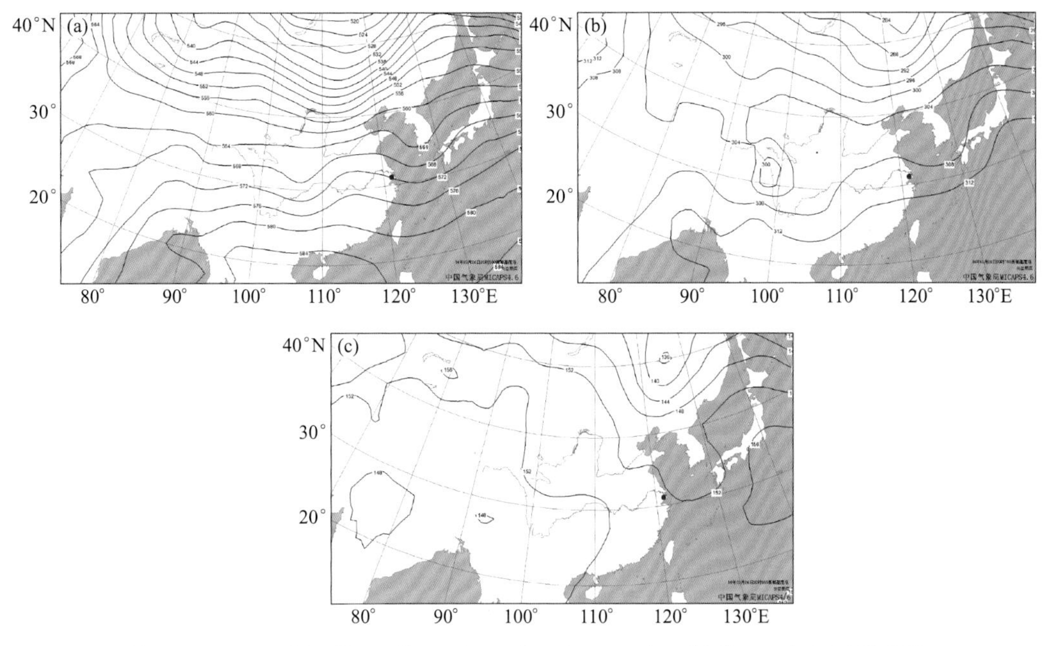

图 3.3.2　2014 年 2 月 26 日 20 时 500 hPa(a)、700 hPa(b)和 850 hPa(c)高度场

(单位：dagpm；•：上海市位置)

从 2 月 26 日 23 时(图 3.3.3a)海平面气压场可以看到，整个华东地区气压场都很弱，上海市位于高压中心附近，风速很小，属于高压中心型，此种形势一直维持到 27 日 11 时(图 3.3.3b)，上海市在高压中心控制下，近地层为下沉气流，大气层结稳定，$PM_{2.5}$ 在垂直方向上得不到扩散，同时地面气压场弱，在水平方向上的扩散条件也差，导致 $PM_{2.5}$ 在本地逐步积累，从而出现污染过程(图 3.3.1)。27 日中午以后(图略)，随着高压中心进一步东移，上海市地面风速逐渐增大，水平扩散条件好转，15 时后 $PM_{2.5}$ 浓度出现明显下降(图 3.3.1)，污染过程逐渐结束。

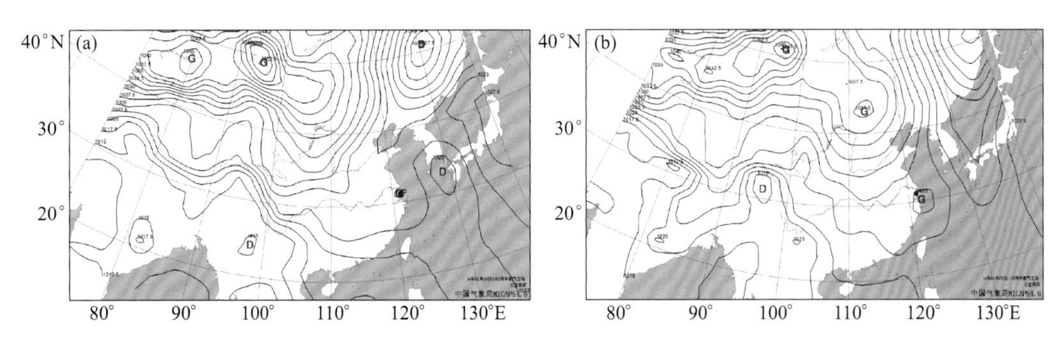

图 3.3.3　2014 年 2 月 26—27 日海平面气压场(单位：hPa；•：上海市位置)

(a)26 日 23 时；(b)27 日 11 时

3.3.3 气象要素分析

图 3.3.4 给出了 2 月 26 日 15 时—27 日 23 时上海市地面风速变化时序，可以看到 26—27 日上海市地面风速有一个先减小后增大的过程。污染时段内(26 日 18 时—27 日 20 时)上海市地面风速小，大部分时段风速都在 2 m/s 及以下，其中 27 日 00—11 时，风速均在 1 m/s 以下，占污染时段的 44.4%，另外，静风时段也占到污染时段的 22.2%，小的风速使得污染物在水平方向上不易扩散出去，为污染物的积聚创造了十分有利的条件。

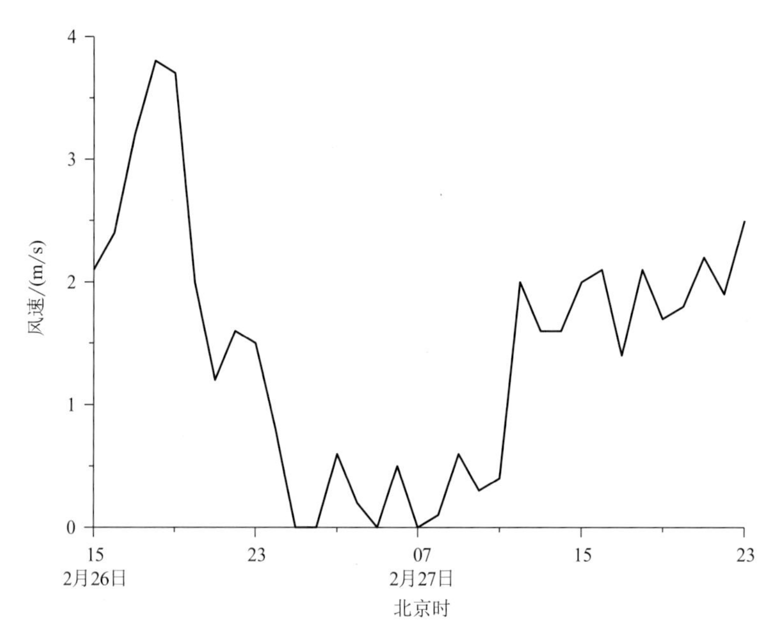

图 3.3.4　2014 年 2 月 26 日 15 时—27 日 23 时上海市地面风速变化时序

3.3.4 物理量诊断分析

利用 2 月 26 日 14 时—27 日 20 时 NCEP 每 6 h 一次的 FNL 1°×1°再分析资料对上海市(121°—122°E，31°—32°N)做区域平均的垂直速度和散度垂直剖面图。从垂直速度图(图 3.3.5a)上可以看到，污染时段内(26 日 18 时—27 日 20 时)上海市 850 hPa 以下的垂直速度不强，大部分时段垂直速度绝对值在 0.1 Pa/s 及以下，说明这段时间上下层垂直交换弱，不利于 $PM_{2.5}$ 在垂直方向上扩散，另外，由图上可以看到，27 日 08 时以前上海市上空以下沉运动为主，下沉运动对 $PM_{2.5}$ 垂直扩散起到了抑制作用，有利于 $PM_{2.5}$ 在地面堆积。27 日 14 时前后，上海市上空转为上升运动，有利于 $PM_{2.5}$ 在垂直方向上扩散。从散度垂直剖面图(图 3.3.5b)上也可以看到，污染时段内(26 日 18 时—27 日 20 时)上海市 850 hPa 以下辐合辐散都弱，进一步说明这段时间上海市垂直方向的交换确实较弱，不利于 $PM_{2.5}$ 在垂直方向上扩散。

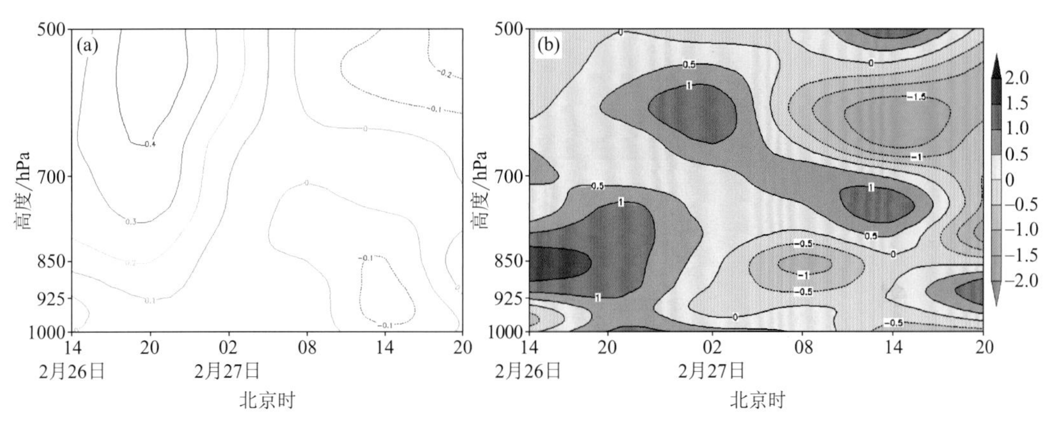

图 3.3.5 2014 年 2 月 26 日 14 时—27 日 20 时上海市垂直速度(a,单位:Pa/s)和散度(b,单位:10^{-6}/s)区域平均时序

3.3.5 小结

(1)2014 年 2 月 27 日上海市出现了 $PM_{2.5}$ 轻度污染天气,此次污染过程主要由本地污染物积聚造成,属于积累型污染。从 $PM_{2.5}$ 浓度变化来看,前期 $PM_{2.5}$ 浓度上升速度不快,且浓度在上升至轻度污染级别后在 90～113 μg/m³ 上下振荡。

(2)此次污染过程与天气形势的高低空配置有密切关系。根据地面天气形势分型,此次污染过程属于高压中心型,地面弱的气压场同时配合高空槽后西北气流,有利于 $PM_{2.5}$ 积聚和维持。

(3)诊断分析污染时段的气象要素发现,该时段上海市在水平方向上风速小,有静风时段,水平扩散条件差,同时在垂直方向上垂直运动弱,不利于上下层垂直交换,有下沉运动,有利于 $PM_{2.5}$ 在地面堆积,对于污染的出现起到了至关重要的作用。

3.4 2014 年 3 月 18 日污染过程

3.4.1 污染过程概述

2014 年 3 月 18 日上海市出现 $PM_{2.5}$ 中度污染过程,IAQI 为 176。图 3.4.1 给出 17 日 14 时—19 日 02 时 $PM_{2.5}$ 小时浓度时序,可以看到,17 日下午开始 $PM_{2.5}$ 浓度是一个上升过程,19 时达到轻度污染,21 时达到中度污染,22 时出现第一个峰值,浓度达 144.6 μg/m³,之后浓度有所下降,但仍维持在污染水平,到 18 日 04 时,$PM_{2.5}$ 浓度再次出现上升过程,至 12 时,出现第二个峰值,也是此次污染过程的小时浓度最大值,为 181.1 μg/m³,达到重度污染,之后 2 h 浓度略有下降,15 时再次出现峰值,浓度为 174.1 μg/m³,15 时以后 $PM_{2.5}$ 浓度迅速下降,至 19 日 02 时降回良等级,污染过程结束。此次污染过程持续了 31 h,污染时段为 17 日 19 时—19 日 01 时,其中中度污染 12 h,重度污染 7 h。

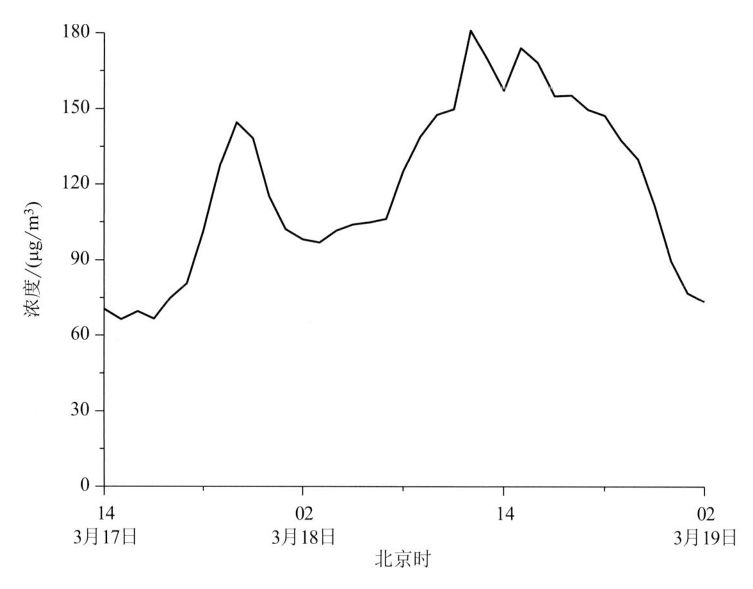

图 3.4.1　2014 年 3 月 17 日 14 时—19 日 02 时上海市 PM$_{2.5}$ 小时浓度时间序列

3.4.2　天气形势分析

从 3 月 17 日 20 时低空到高空的高度场(图 3.4.2a～c)可以看到,上海市主要受槽后西北气流控制;850 hPa 温度场(图 3.4.2d)显示,上海市位于暖脊前部,此种高低空环流配置一直维持到 18 日(图略)。槽后西北气流使得上海市水汽不足,不会产生大强度降

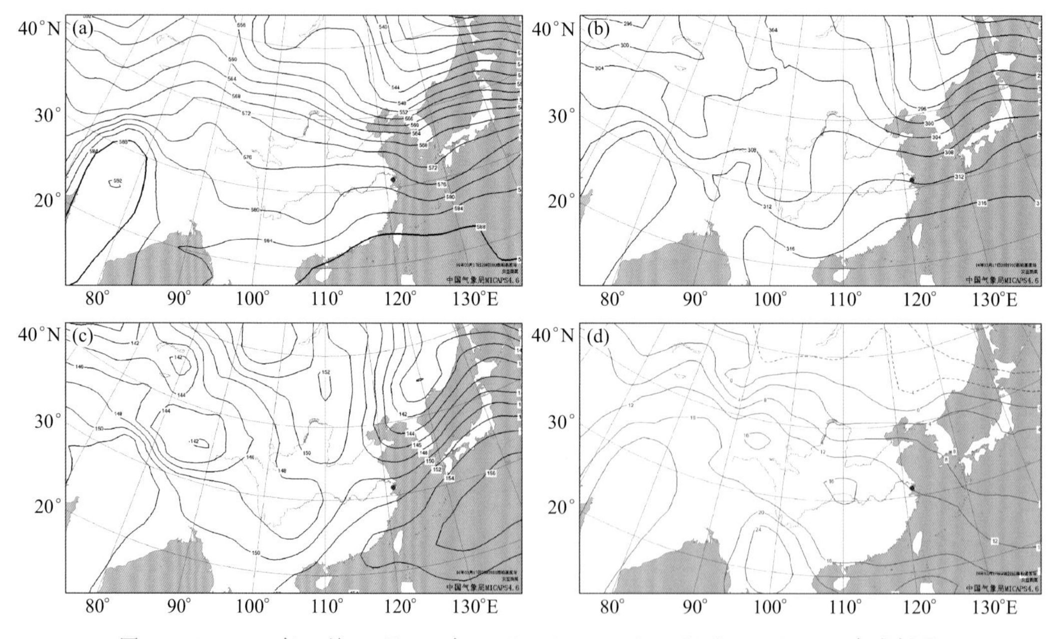

图 3.4.2　2014 年 3 月 17 日 20 时 500 hPa(a)、700 hPa(b)和 850 hPa(c)高度场及 850 hPa 温度场(d)(高度场单位:dagpm;温度场单位:℃;•:上海市位置)

水，对 $PM_{2.5}$ 不会造成湿沉降作用，有利于污染持续；850 hPa 上海市受脊前暖平流影响，低层增温明显，为大气产生稳定层结创造了良好的条件，不利于 $PM_{2.5}$ 在垂直方向上扩散。

图 3.4.3a 给出了 3 月 17 日 20 时海平面气压场，从图上可以看到，上海市受鞍型场控制，气压场弱，此种形势一直维持到 18 日上午（图 3.4.3b），17 日下午—18 日上午在鞍型场的控制下，上海市地面风速很小，水平扩散条件差，不利于 $PM_{2.5}$ 的水平扩散，有利于 $PM_{2.5}$ 在本地逐步累积，进而出现污染过程（图 3.4.1）。18 日上午以后（图略），随着上海市西南侧的低压东移北抬，上海市转受低压倒槽影响，风速逐渐增大，水平扩散条件转好，$PM_{2.5}$ 浓度出现下降（图 3.4.1），污染过程结束。

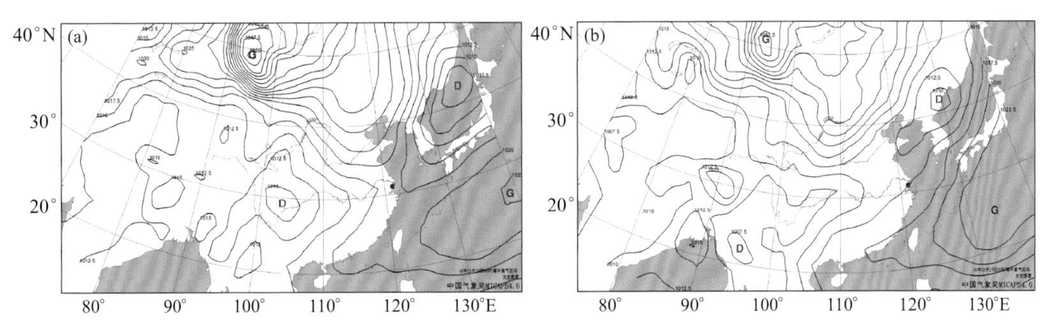

图 3.4.3 2014 年 3 月 17—18 日海平面气压场（单位：hPa；•:上海市位置）

(a)17 日 20 时；(b)18 日 08 时

3.4.3 气象要素分析

图 3.4.4 给出了 3 月 17 日 14 时—19 日 02 时上海市地面风速变化时序，可以看到 17 日下午开始上海市地面风速有一个明显减小的过程，夜间风速最小，18 日上午以后风速逐渐增大。污染时段内（17 日 19 时—19 日 01 时），2 m/s 及以下的风速时段占污染时

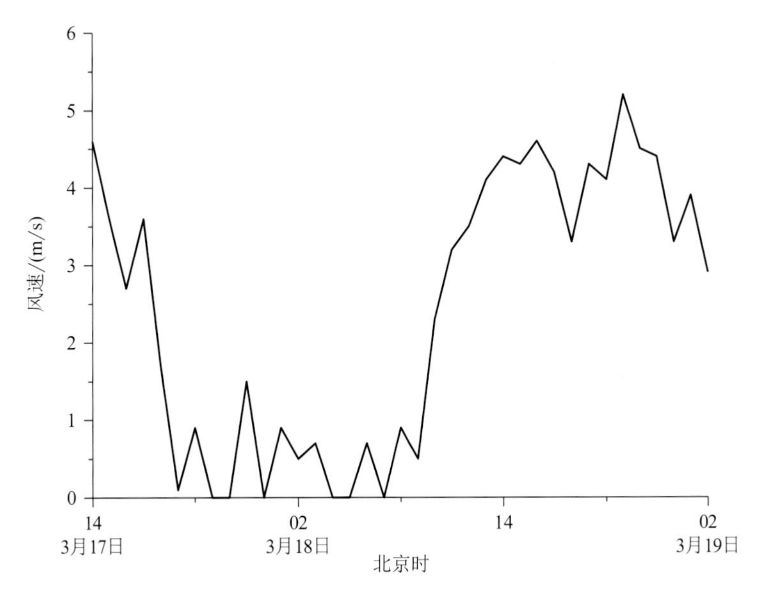

图 3.4.4 2014 年 3 月 17 日 14 时—19 日 02 时上海市地面风速变化时序

段的 51.6%，其中静风时段占 22.6%，小的风速使得污染物在水平方向上不易扩散出去，为污染物的积聚创造了十分有利的条件。对照图 3.4.1 可以看到，虽然 18 日上午以后风速增大，水平扩散条件转好，但由于前期 $PM_{2.5}$ 小时浓度达到重度污染级别，虽然随着风速增大，$PM_{2.5}$ 浓度开始出现下降，但是一直到 19 日 01 时浓度才降回良等级。

图 3.4.5 为 3 月 17 日 20 时和 18 日 08 时上海市探空曲线，可以看到 17 日夜间—18 日早晨上海市出现了明显的辐射逆温，逆温层顶高分别为 130 m 和 303 m，逆温强度分别为 2 ℃/(100 m)和 3 ℃/(100 m)，逆温强度较强，逆温维持时间较长且逆温层较厚是此次污染过程区别于前三次积累型污染过程的重要特征，导致 $PM_{2.5}$ 在低空不断积聚的时间更长，容易造成高浓度的污染过程。

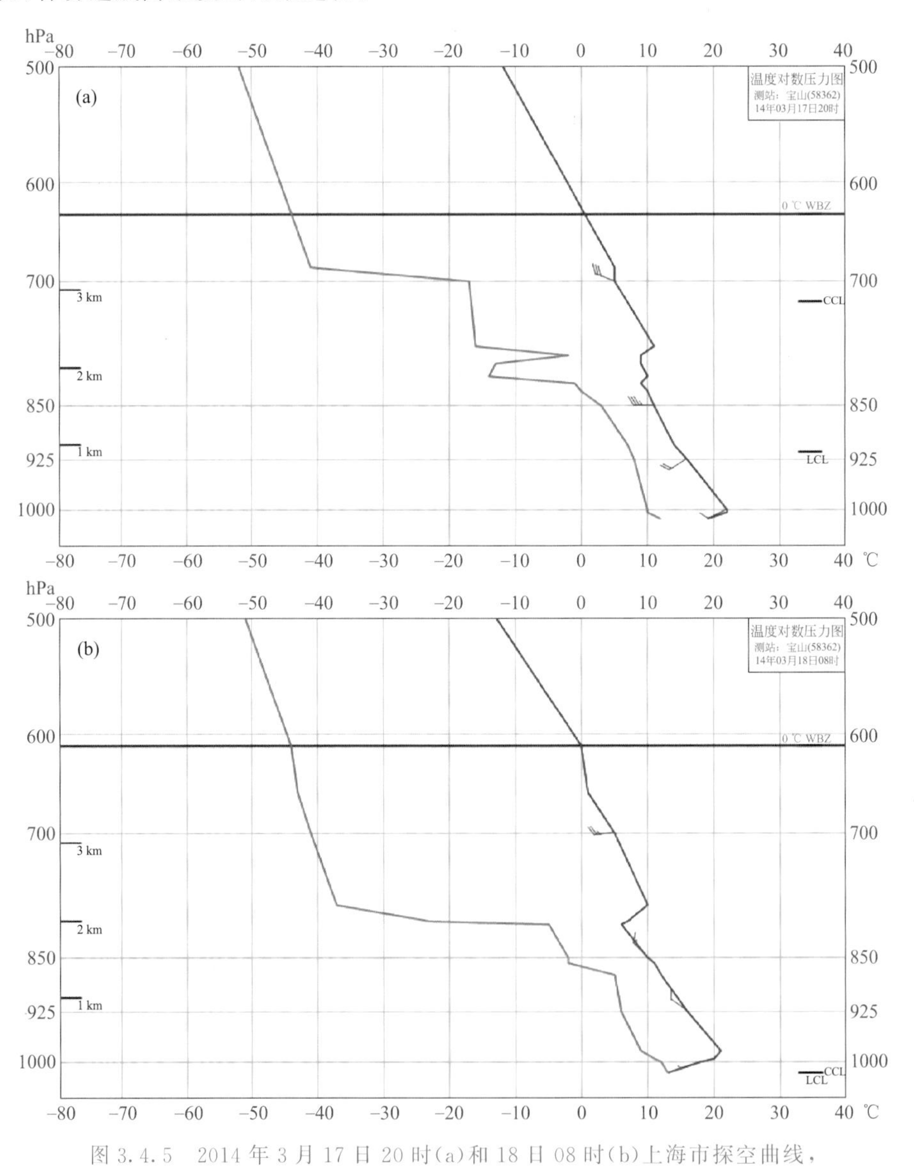

图 3.4.5 2014 年 3 月 17 日 20 时(a)和 18 日 08 时(b)上海市探空曲线，图中蓝线为温度曲线(单位:℃)

3.4.4 物理量诊断分析

利用3月17日14时—19日02时NCEP每6 h一次的FNL 1°×1°再分析资料对上海市(121°—122°E,31°—32°N)做区域平均的垂直速度和散度垂直剖面图。从垂直速度图(图3.4.6a)上可以看到污染时段内(17日19时—19日01时)上海市700 hPa以下垂直速度不强,其绝对值在0.2 Pa/s及以下,说明这段时间上下层垂直交换弱,不利于$PM_{2.5}$在垂直方向上扩散,有利于$PM_{2.5}$在地面堆积,另外,17日夜间开始上海市上空700 hPa以下为弱的下沉运动,对$PM_{2.5}$向上扩散起到了一定的抑制作用。从散度垂直剖面图(图3.4.6b)也可以看到,污染时段内(17日19时—19日01时)上海市辐合辐散都弱,进一步说明这段时间上海市垂直方向交换确实较弱,不利于$PM_{2.5}$在垂直方向上扩散。

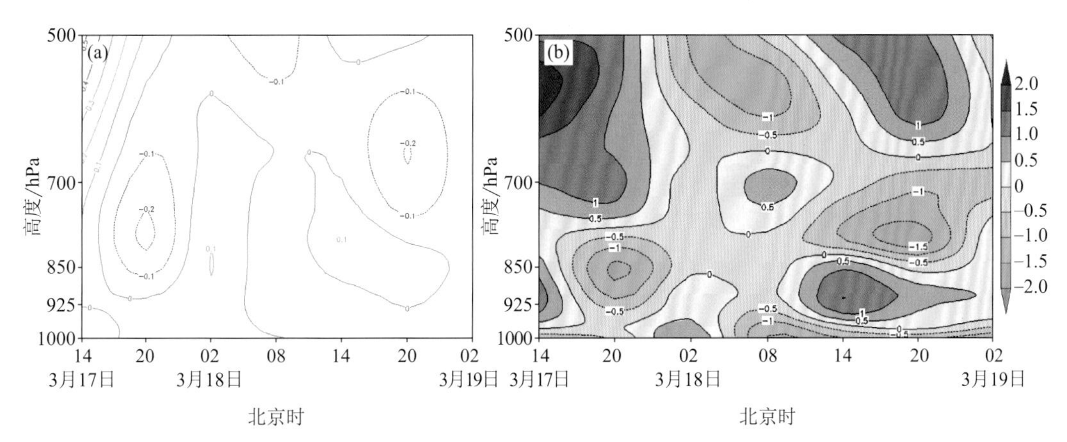

图3.4.6 2014年3月17日14时—19日02时上海市垂直速度(a,单位:Pa/s)和散度(b,单位:10^{-6}/s)区域平均时序

3.4.5 小结

(1)2014年3月18日上海市出现了$PM_{2.5}$中度污染天气,此次污染过程主要由本地污染物积聚造成,属于积累型污染。从$PM_{2.5}$浓度变化来看,前期上升速度不快,污染过程中出现了7 h重度污染和12 h中度污染。

(2)此次污染过程与天气形势的高低空配置有密切关系。根据地面天气形势分型,此次污染过程属于鞍型场型,地面弱的气压场同时配合高空槽后西北气流,且垂直方向上层结稳定,有利于$PM_{2.5}$积聚和维持。

(3)诊断分析污染时段的气象要素发现,该时段上海市在水平方向上风速小,有静风时段,水平扩散条件差,同时在垂直方向上垂直运动弱,有下沉运动,不利于上下层垂直交换。另外,此次污染过程出现了逆温,逆温强度较强,逆温层较厚且维持时间较长,对于$PM_{2.5}$出现高浓度的污染起到了重要作用。

3.5 2014 年 12 月 6 日污染过程

3.5.1 污染过程概述

2014 年 12 月 6 日上海市出现 $PM_{2.5}$ 轻度污染过程，IAQI 为 110。图 3.5.1 给出了 5 日 15 时—6 日 23 时 $PM_{2.5}$ 小时浓度时序，可以看到 5 日下午开始 $PM_{2.5}$ 浓度是一个上升过程，20 时达到轻度污染，之后浓度值一直维持在 100～101 $\mu g/m^3$，到 6 日 02 时出现第一个峰值，浓度为 104.3 $\mu g/m^3$，02 时之后 $PM_{2.5}$ 浓度有所下降，07 时再次出现上升过程，到 10 时出现第二个峰值，也是此次污染过程的小时浓度最大值，达 111.2 $\mu g/m^3$，10 时以后 $PM_{2.5}$ 浓度迅速下降，至 15 时降回良等级，17 时浓度再次上升至轻度污染级别，19 时出现第三个峰值，浓度为 93 $\mu g/m^3$，之后 $PM_{2.5}$ 快速下降，21 时再次降回良等级，污染过程结束。此次污染过程共出现 23 h 轻度污染，污染时段为 5 日 20 时—6 日 14 时及 6 日 17—20 时。

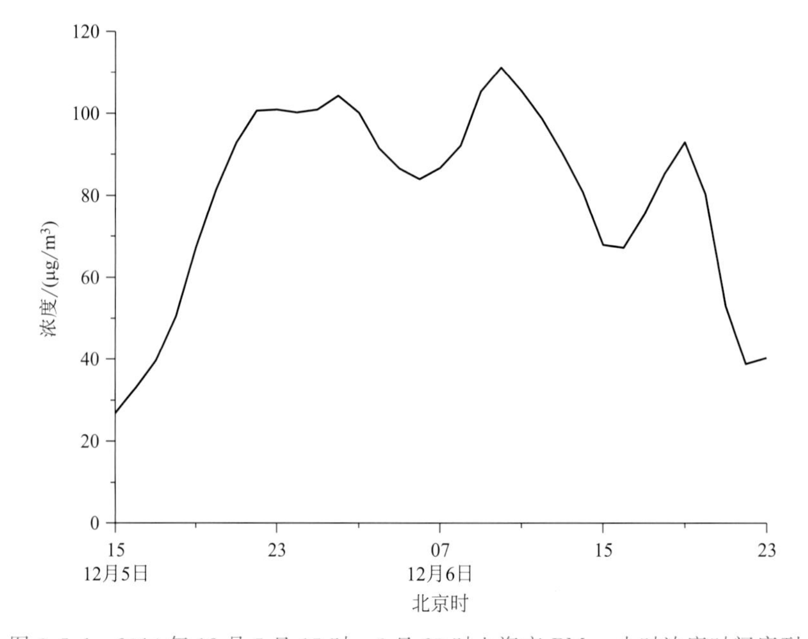

图 3.5.1 2014 年 12 月 5 日 15 时—6 日 23 时上海市 $PM_{2.5}$ 小时浓度时间序列

3.5.2 天气形势分析

图 3.5.2a～c 给出了 12 月 5 日 20 时低空到高空的高度场，从图上可以看到，上海市主要受槽后西北气流控制；850 hPa 温度场（图 3.5.2d）显示，上海市位于暖脊前部，此种高低空环流配置一直维持到 6 日（图略）。槽后西北气流使得上海市水汽不足，不会产生大强度降水，对 $PM_{2.5}$ 不会造成湿沉降作用，有利于污染持续；850 hPa 上海市受脊前暖

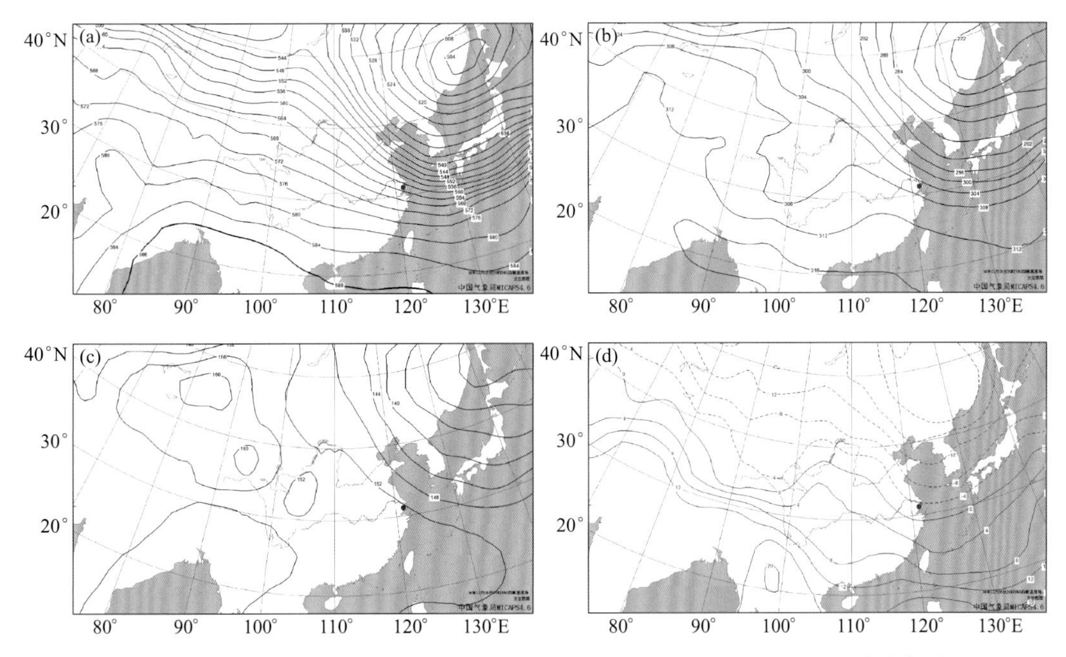

图 3.5.2 2014 年 12 月 5 日 20 时 500 hPa(a)、700 hPa(b)和 850 hPa(c)高度场及 850 hPa 温度场(d)(高度场单位:dagpm;温度场单位:℃;•:上海市位置)

平流影响,低层增温明显,为大气产生稳定层结创造了良好的条件,不利于 $PM_{2.5}$ 在垂直方向上扩散,有利于 $PM_{2.5}$ 积聚。

图 3.5.3a 给出了 12 月 5 日 20 时海平面气压场,从图上可以看到,整个华东地区受高压控制,上海市位于高压中心附近,气压场弱,属于高压中心型,此种形势一直维持到 6 日上午(图 3.5.3b),上海市在高压中心控制下,近地层为下沉气流,大气层结稳定,$PM_{2.5}$ 在垂直方向上得不到扩散,同时地面气压场弱,在水平方向上的扩散条件也差,从而导致 $PM_{2.5}$ 在本地逐步积累,进而出现污染过程(图 3.5.1);6 日上午以后,高压中心在东移过程中略有北抬,14 时(图 3.5.3c)上海市位于高压中心底部,水平扩散条件略有好转,有利于 $PM_{2.5}$ 浓度下降,傍晚前后(图 3.5.3d),高压中心再次南落至上海市附近,上海市水平扩散条件再次转差,不利于 $PM_{2.5}$ 扩散,之后随着高压中心逐渐东移(图略),水平扩散条件逐渐转好,$PM_{2.5}$ 浓度出现下降(图 3.5.1),污染过程结束。对比前三次高压中心型污染过程,此次污染过程天气形势的特点在于高压中心先北抬再南落,水平扩散条件有一个先转好再转差的过程,导致 $PM_{2.5}$ 浓度出现了短时降回良等级后,再次回升至轻度污染级别的现象。

3.5.3 气象要素分析

图 3.5.4 给出了 12 月 5 日 15 时—6 日 23 时上海市地面风速变化时序,可以看到,5 日下午开始上海市地面风速有一个明显减小的过程,5 日夜间—6 日早晨风速最小,6 日上海市地面风速有一个先增大再减小再次增大的过程,与前文分析高压中心在 6 日有一

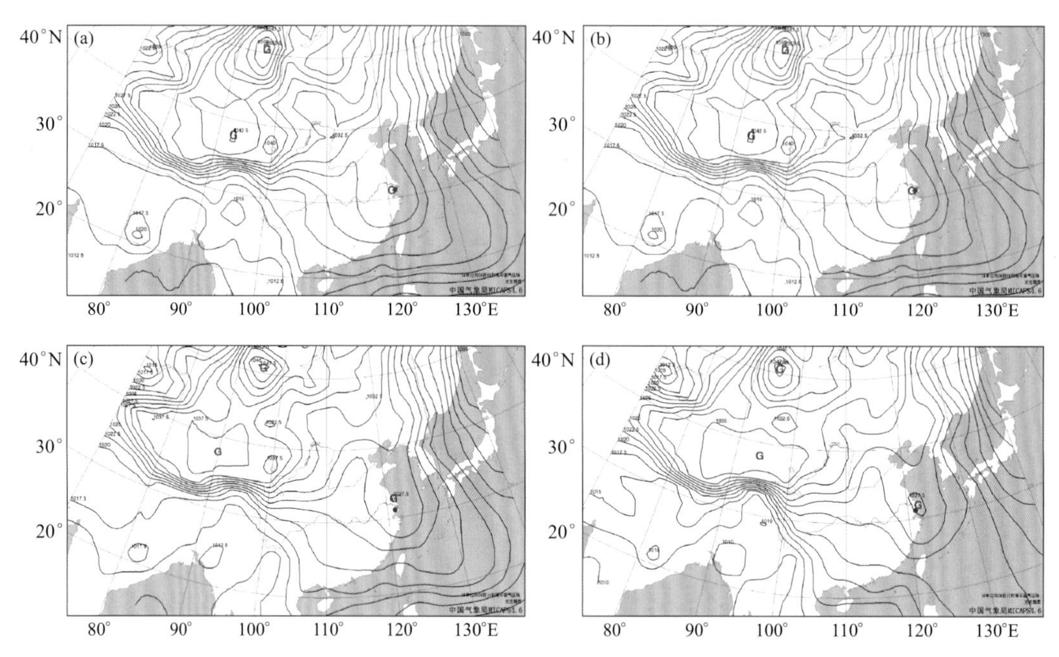

图 3.5.3 2014 年 12 月 5—6 日海平面气压场(单位：hPa；•：上海市位置)

(a)5 日 20 时；(b)6 日 08 时；(c)6 日 14 时；(d)6 日 17 时

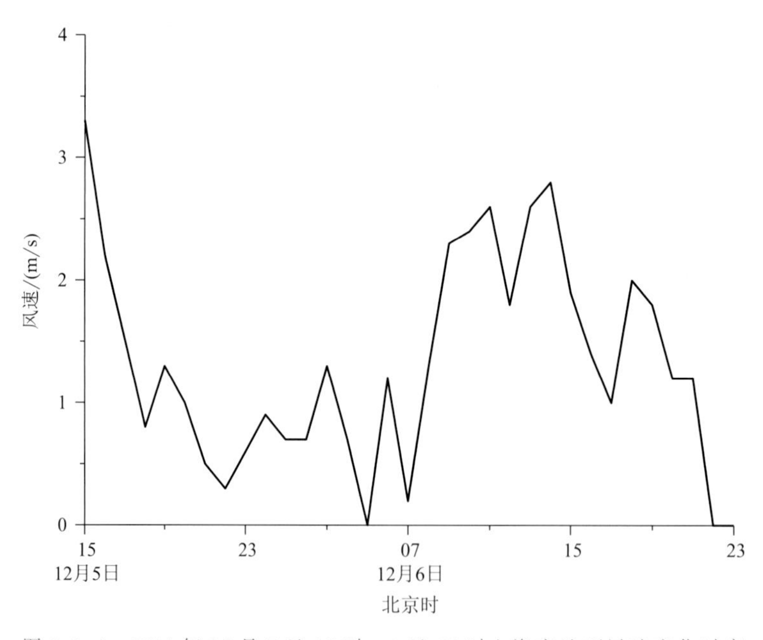

图 3.5.4 2014 年 12 月 5 日 15 时—6 日 23 时上海市地面风速变化时序

个先北抬再南落的过程有关。污染时段内(5 日 20 时—6 日 14 时和 6 日 17—20 时)大部分时段的风速都在 2 m/s 及以下，其中 1 m/s 及以下的风速时段占污染时段的 47.8%，静风时段占 8.7%，小的风速使得污染物在水平方向上不易扩散出去，为污染物的积聚创造了十分有利的条件。

图 3.5.5 为 12 月 5 日 20 时和 6 日 08 时上海市探空曲线，可以看到 5 日夜间—6 日早晨上海市出现了辐射逆温，逆温层顶高分别为 86 m 和 230 m，逆温强度均为 3 ℃/(100 m)。此次污染过程虽然 5 日夜间—6 日早晨出现了逆温，但由于逆温层厚度不厚，因此 6 日白天逆温层消失较快，不容易造成长时间、高浓度的污染过程。

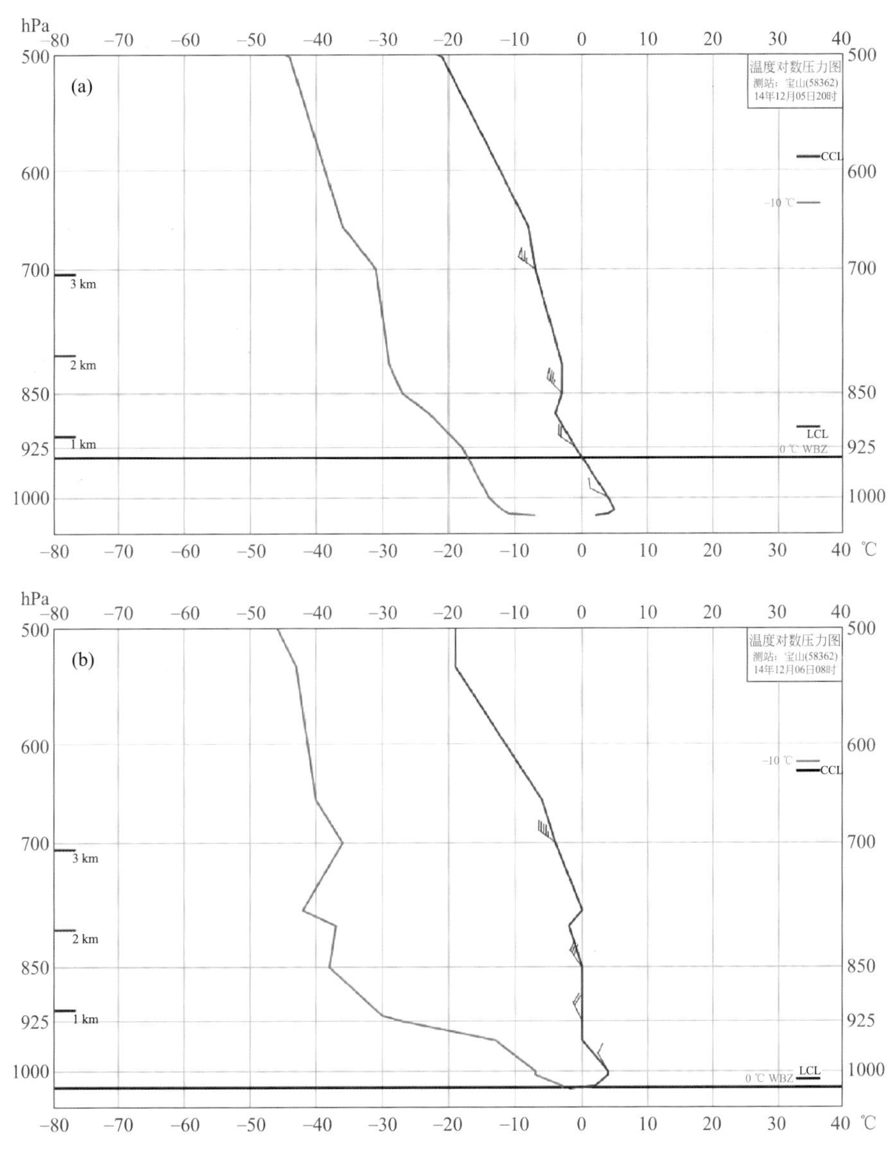

图 3.5.5 2014 年 12 月 5 日 20 时(a)和 6 日 08 时(b)上海市探空曲线，图中蓝线为温度曲线(单位：℃)

3.5.4 物理量诊断分析

利用 12 月 5 日 14 时—7 日 02 时 NCEP 每 6 h 一次的 FNL 1°×1°再分析资料对上

海市(121°—122°E,31°—32°N)做区域平均的垂直速度和散度垂直剖面图。从垂直速度图(图 3.5.6a)上可以看到,5 日夜间—6 日上海市上空 700 hPa 以下垂直速度有一个减小的过程,6 日垂直速度绝对值基本在 0.2 Pa/s 及以下,说明这段时间上下层垂直交换弱,不利于 $PM_{2.5}$ 在垂直方向上扩散,另外,由图上可以看到,5 日 14 时—6 日 20 时上海市上空以下沉运动为主,对 $PM_{2.5}$ 垂直扩散起到了抑制作用,有利于 $PM_{2.5}$ 在地面堆积,6 日 20 时以后上海市上空逐渐转为上升运动,有利于 $PM_{2.5}$ 在垂直方向上扩散。从散度垂直剖面图(图 3.5.6b)上也可以看到,污染时段内(5 日 20 时—6 日 14 时和 6 日 17—20 时)上海市辐合辐散都弱,进一步说明这段时间上海市垂直方向的交换确实不强,不利于 $PM_{2.5}$ 在垂直方向上扩散。

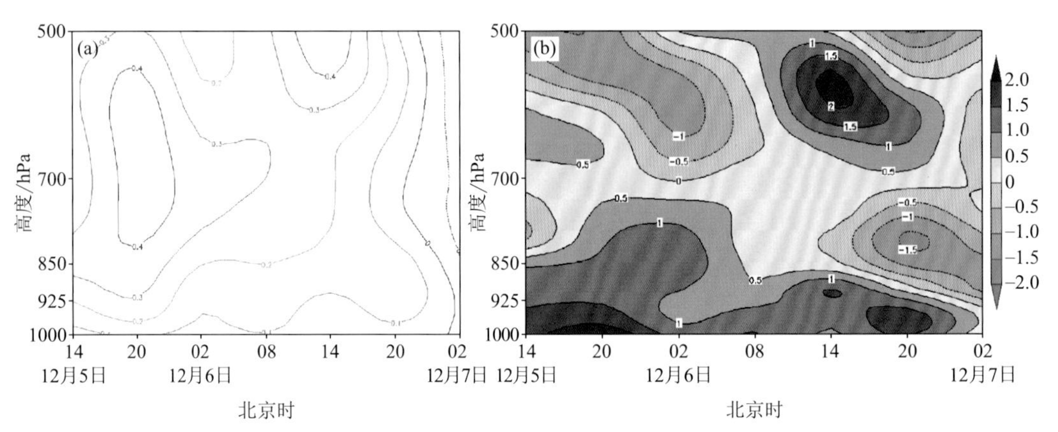

图 3.5.6 2014 年 12 月 5 日 14 时—7 日 02 时上海市垂直速度(a,单位:Pa/s)和散度(b,单位:10^{-6}/s)区域平均时序

3.5.5 小结

(1)2014 年 12 月 6 日上海市出现了 $PM_{2.5}$ 轻度污染天气,此次污染过程主要由本地污染物积聚造成,属于积累型污染。从 $PM_{2.5}$ 浓度变化来看,前期 $PM_{2.5}$ 浓度上升速度不快,此次污染过程共出现了 23 h 轻度污染,但不是连续污染过程,中间有 2 h 污染间歇,污染过程中共出现了 3 个峰值。

(2)此次污染过程与天气形势的高低空配置有密切关系。根据地面天气形势分型,此次污染过程属于高压中心型,地面弱的气压场同时配合高空槽后西北气流,且垂直方向上层结稳定,有利于 $PM_{2.5}$ 的积聚和维持。此次污染过程高压中心有一个先北抬再南落的过程,从而使得水平扩散条件先转好再转差,导致 $PM_{2.5}$ 浓度出现了短时降回良等级后,再次回升至轻度污染级别的现象。

(3)诊断分析污染时段的气象要素发现,该时段上海市在水平方向上风速小,有静风出现,在垂直方向上垂直运动弱,有下沉运动,并且存在逆温,水平和垂直方向上的扩散条件都有利于 $PM_{2.5}$ 在地面的累积,对于出现污染起到了至关重要的作用。

3.6 2015年3月28—29日污染过程

3.6.1 污染过程概述

2015年3月28—29日上海市出现了连续2 d的$PM_{2.5}$污染过程(图3.6.1a),均达到轻度污染级别。图3.6.1b给出了28—29日$PM_{2.5}$小时浓度时序,从图上可以看到,28日开始$PM_{2.5}$浓度是一个缓慢上升的过程,12时才达到轻度污染级别,20时达到中度污染级别,22时出现第一个峰值,也是此次污染过程小时浓度最大值,达135.2 $\mu g/m^3$,之后浓度迅速回落,29日00时降回轻度污染级别,06时$PM_{2.5}$浓度再次出现上升过程,10时回升至中度污染,11时出现第二个峰值,浓度为117.1 $\mu g/m^3$,之后浓度开始下降,至30日00时降回良等级,污染过程结束。污染时段为28日12时—29日23时,共36 h,出现了6 h中度污染和30 h轻度污染。

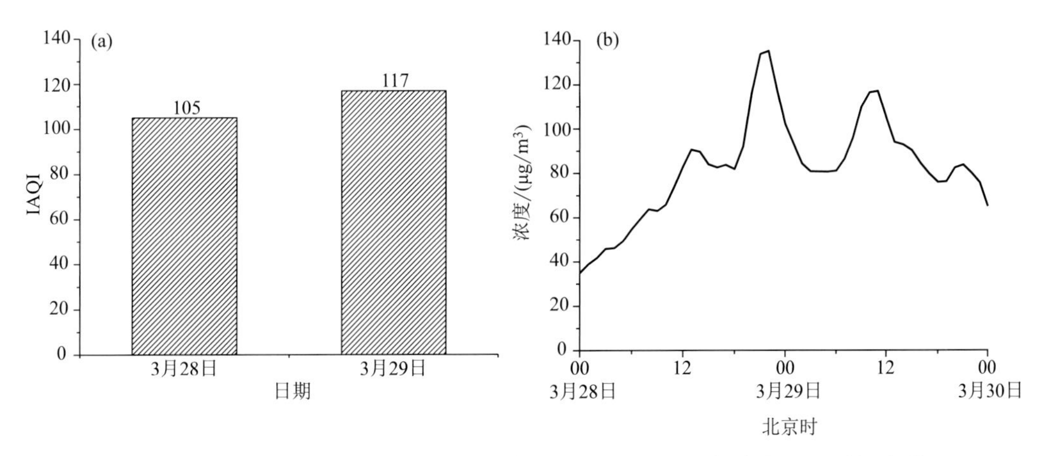

图3.6.1 2015年3月28—29日上海市$PM_{2.5}$IAQI(a)和小时浓度(b)时间序列

3.6.2 天气形势分析

图3.6.2a～c给出了3月28日20时低空到高空的高度场,从图上可以看到,上海市主要受槽后西北气流控制,水汽不足不会产生大强度降水,对$PM_{2.5}$不会造成湿沉降作用,有利于污染持续;850 hPa温度场(图3.6.2d)显示,上海市位于暖脊前部,受脊前暖平流影响,低层增温明显,为大气产生稳定层结创造了良好的条件,不利于$PM_{2.5}$在垂直方向上扩散,有利于$PM_{2.5}$积聚。29日高空形势(图略)与28日一致,此种环流配置为$PM_{2.5}$出现污染创造了有利条件。

分析3月28—29日海平面气压场发现,29日中午以前(图3.6.3a)上海市处于高压环流内,等压线稀疏,风速小,水平扩散条件差,为均压场型,同时上海市在高压系统的控制下,近地层为下沉气流,大气层结稳定,$PM_{2.5}$在垂直方向上也得不到扩散,因此导致

$PM_{2.5}$ 在本地逐步积累，进而出现污染过程（图 3.6.1b）。29 日中午以后（图 3.6.3b），随着高压主体缓慢东移，华东地区气压梯度逐渐增强，上海市地面风速逐渐增大，水平扩散条件逐渐转好，$PM_{2.5}$ 浓度出现下降（图 3.6.1b），污染过程结束。

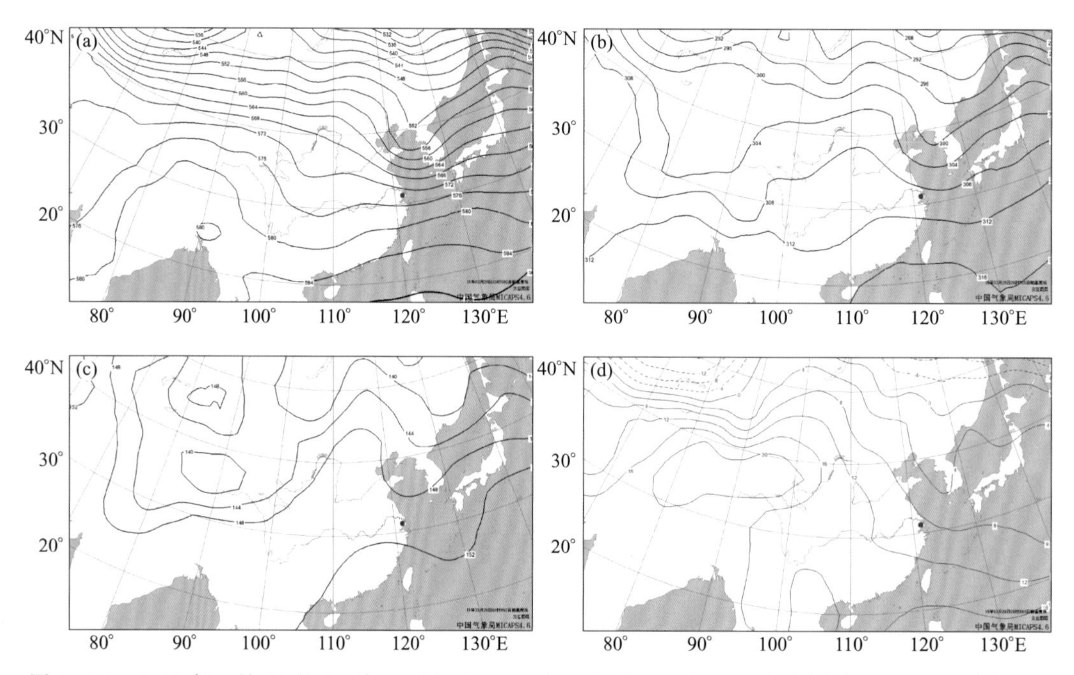

图 3.6.2　2015 年 3 月 28 日 20 时 500 hPa(a)、700 hPa(b)和 850 hPa(c)高度场及 850 hPa 温度场(d)（高度场单位：dagpm；温度场单位：℃；•：上海市位置）

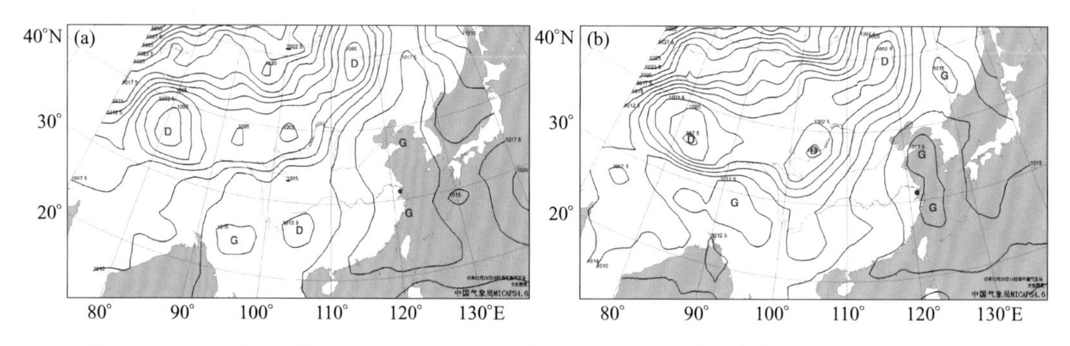

图 3.6.3　2015 年 3 月 29 日 08 时(a)和 14 时(b)海平面气压场（单位：hPa；•：上海市位置）

3.6.3　气象要素分析

分析 3 月 28—29 日上海市地面风速（图 3.6.4）发现，28 日上午地面风速有一个短时增大的过程，中午以后风速迅速下降，28 日夜间—29 日早晨上海市维持了 10 h 静风，29 日上午虽然风速略有增大，但仍在 2 m/s 以下，29 日中午以后风速明显增大。污染时段内（28 日 12 时—29 日 23 时）2 m/s 及以下的风速时段占 58.3%，静风时段占 27.8%，小的风速使得污染物在水平方向上不易扩散出去,为污染物的积聚创造了十分有利的条件。

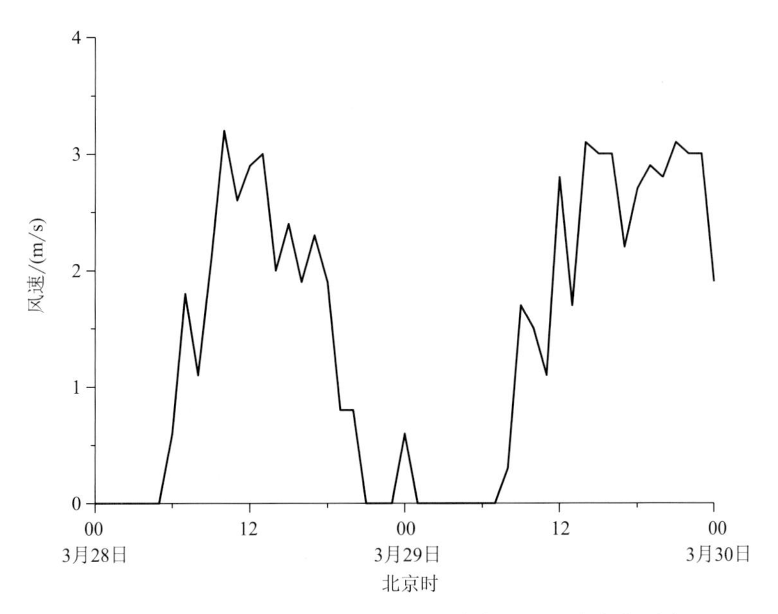

图 3.6.4 2015 年 3 月 28—29 日上海市地面风速变化时序

图 3.6.5 为 3 月 28 日 20 时和 29 日 08 时上海市探空曲线,可以看到 28 日夜间—29 日早晨上海市出现了辐射逆温,逆温层顶高分别为 159 m 和 259 m,逆温强度分别为 1 ℃/(100 m)和 2 ℃/(100 m)。此次污染过程逆温时间较长,使得 $PM_{2.5}$ 在低空不断积聚的时间较长,容易造成较高浓度的污染过程。

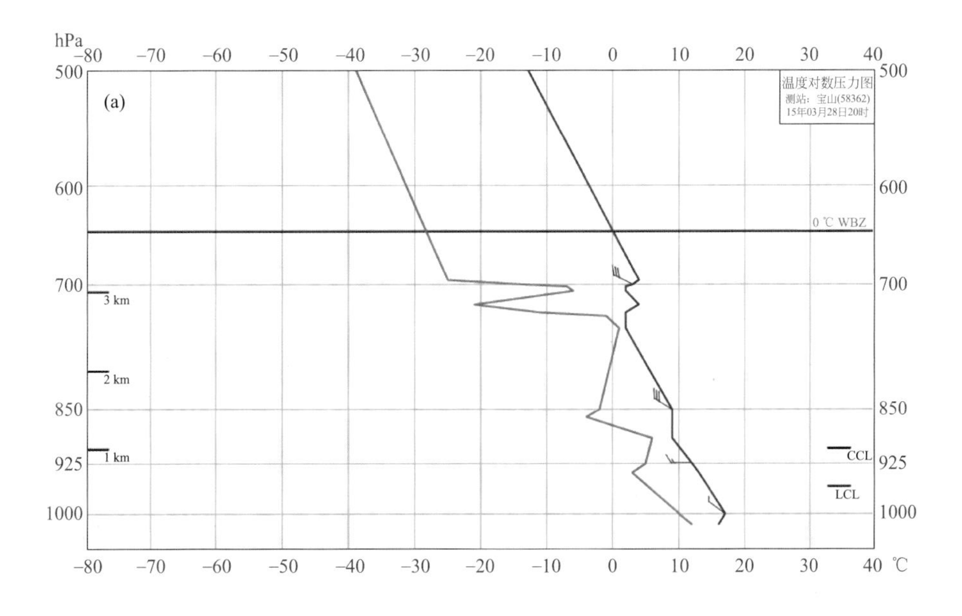

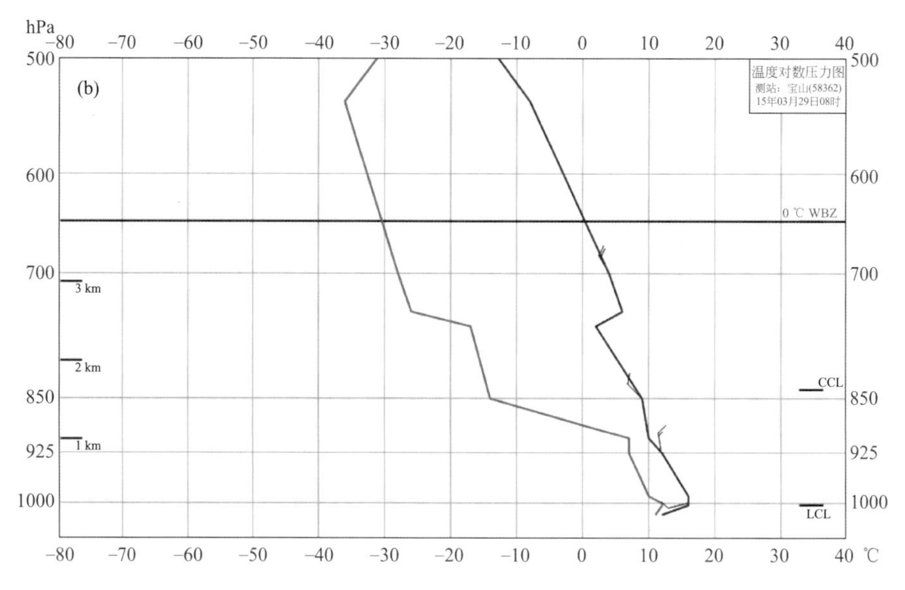

图 3.6.5 2015 年 3 月 28 日 20 时(a)和 29 日 08 时(b)上海市探空曲线，图中蓝线为温度曲线(单位：℃)

3.6.4 物理量诊断分析

利用 3 月 28 日 02 时—30 日 02 时 NCEP 每 6 h 一次的 FNL 1°×1°再分析资料对上海市(121°—122°E，31°—32°N)做区域平均的垂直速度和散度垂直剖面图。分析垂直速度图(图 3.6.6a)发现，28—29 日上海市上空 700 hPa 以下垂直速度很弱，大部分时段绝对值在 0.1 Pa/s 及以下，说明这段时间上下层垂直交换弱，不利于 $PM_{2.5}$ 在垂直方向上扩散。另外，由图上可以看到，除 29 日 14 时以外，其余时段上海市上空以弱的下沉运动为主，对 $PM_{2.5}$ 垂直扩散起到了一定的抑制作用，有利于 $PM_{2.5}$ 在地面堆积。从散度垂直剖面图(图 3.6.6b)上也可以看到，28—29 日上海市辐合辐散都弱，进一步说明这段时间上海市垂直方向的交换确实较弱，不利于 $PM_{2.5}$ 在垂直方向上扩散。

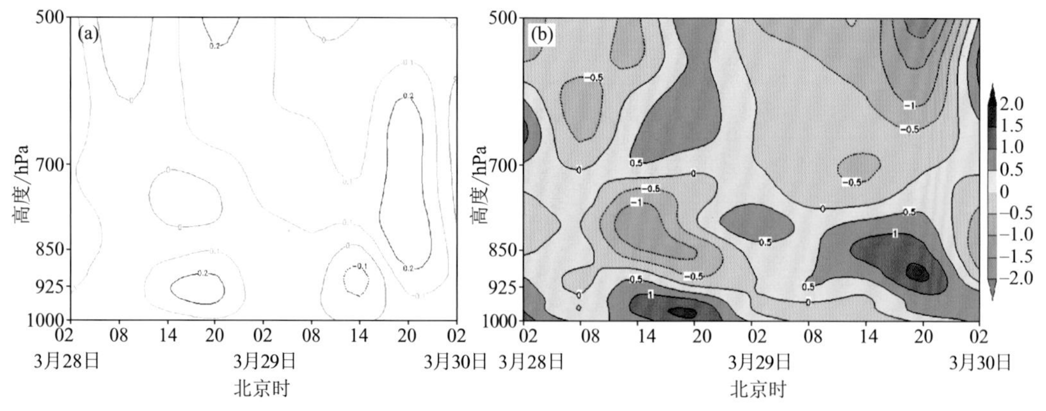

图 3.6.6 2015 年 3 月 28 日 02 时—30 日 02 时上海市垂直速度(a，单位：Pa/s)和散度(b，单位：10^{-6}/s)区域平均时序

3.6.5 小结

(1)2015 年 3 月 28—29 日上海市出现了连续 2 d 的 $PM_{2.5}$ 轻度污染过程,此次污染过程主要由本地污染物积聚造成,属于积累型污染。从 $PM_{2.5}$ 浓度变化来看,前期 $PM_{2.5}$ 浓度上升速度缓慢,污染过程中出现了 2 个峰值,短时达到了中度污染。

(2)此次污染过程与天气形势的高低空配置有密切关系。根据地面天气形势分型,此次污染过程属于均压场型(高压环流),地面弱的气压场同时配合高空槽后西北气流,且垂直方向上层结稳定,有利于 $PM_{2.5}$ 积聚和维持。

(3)诊断分析污染时段的气象要素发现,该时段上海市在水平方向上风速小,静风持续时段较长,在垂直方向上垂直运动弱,且有下沉运动,因此,水平和垂直方向上的扩散条件都有利于 $PM_{2.5}$ 在地面堆积。另外,此次污染过程逆温时间较长,对于出现较高浓度的污染过程起到了重要作用。

3.7 2015 年 7 月 26 日污染过程

3.7.1 污染过程概述

2015 年 7 月 26 日上海市出现了 $PM_{2.5}$ 轻度污染过程。图 3.7.1 给出了 25 日 20 时—27 日 02 时 $PM_{2.5}$ 小时浓度时序,从图上可以看到,25 日夜间开始 $PM_{2.5}$ 浓度是一个上升的过程,上升速度不快,26 日 00 时达到轻度污染级别,07 时达到中度污染级别,09 时出现第一个峰值,也是此次污染过程小时浓度最大值,为 126.6 μg/m³,之后 $PM_{2.5}$ 浓度开始下降,至 12 时降回良等级,傍晚前后浓度值有所上升,但仍维持在良的水平,19 时

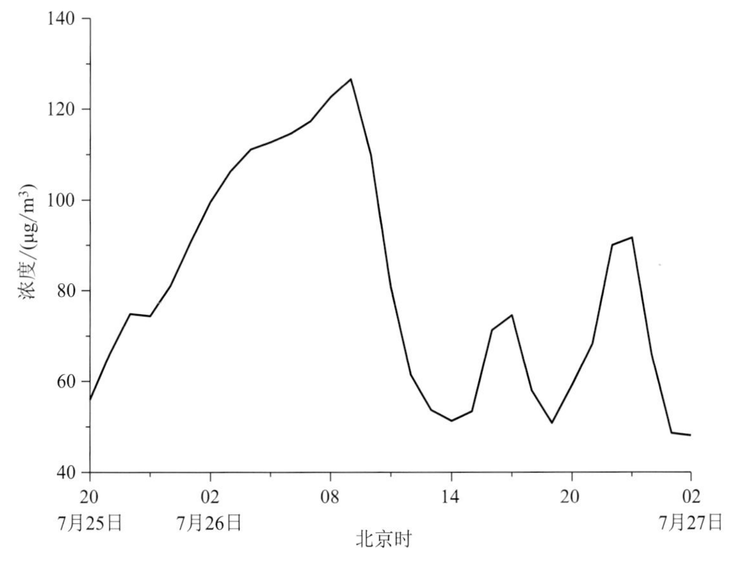

图 3.7.1 2015 年 7 月 25 日 20 时—27 日 02 时上海市 $PM_{2.5}$ 小时浓度时间序列

以后 $PM_{2.5}$ 浓度再次上升，22 时升至轻度污染，23 时出现峰值，浓度为 91.6 μg/m³，之后 27 日 00 时浓度迅速降回良等级，污染过程结束。此次过程污染出现时段不连续，分别为 26 日 00—11 时和 22—23 时，共 14 h，出现了 3 h 中度污染和 11 h 轻度污染。

3.7.2 天气形势分析

图 3.7.2a～c 给出了 7 月 25 日 20 时低空到高空的高度场，从图上可以看到，上海市受西太平洋副热带高压控制，以晴热天气为主，不利于降水的产生，对 $PM_{2.5}$ 不会造成湿沉降作用，有利于污染持续；850 hPa 温度场(图 3.7.2d)显示，上海市位于暖区，低层增温明显，为大气产生稳定层结创造了良好的条件，不利于 $PM_{2.5}$ 在垂直方向上扩散，有利于 $PM_{2.5}$ 积聚。26 日高空形势(图略)与 25 日一致，此种环流配置为 $PM_{2.5}$ 出现污染创造了有利条件。

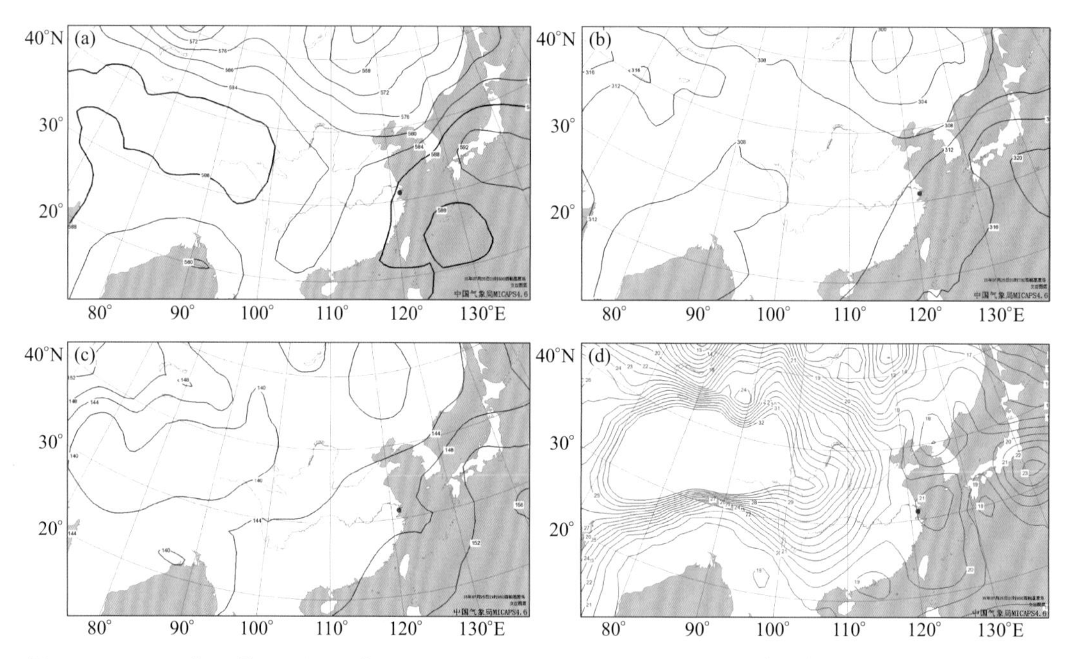

图 3.7.2 2015 年 7 月 25 日 20 时 500 hPa(a)、700 hPa(b)和 850 hPa(c)高度场及 850 hPa 温度场(d)
(高度场单位：dagpm；温度场单位：℃；•：上海市位置)

分析 7 月 25—26 日海平面气压场发现，26 日上午以前(图 3.7.3a)中国东部受大范围低压带控制，上海市位于低压前部，海平面气压场类似鞍型场形势，整体气压场弱，风力小，属于鞍型场型，水平扩散条件差，有利于 $PM_{2.5}$ 在本地的累积。26 日上午开始(图 3.7.3b、c)，随着低压带整体向东移动，同时中国东部洋面上的高压也逐渐西伸，上海市位于高低压之间，气压梯度逐渐加大，地面风速逐渐增大，水平扩散条件转好，有利于 $PM_{2.5}$ 扩散，26 日上午开始 $PM_{2.5}$ 浓度出现下降过程(图 3.7.1)，中午降回良等级。虽然水平扩散条件好转，但是 26 日夜间 $PM_{2.5}$ 再次出现了 2 h 轻度污染，这可能和夜间上海市出现辐射逆温有关，下面将对此进行详细分析。

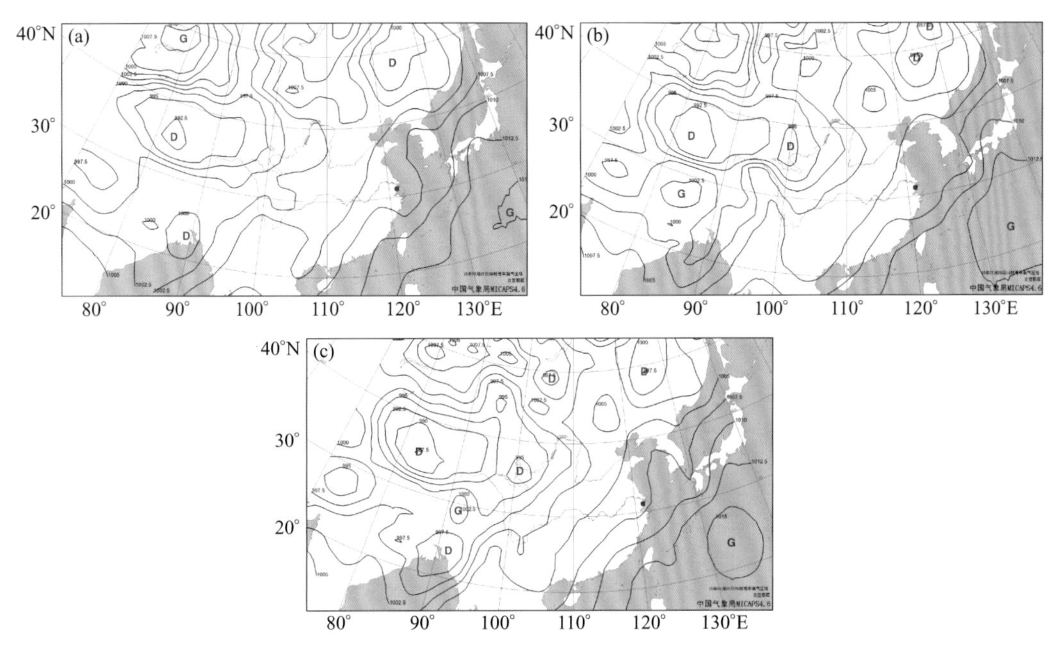

图 3.7.3 2015 年 7 月 25—26 日海平面气压场(单位: hPa;•:上海市位置)
(a)26 日 08 时;(b)26 日 14 时;(c)26 日 20 时

3.7.3 气象要素分析

图 3.7.4 给出了 7 月 26 日上海市地面风速变化时序,从图上可以看到,26 日上午以前上海市地面风速较小,基本在 1 m/s 以下,上午以后风速有一个明显的增大过程。污染时段内(26 日 00—11 时和 22—23 时)1 m/s 及以下的风速时段占 64.3%,静风时段占 21.4%,小的风速使得污染物在水平方向上不易扩散出去,为污染物的积聚创造了十分有利的条件。

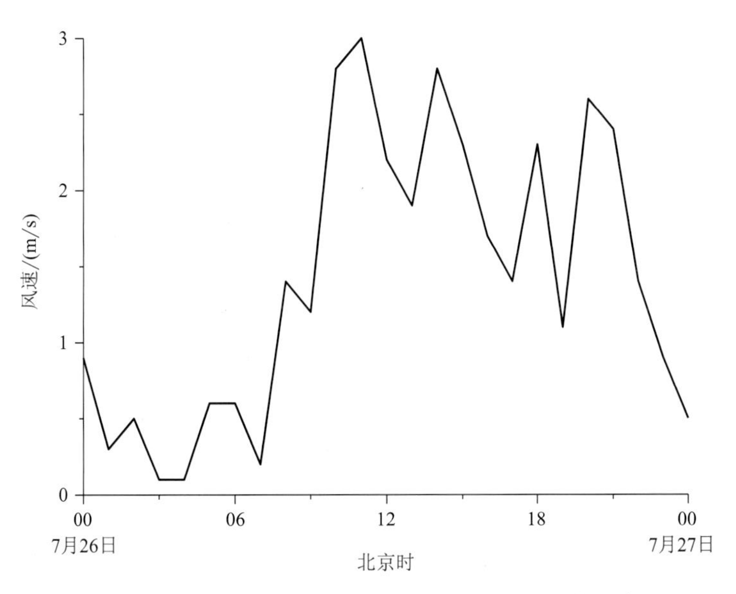

图 3.7.4 2015 年 7 月 26 日上海市地面风速变化时序

由前文分析可知,7 月 26 日上午以后上海市水平扩散条件转好,但 $PM_{2.5}$ 在中午降回良等级后,夜间再次出现了短时轻度污染过程,究其原因可能和 26 日夜间上海市出现辐射逆温有关。图 3.7.5 为 7 月 26 日 20 时上海市探空曲线,可以看到上海市出现了辐射逆温,逆温层顶高为 195 m,逆温强度为 1 ℃/(100 m),强度不强,逆温维持时间不长(27 日早晨逆温已消失),因此,26 日夜间仅出现了 2 h 轻度污染。

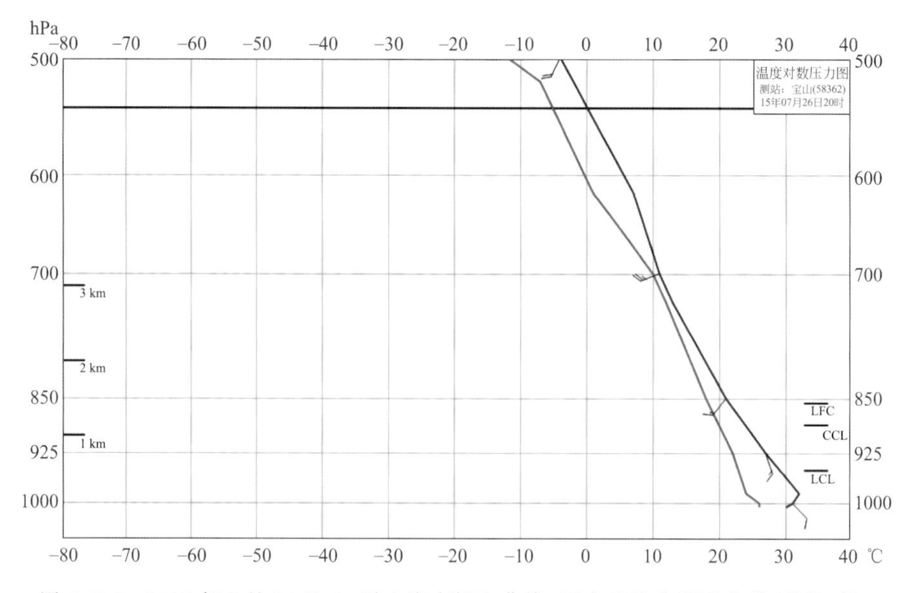

图 3.7.5　2015 年 7 月 26 日 20 时上海市探空曲线,图中蓝线为温度曲线(单位:℃)

3.7.4　物理量诊断分析

利用 7 月 25 日 20 时—27 日 02 时 NCEP 每 6 h 一次的 FNL 1°×1°再分析资料对上海市(121°—122°E,31°—32°N)做区域平均的垂直速度和散度垂直剖面图。分析垂直速度图(图 3.7.6a)发现,污染时段内(26 日 00—11 时和 22—23 时)上海市上空 700 hPa 以

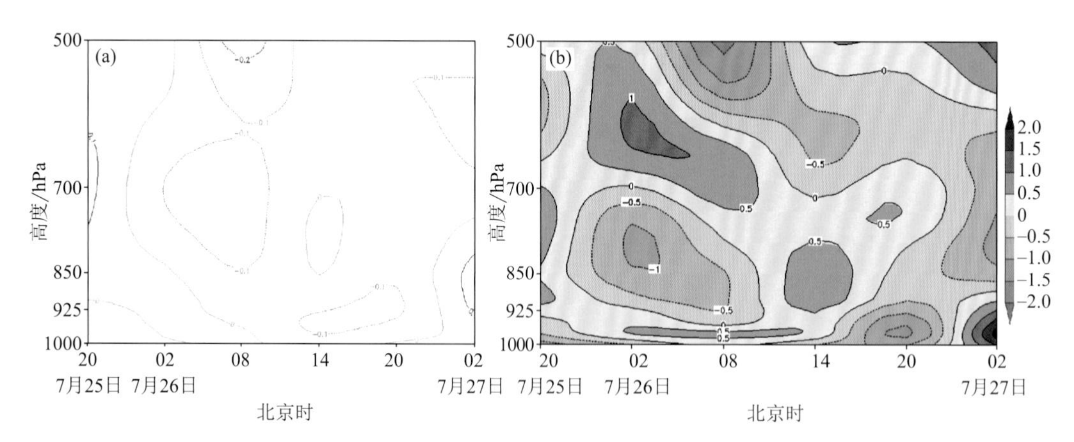

图 3.7.6　2015 年 7 月 25 日 20 时—27 日 02 时上海市垂直速度(a,单位:Pa/s)和散度(b,单位:10^{-6}/s)区域平均时序

下垂直速度弱,绝对值在 0.1 Pa/s 及以下,说明这段时间上下层垂直交换弱,不利于 $PM_{2.5}$ 在垂直方向上扩散。从散度垂直剖面图(图 3.7.6b)也可以看到,上海市辐合辐散都弱,进一步说明这段时间上海市垂直方向交换确实较弱,不利于 $PM_{2.5}$ 在垂直方向上扩散。

3.7.5 小结

(1)2015 年 7 月 26 日上海市出现了 $PM_{2.5}$ 轻度污染过程,此次污染过程主要由本地污染物积聚造成,属于积累型污染。从 $PM_{2.5}$ 浓度变化来看,前期 $PM_{2.5}$ 浓度上升不快,污染时间较短,污染过程中出现了 2 个峰值,短时达到了中度污染。

(2)此次污染过程与天气形势的高低空配置有密切关系。根据地面天气形势分型,此次污染过程属于鞍型场型(低压前部),地面弱的气压场同时配合高空西太平洋副热带高压,且垂直方向上层结稳定,有利于 $PM_{2.5}$ 的积聚和维持。

(3)诊断分析污染时段的气象要素发现,该时段上海市在水平方向上风速小,有静风时段,在垂直方向上垂直运动弱,水平和垂直方向上的扩散条件都有利于 $PM_{2.5}$ 在地面堆积。

(4)此次污染过程在水平扩散条件转好的情况下,26 日夜间 $PM_{2.5}$ 仍然出现了短时轻度污染,究其原因可能是 26 日夜间上海市出现了辐射逆温,有利于 $PM_{2.5}$ 在地面堆积,但逆温强度不强,逆温维持时间较短,因此,仅出现了 2 h 轻度污染。

3.8 2015 年 10 月 13—14 日污染过程

3.8.1 污染过程概述

2015 年 10 月 13—14 日上海市出现了连续 2 d 的 $PM_{2.5}$ 污染过程(图 3.8.1a),均达到轻度污染级别。图 3.8.1b 给出了 13—14 日 $PM_{2.5}$ 小时浓度时序,从图上可以看到,13 日 07 时以前 $PM_{2.5}$ 浓度在 75 μg/m³ 上下浮动,07 时开始浓度有一个上升过程,09 时出现第一个峰值,浓度为 130.7 μg/m³,达到中度污染级别,之后浓度有所下降,11 时降

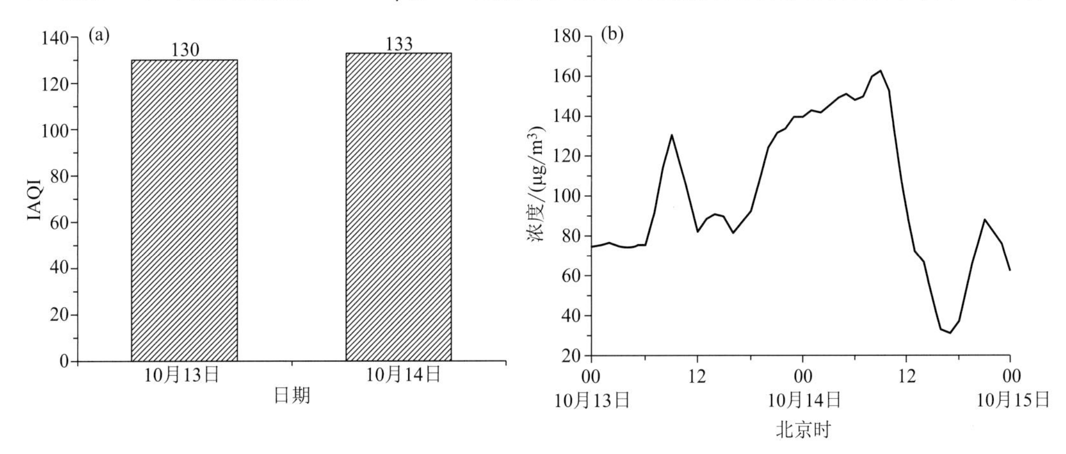

图 3.8.1 2015 年 10 月 13—14 日上海市 $PM_{2.5}$ IAQI(a)和小时浓度(b)时间序列

回轻度污染，19 时前一直维持在轻度污染级别，20 时浓度再次上升至中度污染，之后浓度继续缓慢上升，到 14 日 09 时出现第二个峰值，也是此次污染过程的小时浓度最大值，为 162.8 $\mu g/m^3$，达到重度污染级别，09 时以后 $PM_{2.5}$ 浓度迅速下降，21—23 时浓度出现 3 h 回升后，于 15 日 00 时降回良等级，污染过程结束。此次过程污染出现时段不连续，分别为 13 日 01—02 时、13 日 06 时—14 日 12 时、14 日 21—23 时，共 36 h，出现了 4 h 重度污染和 15 h 中度污染。

3.8.2 天气形势分析

图 3.8.2a～c 给出了 10 月 13 日 08 时低空到高空的高度场，从图上可以看到，上海市主要受槽后西北气流控制，水汽不足不会产生大强度降水，对 $PM_{2.5}$ 不会造成湿沉降作用，有利于污染持续；850 hPa 温度场(图 3.8.2d)显示，上海市位于暖脊前部，受脊前暖平流影响，低层增温明显，为大气产生稳定层结创造了良好的条件，不利于 $PM_{2.5}$ 在垂直方向上扩散，有利于 $PM_{2.5}$ 积聚。14 日高空形势(图略)与 13 日一致，此种环流配置为 $PM_{2.5}$ 出现污染创造了有利条件。

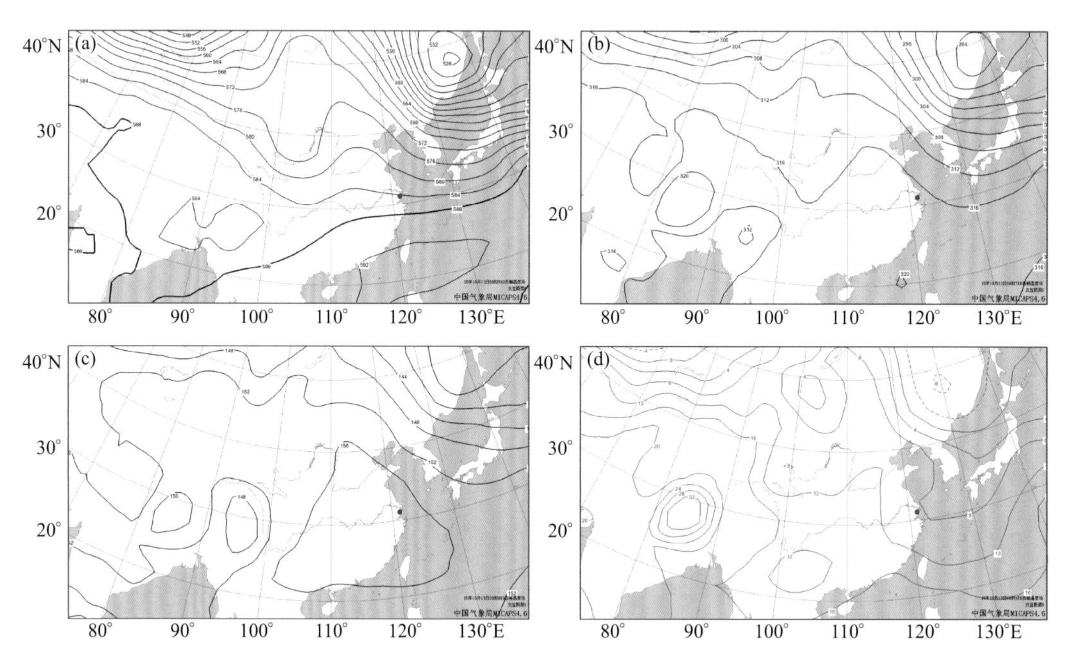

图 3.8.2 2015 年 10 月 13 日 08 时 500 hPa(a)、700 hPa(b)和 850 hPa(c)高度场及 850 hPa 温度场(d)
（高度场单位：dagpm；温度场单位：℃；•：上海市位置）

图 3.8.3 给出了 10 月 13—14 日海平面气压场，从图 3.8.3a、b 可以看到，13 日华东地区受高压控制，上海市位于高压中心附近，气压场弱，风速很小，属于高压中心型，此种形势一直持续至 14 日 08 时(图 3.8.3c)，上海市在较长时间的高压中心控制下，近地层为下沉气流，大气层结稳定，$PM_{2.5}$ 在垂直方向上得不到扩散，同时地面气压场弱，水平方向上的扩散条件也差，从而导致 $PM_{2.5}$ 在本地积累时间较长。14 日白天(图 3.8.3d)，随

着高压中心缓慢东移，上海市地面风速逐渐增大，水平扩散条件逐渐转好，PM$_{2.5}$浓度逐渐降回良等级（图 3.8.1b）。

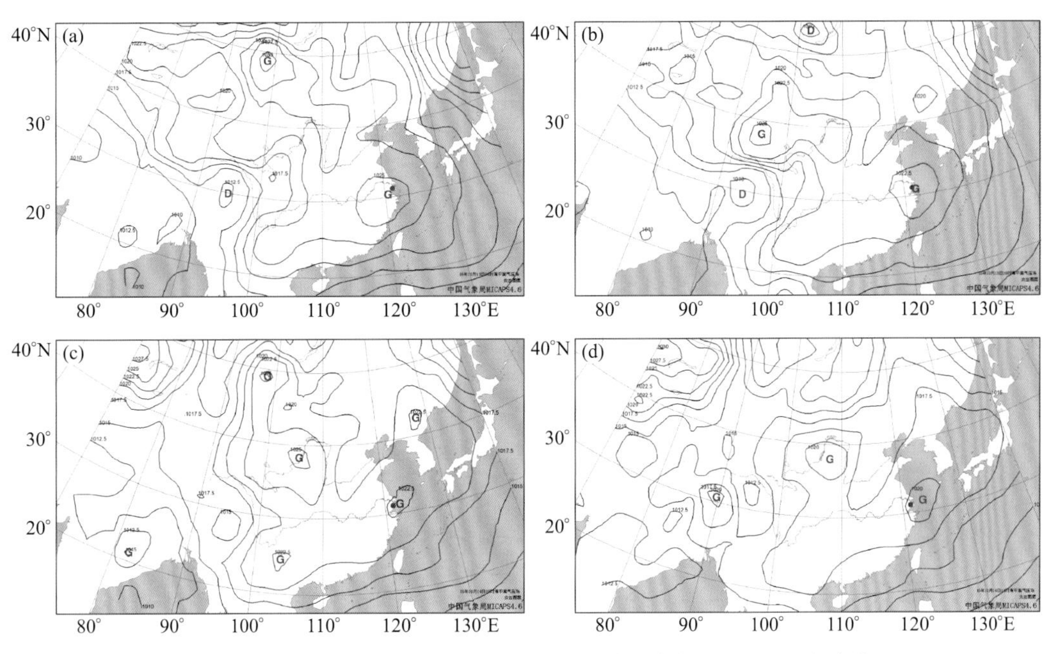

图 3.8.3　2015 年 10 月 13—14 日海平面气压场（单位：hPa；•：上海市位置）
(a)13 日 08 时；(b)13 日 20 时；(c)14 日 08 时；(d)14 日 14 时

3.8.3　气象要素分析

图 3.8.4 给出了 10 月 13—14 日上海市地面风速变化时序，从图上可以看到 13—14

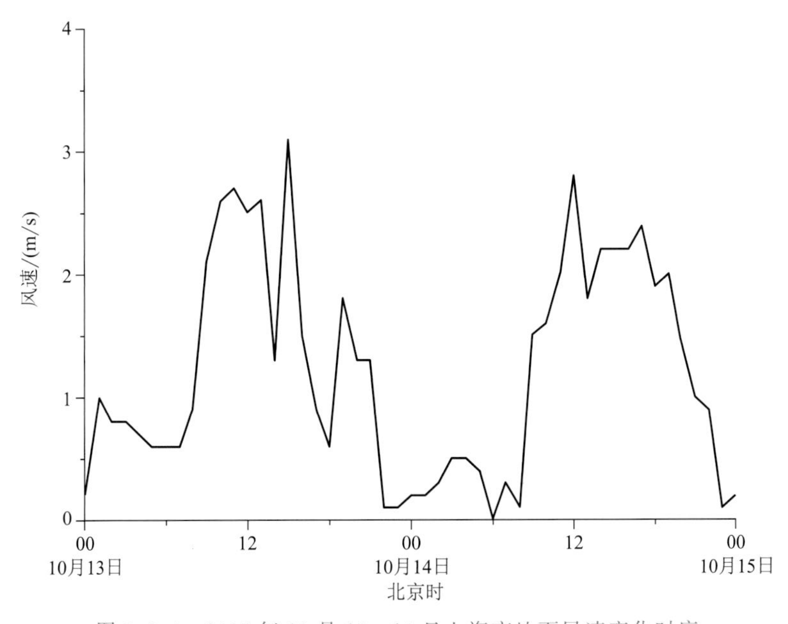

图 3.8.4　2015 年 10 月 13—14 日上海市地面风速变化时序

日上海市地面风速不大，基本在 3 m/s 以下，13 日 09 时以前风速均在 1 m/s 以下，09—15 时地面风速有所增大，15 时以后风速再次减小，13 日夜间—14 日早晨上海市出现静风，14 日 09 时以后地面风速明显增大。污染时段内(13 日 01—02 时、13 日 06 时—14 日 12 时、14 日 21—23 时)2 m/s 及以下的风速时段占 80.6%，静风时段占 19.4%，小的风速使得污染物在水平方向上不易扩散出去，为污染物的积聚创造了十分有利的条件。

图 3.8.5 为 10 月 13 日 08 时、20 时和 14 日 08 时上海市探空曲线，可以看到，13 日早晨和夜间及 14 日早晨上海市都出现了辐射逆温，逆温层顶高和逆温强度详见表 3.8.1。此次污染过程逆温时间较长，13 日早晨和 14 日早晨的逆温强度均较强，十分有利于 $PM_{2.5}$ 积聚，容易造成高浓度的污染过程。

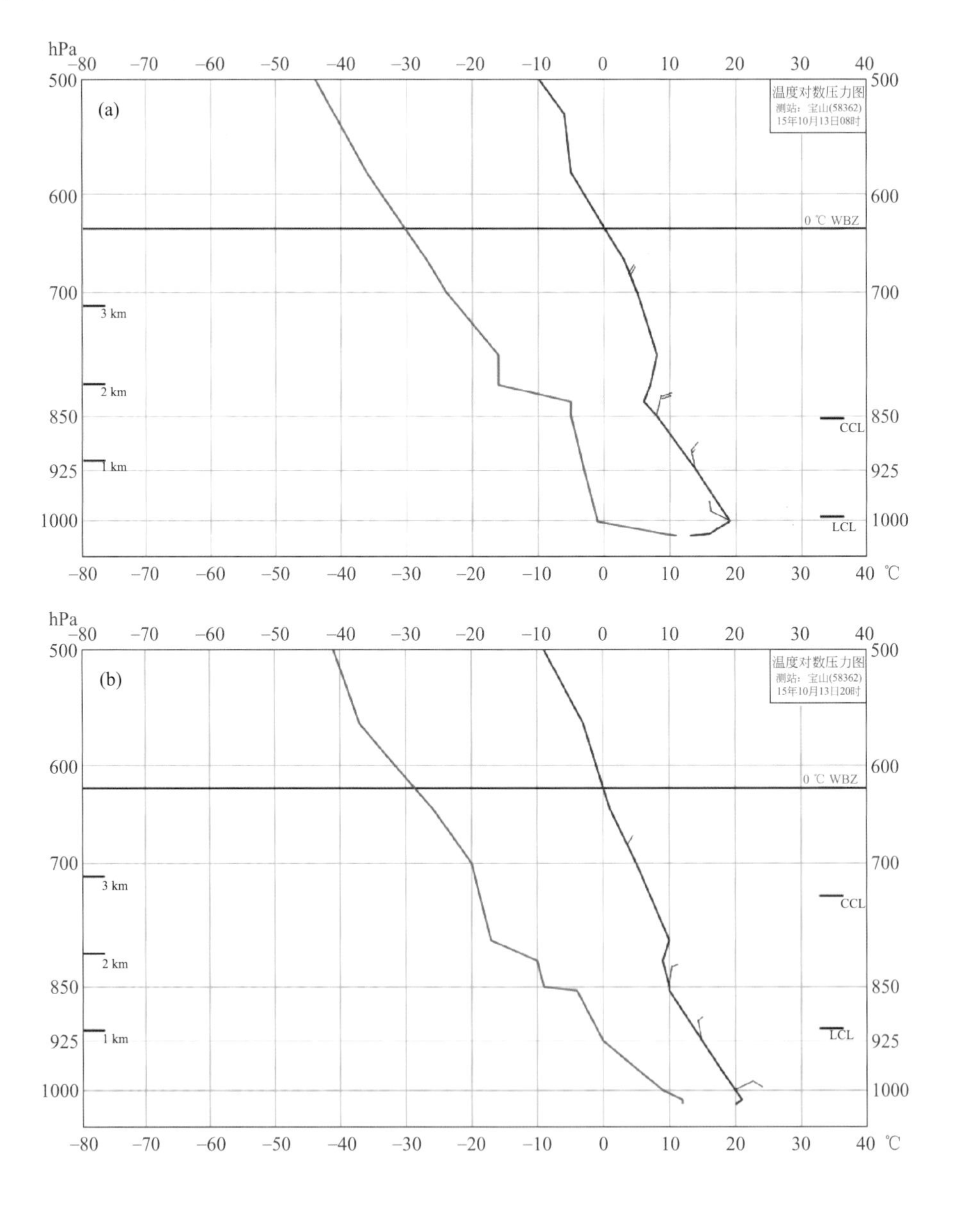

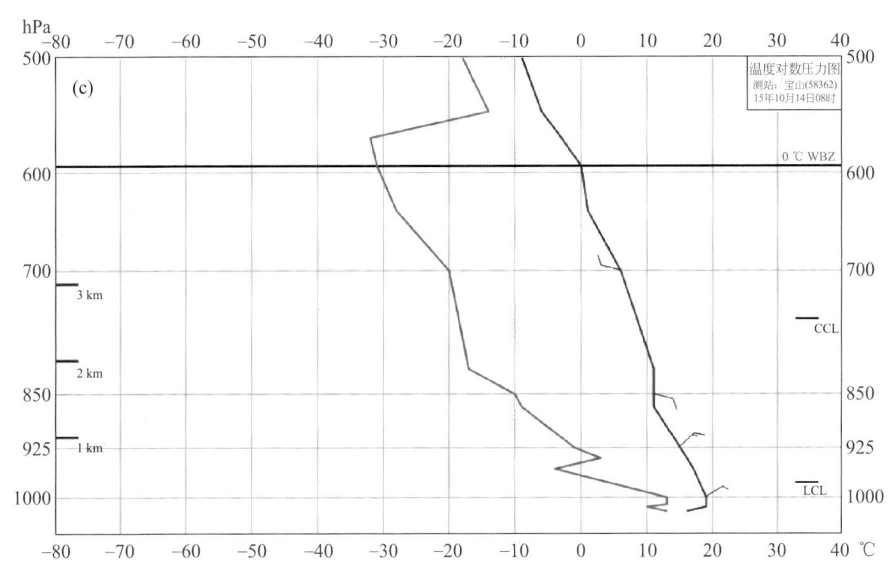

图 3.8.5 2015 年 10 月 13 日 08 时(a)和 20 时(b)、14 日 08 时(c)上海市探空曲线，图中蓝线为温度曲线(单位：℃)

表 3.8.1 2015 年 10 月 13—14 日上海市逆温层顶高和逆温强度

	13 日 08 时	13 日 20 时	14 日 08 时
逆温层顶高/m	210	70	190
逆温强度/(℃/(100 m))	3	1	2

3.8.4 物理量诊断分析

利用 10 月 13 日 02 时—15 日 02 时 NCEP 每 6 h 一次的 FNL 1°×1°再分析资料对上海市(121°—122°E，31°—32°N)做区域平均的垂直速度和散度垂直剖面图。分析垂直速度图(图 3.8.6a)发现，13—14 日上海市上空以下沉运动为主，700 hPa 以下垂直速度弱，大部分时段绝对值在 0.1 Pa/s 及以下，说明这段时间上下层垂直交换弱，不利于

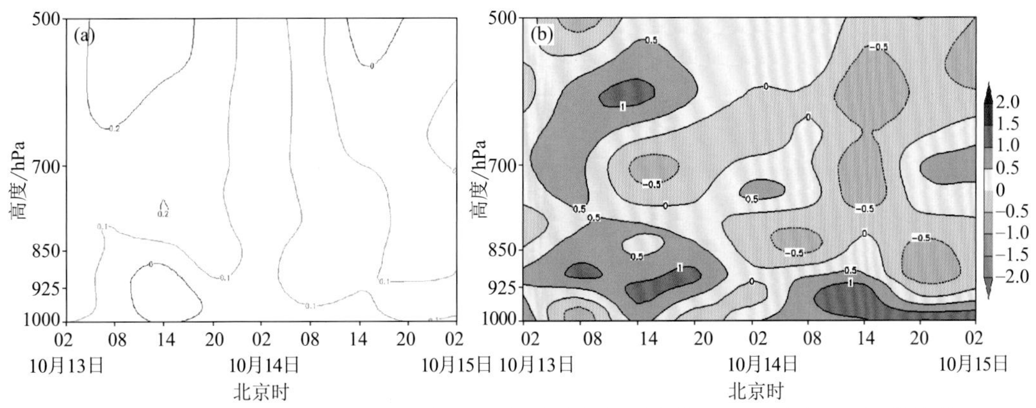

图 3.8.6 2015 年 10 月 13 日 02 时—15 日 02 时上海市垂直速度(a，单位：Pa/s)和散度(b，单位：10^{-6}/s)区域平均时序

$PM_{2.5}$ 在垂直方向上扩散，同时弱的下沉运动对 $PM_{2.5}$ 的垂直扩散起到了一定的抑制作用，有利于 $PM_{2.5}$ 在地面堆积。从散度垂直剖面图(图 3.8.6b)也可以看到，13—14 日上海市辐合辐散都弱，进一步说明这段时间上海市垂直方向交换确实较弱，不利于 $PM_{2.5}$ 在垂直方向上扩散。

3.8.5 小结

(1)2015 年 10 月 13—14 日上海市出现了连续 2 d 的 $PM_{2.5}$ 轻度污染过程，此次污染过程主要由本地污染物积聚造成，属于积累型污染。从 $PM_{2.5}$ 浓度变化来看，污染时段出现了不连续，$PM_{2.5}$ 浓度上升速度不快，短时出现了重度污染，污染过程中共出现了 3 个峰值。

(2)此次污染过程与天气形势的高低空配置有密切关系。根据地面天气形势分型，此次污染过程属于高压中心型，地面弱的气压场同时配合高空槽后西北气流，且垂直方向上层结稳定，有利于 $PM_{2.5}$ 积聚和维持。

(3)诊断分析污染时段的气象要素发现，该时段上海市在水平方向上风速小，在垂直方向上垂直运动弱，有下沉运动，且出现了较长时间的逆温，水平和垂直方向上的扩散条件都有利于 $PM_{2.5}$ 在地面堆积。

3.9 2018 年 3 月 23 日污染过程

3.9.1 污染过程概述

2018 年 3 月 23 日上海市出现了 $PM_{2.5}$ 轻度污染过程，IAQI 为 120。图 3.9.1 给出了 22 日 12 时—24 日 04 时 $PM_{2.5}$ 小时浓度时序，从图上可以看到，22 日中午后 $PM_{2.5}$ 浓

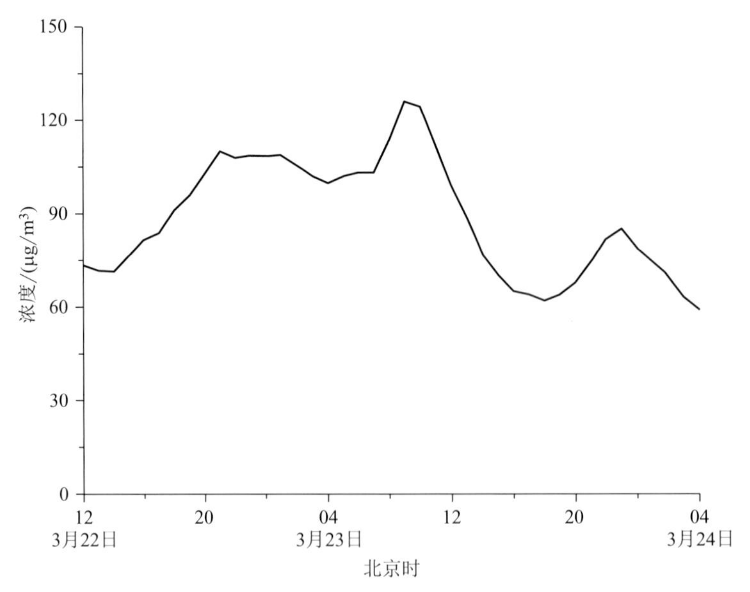

图 3.9.1 2018 年 3 月 22 日 12 时—24 日 04 时上海市 $PM_{2.5}$ 小时浓度时间序列

度是一个缓慢上升的过程，15 时达到轻度污染级别，21 时出现第一个峰值，浓度为 110.1 $\mu g/m^3$，之后浓度略有下降，但仍维持在轻度污染级别，23 日早晨 $PM_{2.5}$ 浓度再次出现上升过程，09 时出现第二个峰值，也是此次污染过程的小时浓度最大值，为 126 $\mu g/m^3$，达到中度污染级别，之后浓度开始下降，23 日 22 时—24 日 00 时浓度出现了 3 h 的回升后，于 24 日 01 时 $PM_{2.5}$ 浓度降回良等级，污染过程结束。此次过程污染出现时段不连续，分别为 22 日 15 时—23 日 14 时和 23 日 22 时—24 日 00 时，共 27 h，出现了 2 h 中度污染和 25 h 轻度污染。

3.9.2 天气形势分析

分析 3 月 22 日 20 时低空到高空的高度场（图 3.9.2a、c、e）可以看到，虽然 500 hPa 上海市位于槽前，受偏西气流控制，但是 700 hPa 和 850 hPa 上海市都受槽后西北气流控制，中低空和高空的天气系统并不匹配，因此，不利于出现大强度的降水；到 23 日 08 时（图 3.9.2b、d、f），从低空到高空上海市受到一致的槽后西北气流控制，不利于降水的出现，对 $PM_{2.5}$ 不会造成湿沉降作用，有利于污染持续。850 hPa 温度场（图 3.9.2g、h）显示，22—23 日上海市位于暖脊前部，受脊前暖平流影响，低层增温明显，为大气产生稳定层结创造了良好的条件，不利于 $PM_{2.5}$ 在垂直方向上扩散，有利于 $PM_{2.5}$ 积聚。

图 3.9.3 给出了 3 月 22—23 日海平面气压场，从图 3.9.3a～c 上可以看到，22 日下午—23 日上午，华东地区受高压环流控制，上海市在高压环流内，气压场弱，风速小，水平方向上的扩散条件差，为均压场型，同时在高压系统的控制下，上海市近地层为下沉气流，大气层结稳定，$PM_{2.5}$ 在垂直方向上得不到扩散，从而导致 $PM_{2.5}$ 在本地出现了较长时间的积累。23 日上午以后（图 3.9.3d），随着高压中心缓慢东移，上海市地面风速逐渐增大，水平扩散条件逐渐转好，$PM_{2.5}$ 浓度逐渐降回良等级（图 3.9.1）。

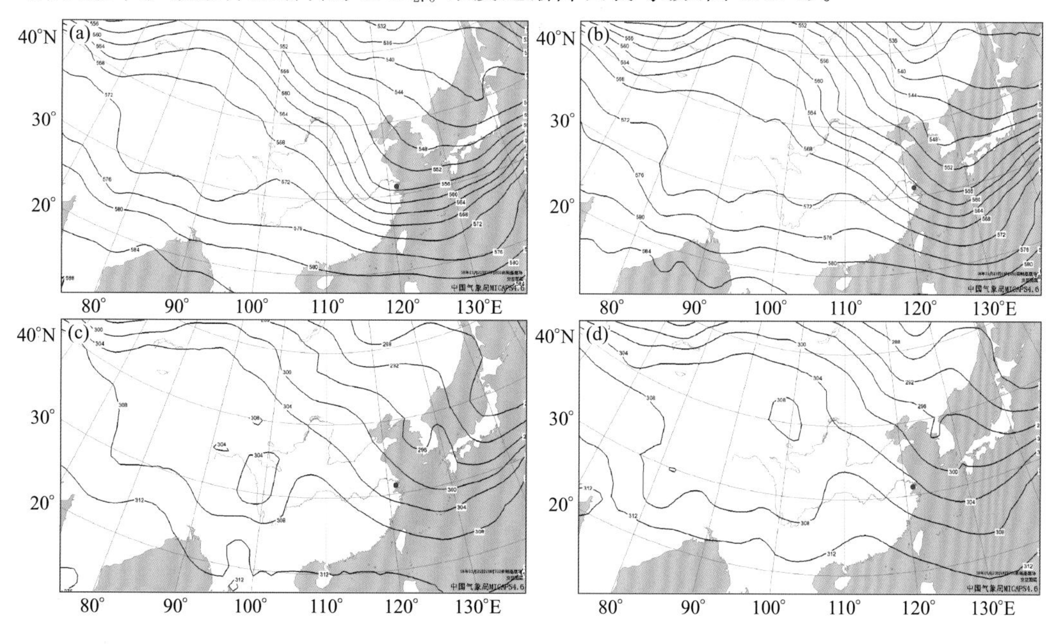

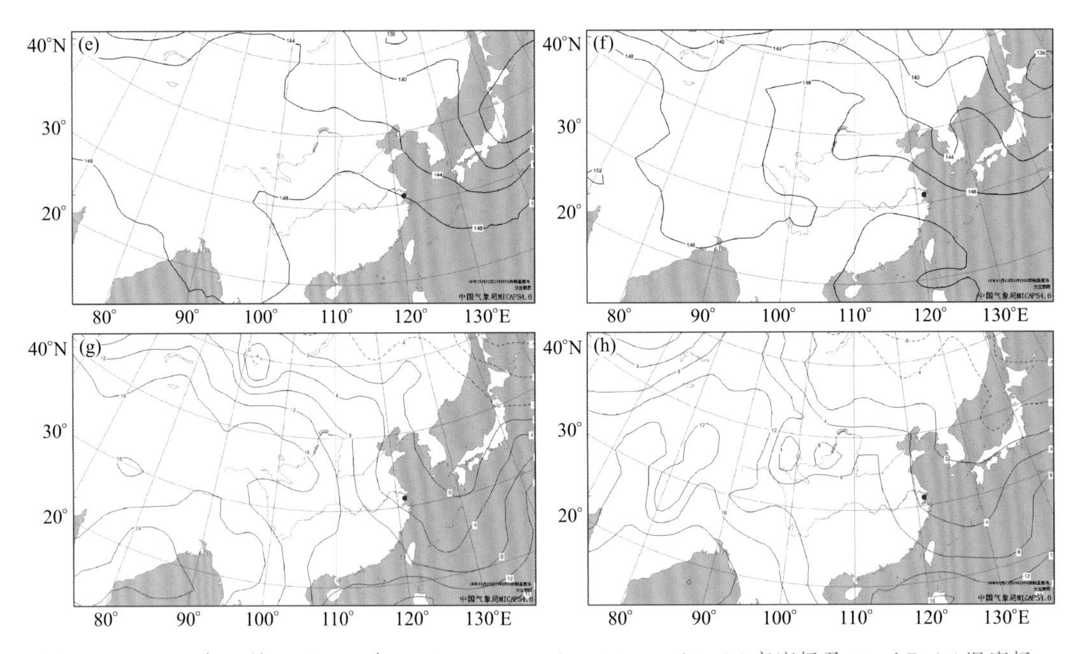

图 3.9.2　2018 年 3 月 22 日 20 时 500 hPa(a)、700 hPa(c)、850 hPa(e)高度场及 850 hPa(g)温度场；23 日 08 时 500 hPa(b)、700 hPa(d)、850 hPa(f)高度场及 850 hPa(h)温度场（高度场单位：dagpm；温度场单位：℃；•：上海市位置）

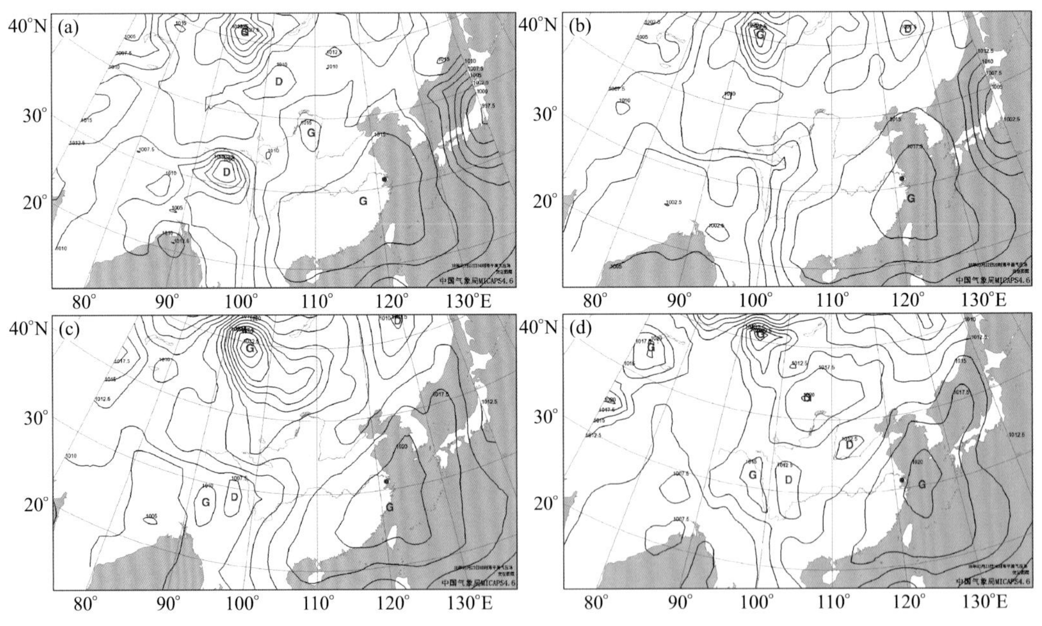

图 3.9.3　2018 年 3 月 22—23 日海平面气压场（单位：hPa；•：上海市位置）
(a)22 日 14 时；(b)22 日 20 时；(c)23 日 08 时；(d)23 日 14 时

3.9.3　气象要素分析

图 3.9.4 给出了 3 月 22 日 12 时—24 日 00 时上海市地面风速变化时序，从图上可

以看到，22 日中午后上海市地面风速是一个减小的过程，22 日夜间—23 日早晨风速基本在 1 m/s 以下，并且出现了 6 h 静风，23 日上午开始风速明显增大。污染时段内(22 日 15 时—23 日 14 时和 23 日 22 时—24 日 00 时)2 m/s 及以下的风速时段占 66.7%，静风时段占 22.2%，小的风速使得污染物在水平方向上不易扩散出去，为污染物的积聚创造了十分有利的条件。

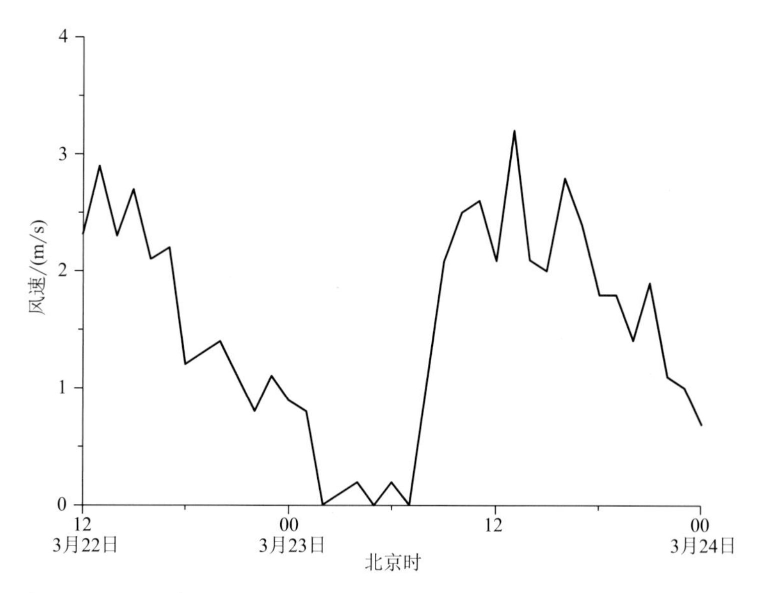

图 3.9.4　2018 年 3 月 22 日 12 时—24 日 00 时上海市地面风速变化时序

图 3.9.5 为 3 月 23 日 08 时上海市探空曲线，可以看到，23 日早晨上海市近地面出现了明显的辐射逆温，逆温层顶高 233 m，逆温强度为 2 ℃/(100 m)，逆温导致 $PM_{2.5}$ 在低空不断积聚，容易造成污染。

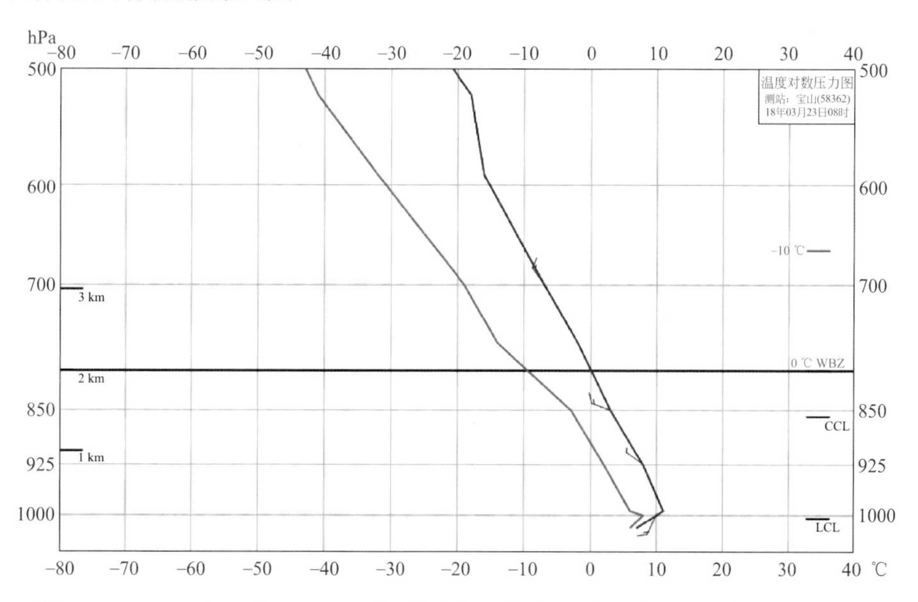

图 3.9.5　2018 年 3 月 23 日 08 时上海市探空曲线，图中蓝线为温度曲线(单位：℃)

3.9.4 物理量诊断分析

利用3月22日14时—24日02时NCEP每6 h一次的FNL 1°×1°再分析资料对上海市(121°—122°E,31°—32°N)做区域平均的垂直速度和散度垂直剖面图。分析垂直速度图(图3.9.6a)发现,22—23日上海市上空700 hPa以下垂直速度弱,大部分时段绝对值在0.2 Pa/s及以下,说明这段时间上下层垂直交换弱,不利于 $PM_{2.5}$ 在垂直方向上扩散,另外,由图上可以看到,22—23日上海市上空以下沉运动为主,对 $PM_{2.5}$ 垂直扩散起到了抑制作用,有利于 $PM_{2.5}$ 在地面堆积。从散度垂直剖面图(图3.9.6b)也可以看到,污染时段内(22日15时—23日14时和23日22时—24日00时)上海市辐合辐散都弱,进一步说明这段时间上海市垂直方向的交换确实不强,不利于 $PM_{2.5}$ 在垂直方向上扩散。

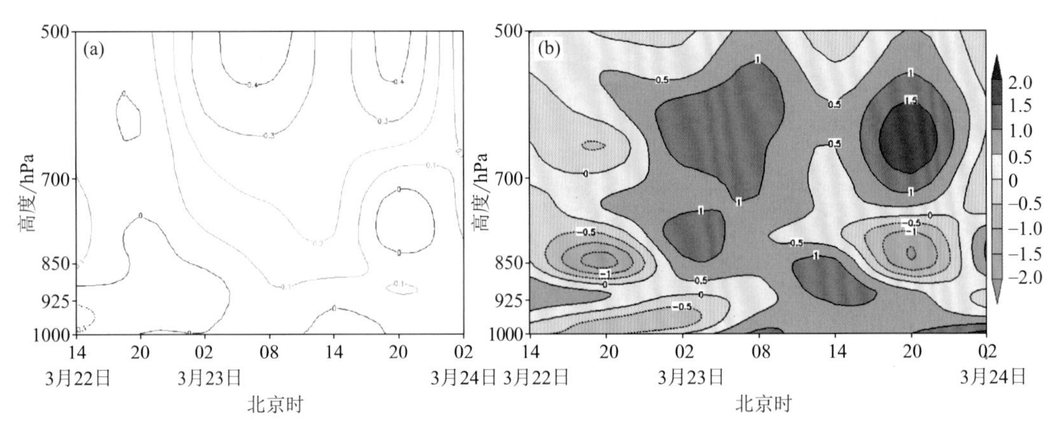

图3.9.6 2018年3月22日14时—24日02时上海市垂直速度(a,单位:Pa/s)和散度(b,单位:10^{-6}/s)区域平均时序

3.9.5 小结

(1)2018年3月23日上海市出现了 $PM_{2.5}$ 轻度污染过程,此次污染过程主要由本地污染物积聚造成,属于积累型污染。从 $PM_{2.5}$ 浓度变化来看,前期 $PM_{2.5}$ 浓度上升速度较慢,污染过程中出现了3个峰值,短时达到了中度污染。

(2)此次污染过程与天气形势的高低空配置有密切关系。根据地面天气形势分型,此次污染过程属于均压场型(高压环流),地面弱的气压场同时配合高空槽后西北气流,且垂直方向上层结稳定,有利于 $PM_{2.5}$ 的积聚和维持。

(3)诊断分析污染时段的气象要素发现,该时段上海市在水平方向上风速小,在垂直方向上垂直运动弱,有下沉运动,且出现了逆温,水平和垂直方向上的扩散条件都有利于 $PM_{2.5}$ 在地面堆积。

3.10 2019年1月18日污染过程

3.10.1 污染过程概述

2019年1月18日上海市出现了$PM_{2.5}$轻度污染过程，IAQI为109。图3.10.1给出了17日16时—19日00时$PM_{2.5}$小时浓度时序，从图上可以看到，17日下午开始$PM_{2.5}$浓度是一个上升的过程，18时达到轻度污染级别，21时出现第一个峰值，浓度为104.7 μg/m^3，之后浓度略有下降，但仍维持在轻度污染级别，18日早晨$PM_{2.5}$浓度再次出现上升过程，10时出现第二个峰值，也是此次污染过程的小时浓度最大值，为108.3 μg/m^3，之后浓度开始下降，15时降回良等级，污染过程结束。污染时段为17日18时—18日14时，共出现21 h轻度污染。

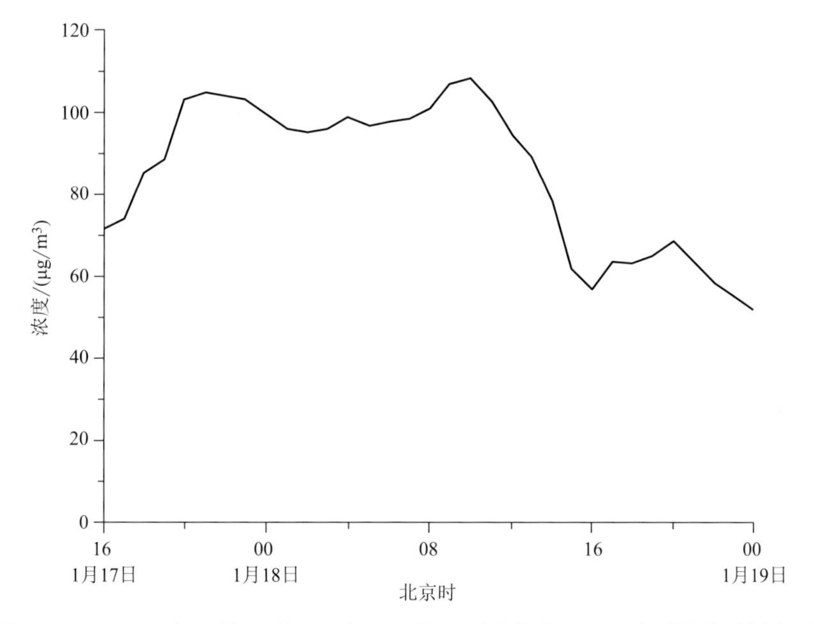

图3.10.1 2019年1月17日16时—19日00时上海市$PM_{2.5}$小时浓度时间序列

3.10.2 天气形势分析

分析1月17日20时低空到高空的高度场(图3.10.2a～c)可以看到，上海市受到一致的槽后西北气流控制，水汽不足不利于大强度的降水出现，对$PM_{2.5}$不会造成湿沉降作用，有利于污染持续；850 hPa温度场(图3.10.2d)显示，上海市位于暖脊前部，受脊前暖平流影响，低层增温明显，为大气产生稳定层结创造了良好的条件，不利于$PM_{2.5}$在垂直方向上扩散，有利于$PM_{2.5}$积聚。18日高空形势(图略)与17日一致，此种环流配置为$PM_{2.5}$出现污染创造了有利条件。

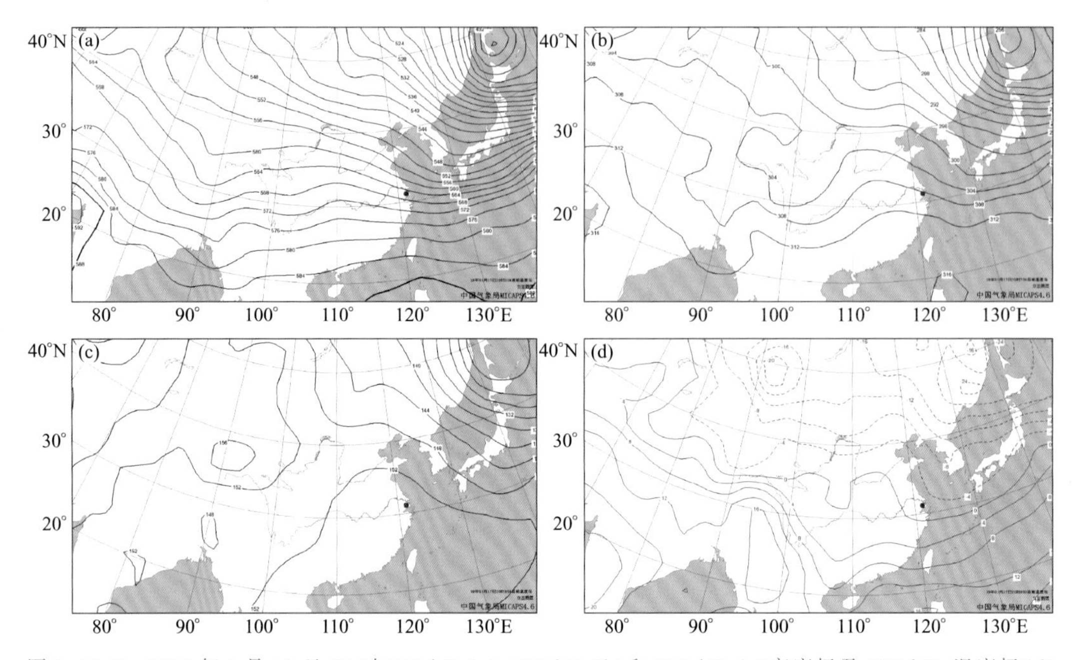

图 3.10.2　2019 年 1 月 17 日 20 时 500 hPa(a)、700 hPa(b)和 850 hPa(c)高度场及 850 hPa 温度场(d)
(高度场单位：dagpm；温度场单位：℃；•：上海市位置)

图 3.10.3 给出了 1 月 17—18 日海平面气压场，从图上可以看到，17 日下午—18 日上午上海市受高压控制，位于高压中心附近，气压场弱，风速小，水平方向上的扩散条件差，属于高压中心型，同时在高压系统的控制下，上海市近地层为下沉气流，大气层结稳定，$PM_{2.5}$ 在垂直方向上得不到扩散，从而导致 $PM_{2.5}$ 在本地出现了积累过程。18 日上午以后，随着高压中心缓慢东移(图略)，上海市地面风速逐渐增大，水平扩散条件逐渐转好，$PM_{2.5}$ 浓度逐渐降回良等级(图 3.10.1)，污染过程结束。

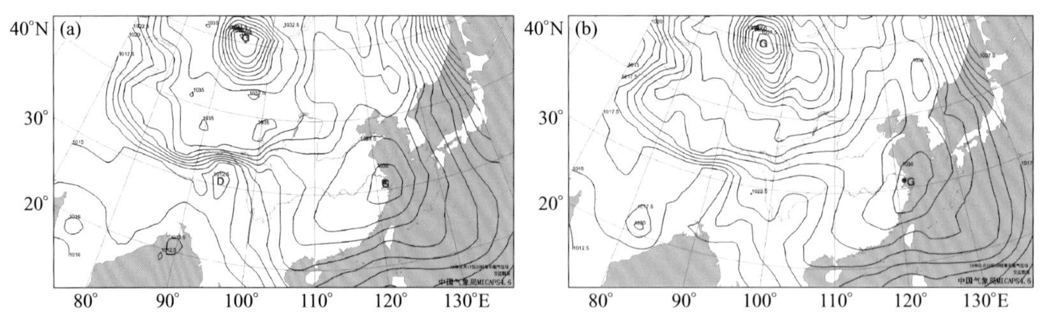

图 3.10.3　2019 年 1 月 17—18 日海平面气压场(单位：hPa；•：上海市位置)
(a)17 日 20 时；(b)18 日 08 时

3.10.3　气象要素分析

分析 1 月 17 日 16 时—19 日 00 时上海市地面风速(图 3.10.4)发现，17 日下午地面风速是一个下降的过程，17日夜间—18日早晨风速最小，基本在1 m/s以下，并且出现了6 h静风，18日上午开始风速有一个明显增大的过程。污染时段内(17日18时—18日14时)1 m/s及以下的风速时段占61.9%，静风时段占28.6%，小的风速使得污染物在水平方向上不易扩散出去，为污染物的积聚创造了十分有利的条件。

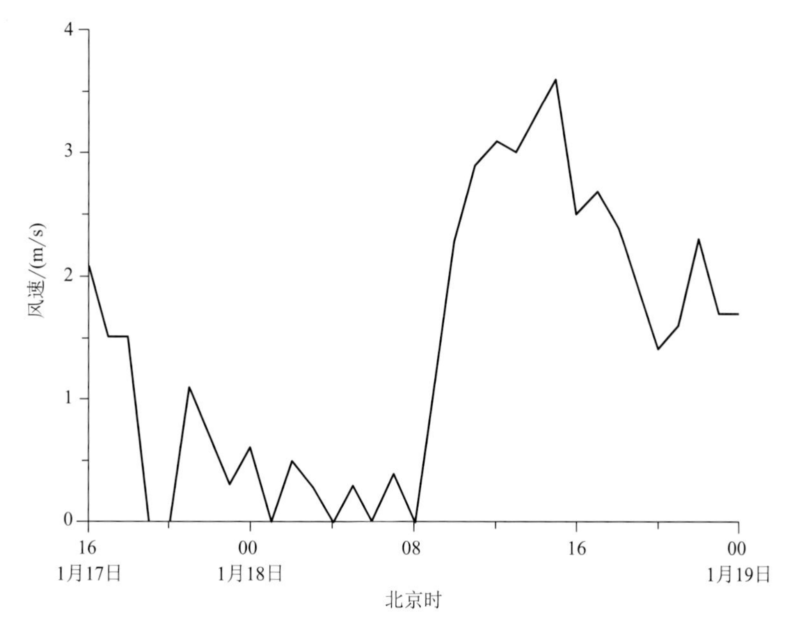

图3.10.4 2019年1月17日16时—19日00时上海市地面风速变化时序

图3.10.5为1月17日20时和18日08时上海市探空曲线，可以看到，17日夜间—18日早晨上海市近地面出现了明显的辐射逆温，逆温层顶高分别为35 m和95 m，逆温强度分别为9 ℃/(100 m)和6 ℃/(100 m)，虽然逆温层厚度不厚，但逆温强度很强，导致$PM_{2.5}$在低空不断积聚，容易造成污染。

3.10.4 物理量诊断分析

利用1月17日14时—19日02时NCEP每6 h一次的FNL 1°×1°再分析资料对上海市(121°—122°E，31°—32°N)做区域平均的垂直速度和散度垂直剖面图。分析垂直速度图(图3.10.6a)发现，污染时段内(17日18时—18日14时)上海市上空850 hPa以下垂直速度弱，大部分时段绝对值在0.1 Pa/s及以下，说明这段时间上下层垂直交换弱，不利于$PM_{2.5}$在垂直方向上扩散，另外，由图上可以看到，18日14时以前上海市上空以下沉运动为主，对$PM_{2.5}$垂直扩散起到了抑制作用，有利于$PM_{2.5}$在地面堆积；14时以后上海市上空由下沉运动转为上升运动，且逐渐增强，有利于$PM_{2.5}$在垂直方向上扩散。从散度垂直剖面图(图3.10.6b)上也可以看到，污染时段内(17日18时—18日14时)700 hPa以下上海市辐合辐散都弱，进一步说明这段时间上海市垂直方向的交换确实不强，不利于$PM_{2.5}$在垂直方向上扩散。

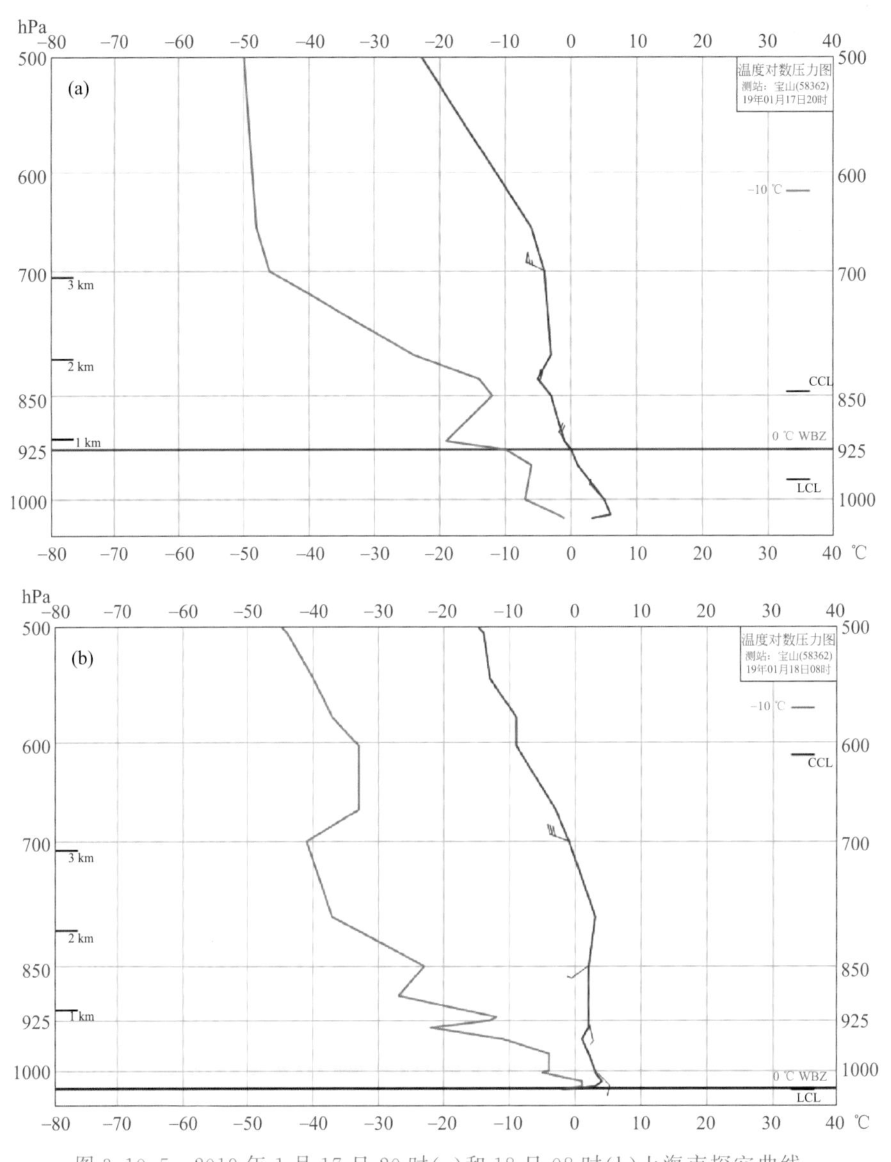

图 3.10.5　2019 年 1 月 17 日 20 时(a)和 18 日 08 时(b)上海市探空曲线，图中蓝线为温度曲线(单位：℃)

3.10.5　小结

(1)2019 年 1 月 18 日上海市出现了 $PM_{2.5}$ 轻度污染过程，此次污染过程主要由本地污染物积聚造成，属于积累型污染。从 $PM_{2.5}$ 浓度变化来看，前期 $PM_{2.5}$ 浓度上升速度不快，污染过程中出现了 2 个峰值。

(2)此次污染过程与天气形势的高低空配置有密切关系。根据地面天气形势分型，此次污染过程属于高压中心型，地面弱的气压场同时配合高空槽后西北气流，且垂直方向上层结稳定，有利于 $PM_{2.5}$ 的积聚和维持。

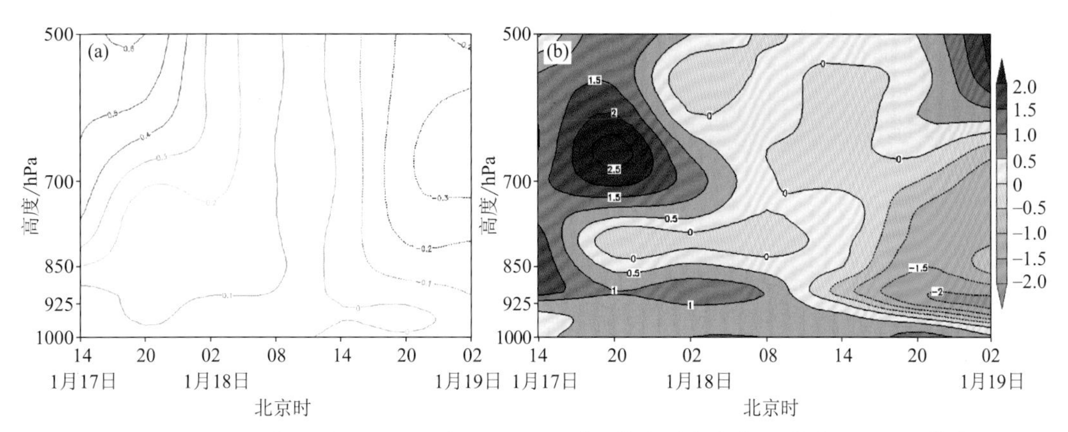

图 3.10.6 2019 年 1 月 17 日 14 时—19 日 02 时上海市垂直速度(a,单位:Pa/s)和散度(b,单位:10^{-6}/s)区域平均时序

(3)诊断分析污染时段的气象要素发现,该时段上海市在水平方向上风速小,在垂直方向上垂直运动弱,有下沉运动,且出现了较强的逆温,水平和垂直方向上的扩散条件都有利于 $PM_{2.5}$ 在地面累积。

3.11 本章小结

通过分析上述 10 个污染个例发现,积累型污染有以下几个特征。

(1)从 $PM_{2.5}$ 浓度变化来看,由于污染以本地积聚为主,因此,$PM_{2.5}$ 浓度前期上升速度较慢,污染过程中峰值多出现在早晨—上午及傍晚—上半夜,与城市交通早晚高峰时间有关。另外,$PM_{2.5}$ 浓度虽然有时会出现短时中度及以上污染,但其日均值基本以轻度污染为主,污染程度相对较轻,污染持续时间不长。

(2)从天气系统高低空配置来看,污染多发生在槽后西北气流控制的天气形势下,此种形势下上海市出现降水的概率较低,850 hPa 温度场上海市多位于暖脊前部,垂直方向上的层结较稳定;而海平面气压场多以高压中心型、均压场型或鞍型场型控制为主,气压场弱。

(3)从气象要素变化来看,上海市地面风速小,有静风,垂直方向上垂直运动弱,有时会有逆温,水平和垂直扩散条件差是积累型污染的一个重要特征。另外,在高压系统的控制下,上海市上空近地层为下沉气流,进一步抑制了 $PM_{2.5}$ 向上扩散。

积累型污染预报时需多关注地面风速的变化,小的风速有利于 $PM_{2.5}$ 的本地积累,如果垂直方向上再配合逆温,则出现污染的可能性较大。另外,降水对 $PM_{2.5}$ 有一定的湿沉降作用,天气系统的高低空配置对于降水的产生尤为重要,也是预报时需要关注的重点。

第4章
输送型污染个例分析

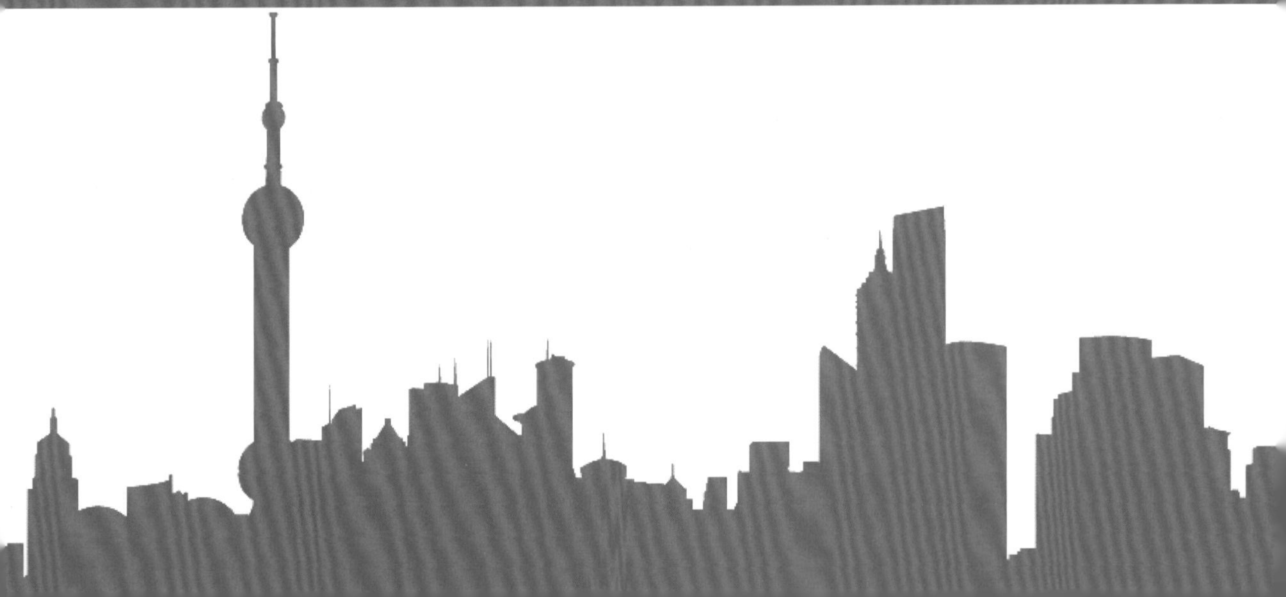

4.1 2013年1月9日污染过程

4.1.1 污染过程概述

2013年1月9日上海市出现了 $PM_{2.5}$ 轻度污染过程，IAQI 为 124。图 4.1.1 给出了 9 日 $PM_{2.5}$ 小时浓度时序，从图上可以看到，9 日早晨开始 $PM_{2.5}$ 浓度有一个快速上升的过程，08 时达到轻度污染后，到 10 时中度污染仅用了 2 h，14 时出现峰值，浓度为 138.6 $\mu g/m^3$，之后浓度开始迅速下降，至 23 时降回良等级，污染过程结束。污染时段为 9 日 08—22 时，共 15 h，出现了 6 h 中度污染和 9 h 轻度污染，污染过程快，短时污染程度较重。

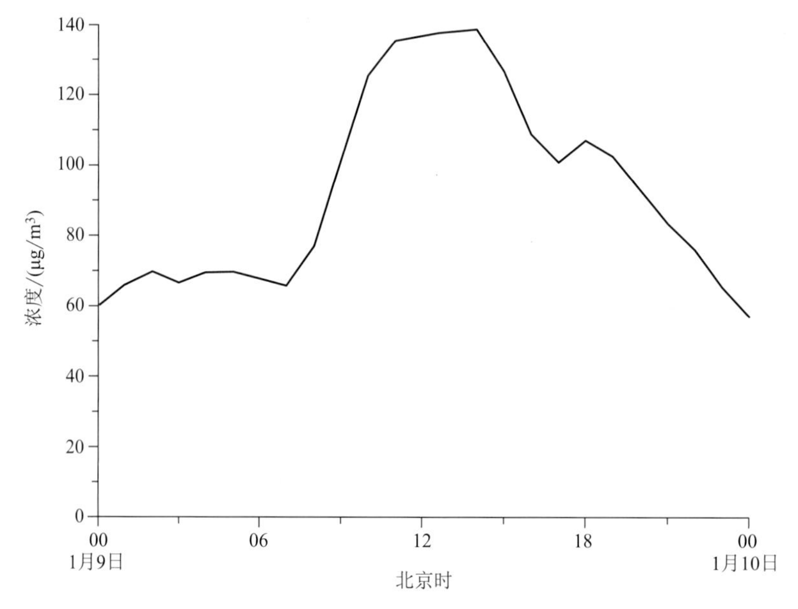

图 4.1.1 2013年1月9日上海市 $PM_{2.5}$ 小时浓度时间序列

4.1.2 天气形势分析

从 1 月 9 日 08 时低空到高空的高度场（图 4.1.2a、c、e）可以看到，500 hPa 和 700 hPa 上海市主要受槽前偏西气流控制，850 hPa 上海市则位于槽后，受西北气流影响，低空到高空的天气系统并不匹配，不利于出现大强度的降水，对 $PM_{2.5}$ 不会造成湿沉降作用。到 20 时（图 4.1.2b、d、f），虽然 500 hPa 上海市仍然位于槽前，但 700 hPa 已由槽前转为槽上，850 hPa 是槽后西北气流控制，高低空配置不利于降水的产生，有利于污染持续。

图 4.1.3 给出了 1 月 9 日海平面气压场和地面风场，可以看到 9 日 05 时（图 4.1.3a）整个华东地区都受到冷空气影响，主导风向为偏北风，风速较大，高压主体位

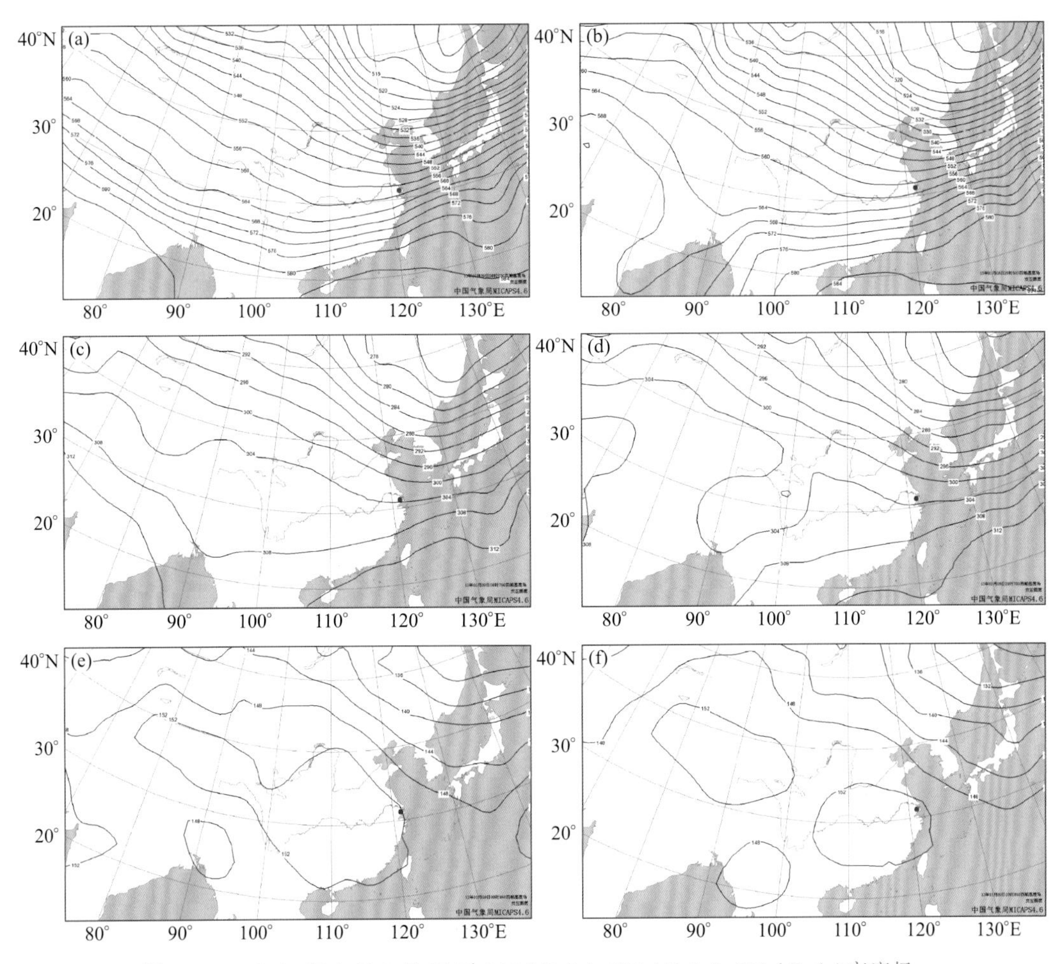

图 4.1.2　2013 年 1 月 9 日 08 时 500 hPa(a)、700 hPa(c)、850 hPa(e)高度场;
20 时 500 hPa(b)、700 hPa(d)、850 hPa(f)高度场(单位:dagpm;•:上海市位置)

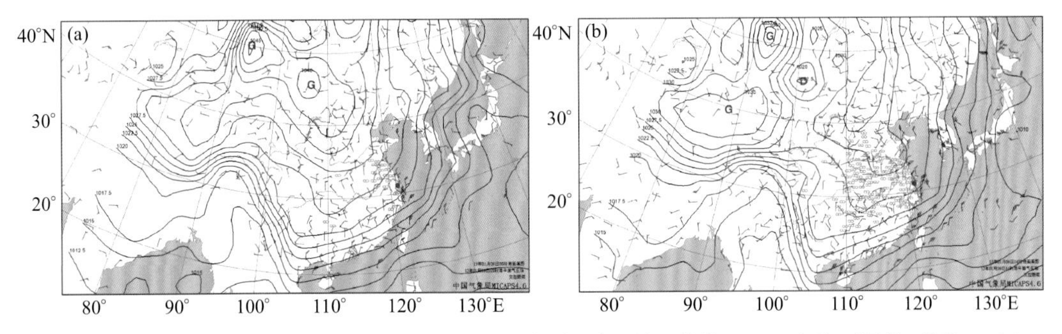

图 4.1.3　2013 年 1 月 9 日 05 时(a)和 14 时(b)海平面气压场(单位: hPa)和地面风场(单位:m/s)
(∞:霾区;•:上海市位置)

于蒙古国,属于冷空气型,我国上海市上游的山东省南部地区、江苏省已出现霾区,偏北风会将上游污染物输送至本地,造成 $PM_{2.5}$ 污染(图 4.1.1)。9 日白天随着高压主体逐渐东移南压(图 4.1.3b),华东地区风向逐渐转向东北,来自海上的洁净空气有利于污染物的稀释,对于降低 $PM_{2.5}$ 浓度起到一定的作用。另外,虽然冷空气有利于污染物的传输，但受冷空气影响时，风速较大，水平扩散条件好，因此，污染气团传输较快，扩散也较快，对应图 4.1.1 可以看到，9 日下午开始上海市 $PM_{2.5}$ 浓度出现快速下降过程，到 23 时降至良等级，污染过程结束。

4.1.3 气象要素分析

图 4.1.4 给出了 1 月 9 日上海市地面风向风速变化时序，分析上海市地面风速变化可知，9 日 00 时开始地面风速有一个明显增大的过程，白天大部分时段风速都在 3 m/s 以上，水平扩散条件好，有利于污染气团的快速过境。从风向变化来看，9 日中午以前上海市地面风向以偏北风为主，有利于上游污染物输送至本地，中午以后风向逐渐转为东北风，来自海上的洁净空气对于污染物的稀释下降起到一定的作用。对照图 4.1.1 可以看到，风向的变化基本与 $PM_{2.5}$ 浓度的变化相对应，进一步说明地面风向对于 $PM_{2.5}$ 出现污染起到至关重要的作用。

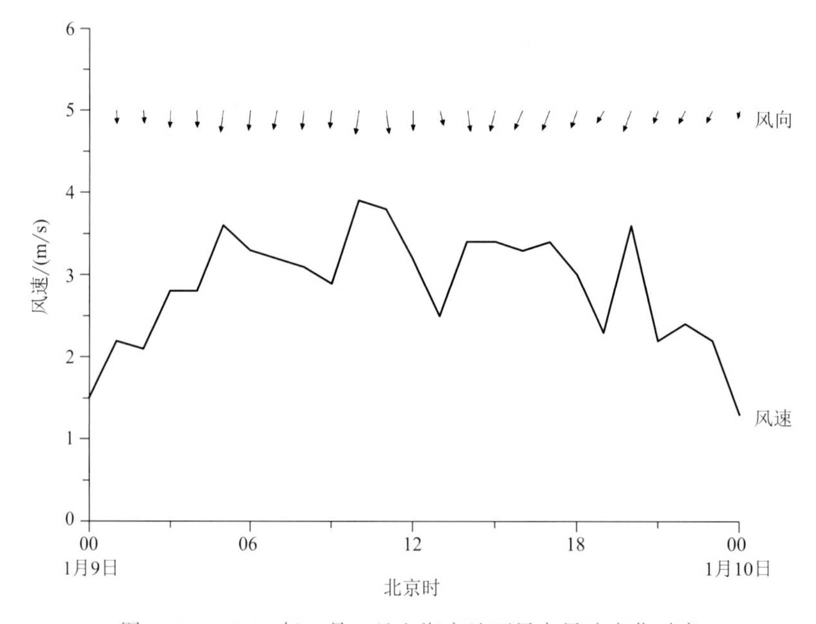

图 4.1.4 2013 年 1 月 9 日上海市地面风向风速变化时序

4.1.4 垂直环流分析

由前文分析可知，1 月 9 日下午以前华东地区主导风向为偏北风，且山东省南部地区、江苏省有大片霾区，因此，利用 1 月 9 日 NCEP 每 6 h 一次的 FNL 1°×1°再分析资料，从山东省东南部地区（临沂市）经江苏省东部沿海地区至上海市做垂直环流剖面图（图 4.1.5，该图中制作垂直环流时将垂直速度扩大了 100 倍）。从图上可以看到，上海市上空在垂直方向上以下沉气流为主，在江苏省东南部地区（121°E 附近）850 hPa 以下为上升运动，会将一部分污染物输送至中低空，然后通过偏北风输送至上海市上空，再通过下沉运动沉降至近地面，上海市除了受到地面偏北风输送的影响，还有来自中低空污染物输送沉降的影响。1月9日上海市在这种环流配置的影响下出现了 $PM_{2.5}$ 污染过程(图4.1.1),甚至出现了6 h中度污染。

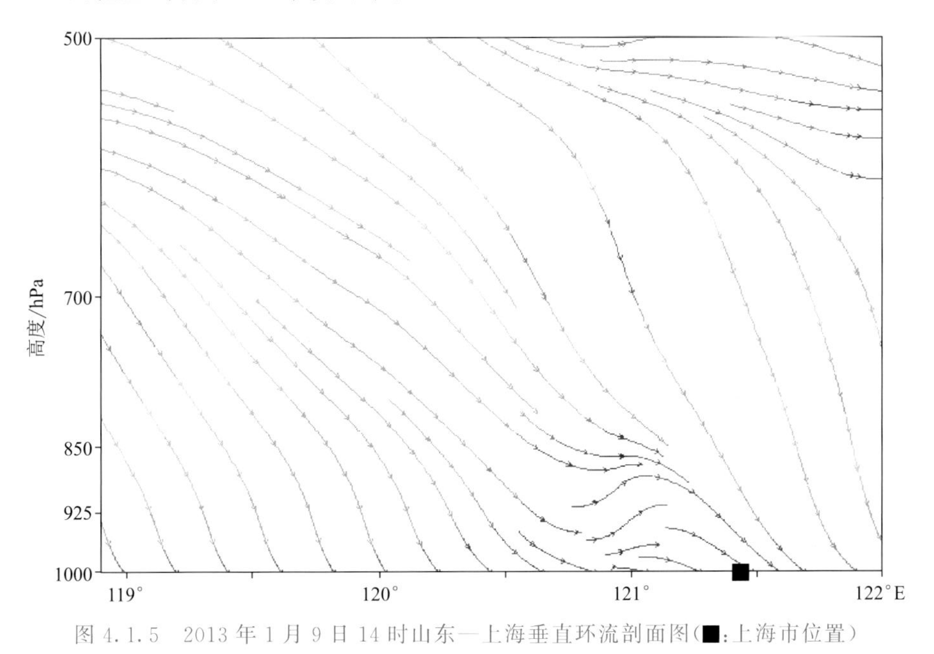

图4.1.5 2013年1月9日14时山东—上海垂直环流剖面图(■:上海市位置)

4.1.5 后向轨迹分析

为了进一步验证 $PM_{2.5}$ 的来源,选取上海市作为气团后向轨迹的终点,研究此次污染过程。HYSPLIT-4是由美国国家海洋和大气管理局(NOAA)研制的能处理多种气象输入场、多种物理过程和不同类型排放源的较完整的输送、扩散和沉降的综合模式系统,此轨迹模式是一种欧拉和拉格朗日混合型的计算模式。图4.1.6给出了1月9日08时和14时不同高度的气团到达上海市的轨迹,可以看到08时和14时100 m和500 m到达上海市的气团主要来自江苏省东南部地区,而1500 m的气团在08时来自江苏省东南部地区,但14时则偏向西北,由山东省经江苏省东部沿海地区到达上海市,同时无论是08时还是14时1500 m的气团都出现了下沉现象。后向轨迹图进一步说明上海市 $PM_{2.5}$ 污染来自上海市上游地区的山东省和江苏省。

4.1.6 小结

(1)2013年1月9日上海市出现了 $PM_{2.5}$ 轻度污染天气,此次污染过程主要由上游污染物输送造成,属于输送型污染。从 $PM_{2.5}$ 浓度变化来看,前期 $PM_{2.5}$ 浓度上升速度较快,污染过程中出现了1个峰值,污染过程快,短时达到了中度污染。

(2)根据地面天气形势分型,此次污染过程属于冷空气型,冷空气带来的偏北风会将上游污染物输送至本地,造成 $PM_{2.5}$ 污染。分析污染时段的风速风向发现,与积累型污染不同,受冷空气影响时,上海市地面风速较大,没有静风时段,有利于污染气团的快速

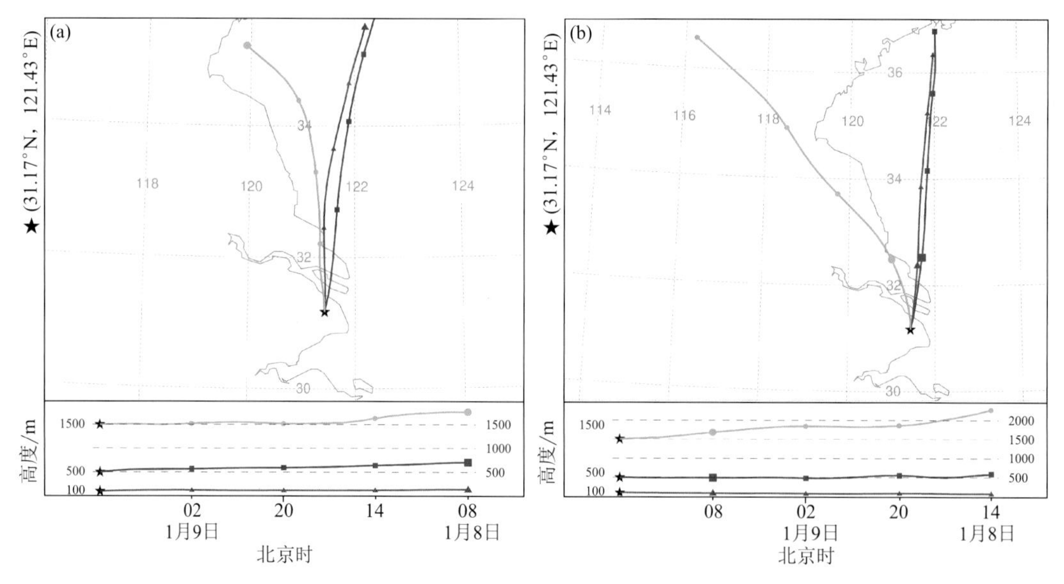

图 4.1.6 2013 年 1 月 9 日 08 时(a)和 14 时(b)不同高度气团到达上海市的后向轨迹图

过境，因此，污染时间不长；风向的变化对于 $PM_{2.5}$ 浓度有重要影响，来自陆地的风有利于上游 $PM_{2.5}$ 输送至本地，而来自海上的洁净空气则有利于 $PM_{2.5}$ 浓度的稀释下降。

(3)分析垂直环流发现，上海市除了受到地面偏北风输送的影响，还有来自中低空污染物输送沉降的影响。后向轨迹分析则进一步证明上海市 $PM_{2.5}$ 污染主要来源于上游地区(江苏省和山东省)。

4.2 2013 年 4 月 15 日污染过程

4.2.1 污染过程概述

2013 年 4 月 15 日上海市出现了 $PM_{2.5}$ 轻度污染过程，IAQI 为 127。图 4.2.1 给出了 15 日 $PM_{2.5}$ 小时浓度时序，从图上可以看到，15 日开始 $PM_{2.5}$ 浓度有一个快速上升的过程，06 时达到轻度污染后，到 08 时中度污染仅用了 2 h，10 时出现第一个峰值，也是此次污染过程小时浓度最大值，为 148.3 $\mu g/m^3$，之后浓度开始下降，13 时降回轻度污染级别后，再次出现上升过程，到 16 时出现第二个峰值，浓度为 148.1 $\mu g/m^3$，16 时以后浓度开始下降，至 21 时降回良等级，污染过程结束。污染时段为 15 日 06—20 时，共 15 h，出现了 10 h 中度污染和 5 h 轻度污染，污染过程快，短时污染程度较重。

4.2.2 天气形势分析

图 4.2.2 给出了 4 月 15 日 08 时低空到高空的高度场，从图上可以看到，500 hPa 上海市主要受槽后西北气流控制，700 hPa 和 850 hPa 上海市均位于脊上，受偏西气流影响，高低空环流配置不利于降水的产生，对 $PM_{2.5}$ 不会造成湿沉降作用，有利于污染的持续。

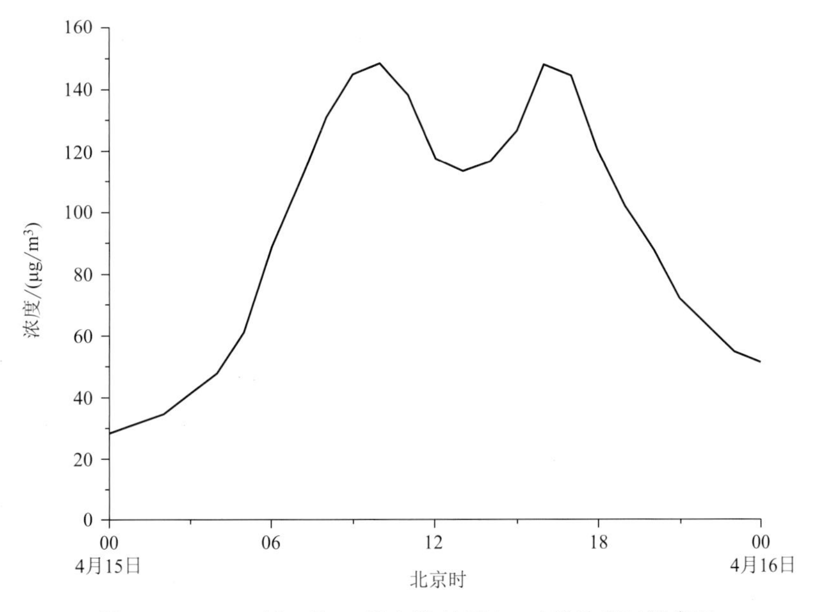

图 4.2.1 2013 年 4 月 15 日上海市 $PM_{2.5}$ 小时浓度时间序列

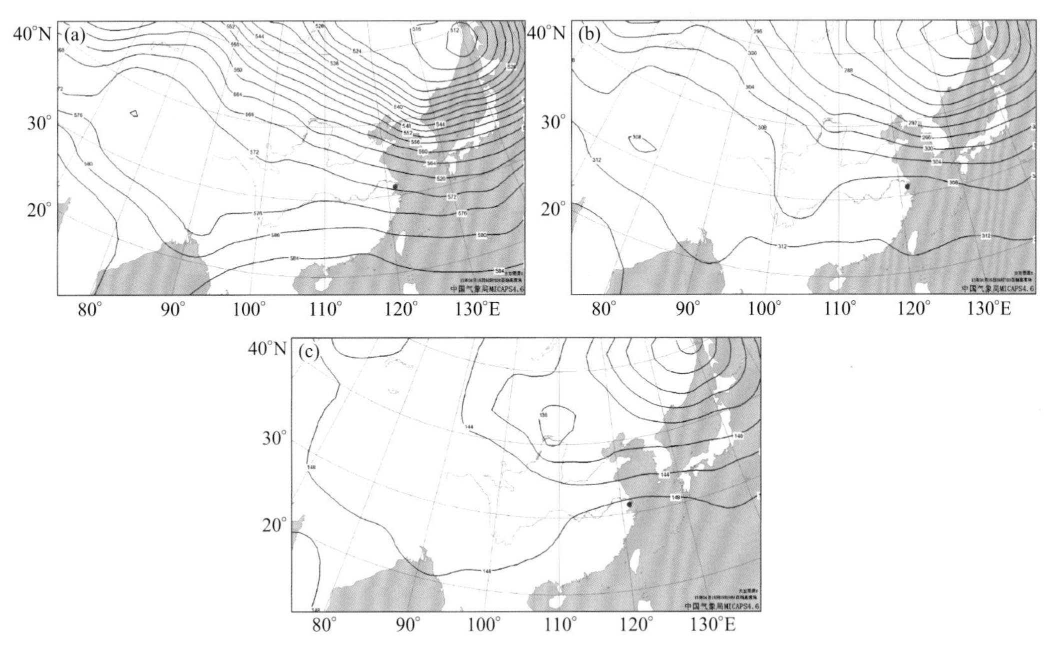

图 4.2.2 2013 年 4 月 15 日 08 时 500 hPa(a)、700 hPa(b)和 850 hPa(c)高度场
(单位:dagpm;•:上海市位置)

图 4.2.3 给出了 4 月 15 日海平面气压场和地面风场,可以看到 15 日 08 时(图 4.2.3a)上海市西北侧是一个低压系统,低压中心在内蒙古中西部地区,上海市东南侧是一个高压系统,在高低压系统的共同作用下,华东中北部地区气压梯度较大,地面风速较大,上海市主要位于低压前部,属于低压型,主导风向为西南风,在其上游地区(浙江省北部地区)有霾区,西南风会将上游污染物输送至本地,造成 $PM_{2.5}$ 污染(图

4.2.1)，但由于风速较大，也有利于污染气团的快速过境。15 日白天随着低压中心东移南压，上海市主导风向逐渐向东南方向逆转，到 20 时(图 4.2.3b)低压中心已经到达山西省境内，上海市主导风向为东南风，来自海上的洁净空气有利于 $PM_{2.5}$ 浓度的稀释下降。另外，在南向风的作用下，浙江省北部的霾天气已经结束，霾区主要集中在江苏省境内。对照图 4.2.1 可以看到，上海市 $PM_{2.5}$ 浓度 15 日下午开始下降，夜间降回良等级，污染过程结束。

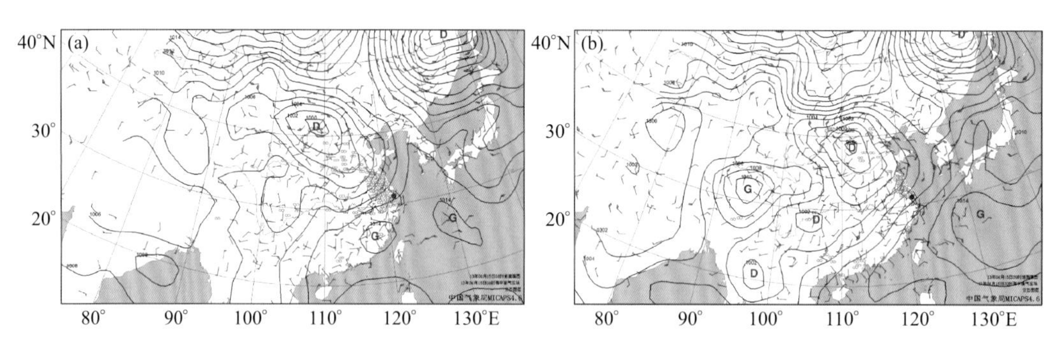

图 4.2.3　2013 年 4 月 15 日 08 时(a)和 20 时(b)海平面气压场(单位：hPa)和地面风场(单位：m/s)（∞：霾区；•：上海市位置）

4.2.3　气象要素分析

图 4.2.4 给出了 4 月 15 日上海市地面风向风速变化时序，分析上海市地面风速变化可知，15 日 06 时开始地面风速有一个明显增大的过程，白天大部分时段风速都在 3 m/s 以上，水平扩散条件好，有利于污染气团的快速过境。从风向变化来看，9 日 05 时以前上海市地面风向为东南风，06—16 时主导风向转为西南风，此时地面风速也迅速增大，有利于浙江省北部地区污染物快速输送至本地。从图 4.2.1 可以看到，06 时开始上海市 $PM_{2.5}$ 出现污染，且浓度值出现快速上升过程，16 时以后随着风向转为东南风，来自海上的洁净空气对于污染物的稀释下降起到一定的作用，上海市 $PM_{2.5}$ 浓度出现快速下降趋势，风向的变化基本与 $PM_{2.5}$ 浓度的变化相对应，进一步说明地面风向对于 $PM_{2.5}$ 出现污染起到至关重要的作用。

4.2.4　后向轨迹分析

为了进一步验证 $PM_{2.5}$ 的来源，选取上海市作为气团后向轨迹的终点，研究此次污染过程。图 4.2.5 给出了 4 月 15 日 14 时不同高度的气团到达上海市的轨迹，可以看到 100 m 和 500 m 到达上海市的气团均来自浙江省西北部地区，而 1500 m 的气团在 15 日以前主要来自安徽省中南部地区，15 日 02 时到达浙江省西北部地区，14 时到达上海市。另外，从图上还可以看到不同高度的气团都出现了明显的下沉现象。后向轨迹图进一步验证了前文的结论，上海市 $PM_{2.5}$ 污染确实来自浙江省。

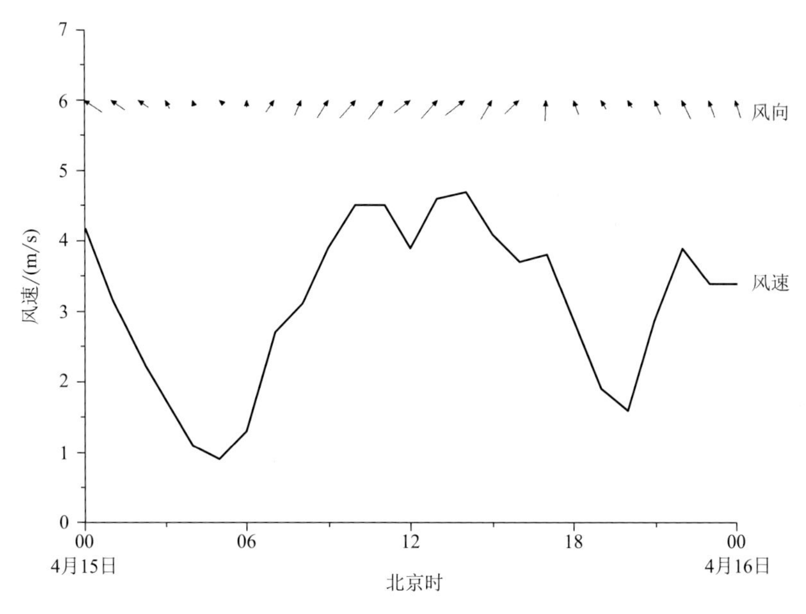

图 4.2.4 2013 年 4 月 15 日上海市地面风向风速变化时序

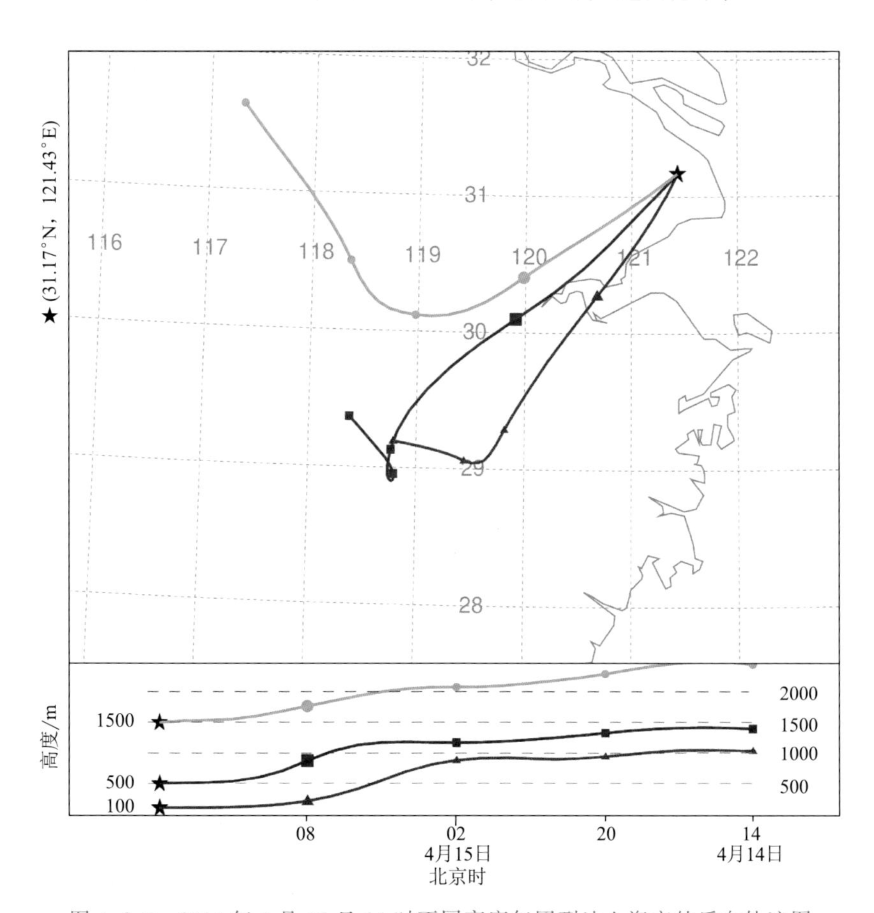

图 4.2.5 2013 年 4 月 15 日 14 时不同高度气团到达上海市的后向轨迹图

4.2.5 小结

(1)2013 年 4 月 15 日上海市出现了 $PM_{2.5}$ 轻度污染天气,此次污染过程主要由上游污染物输送造成,属于输送型污染。从 $PM_{2.5}$ 浓度变化来看,前期 $PM_{2.5}$ 浓度上升速度较快,污染过程中出现了 2 个峰值,污染过程较快,短时达到了中度污染。

(2)根据地面天气形势分型,此次污染过程属于低压型(低压前部),上海市受来自内陆的风——西南风的输送影响。分析污染时段的风速风向发现,此次污染过程上海市地面风速较大,没有静风时段,有利于污染气团的快速过境,因此,污染持续时间不长,风向的变化对于 $PM_{2.5}$ 浓度有重要影响,来自陆地的风有利于上游 $PM_{2.5}$ 输送至本地,而来自海上的洁净空气则有利于 $PM_{2.5}$ 浓度的下降。

(3)后向轨迹分析则进一步证明上海市 $PM_{2.5}$ 污染主要来源于上游地区的浙江省。

4.3 2013 年 4 月 23—24 日污染过程

4.3.1 污染过程概述

2013 年 4 月 23—24 日上海市出现了连续 2 d 的 $PM_{2.5}$ 污染过程(图 4.3.1a),均达到轻度污染级别。图 4.3.1b 给出了 23—24 日 $PM_{2.5}$ 小时浓度时序,从图上可以看到,23 日早晨开始 $PM_{2.5}$ 浓度出现了一个快速上升的过程,10 时达到轻度污染,13 时出现第一个峰值,浓度为 118.5 $\mu g/m^3$,达到中度污染级别,之后浓度降回轻度污染级别,17 时浓度再次上升,24 日 03 时出现第二个峰值,也是此次污染过程小时浓度最大值,达 149 $\mu g/m^3$,之后浓度快速回落,05 时降回轻度污染,07 时浓度开始回升,但上升速度不快,14 时出现第三个峰值,浓度为 110.8 $\mu g/m^3$,14 时以后浓度开始下降,于 19 时降回良等级,污染过程结束。污染时段为 23 日 10 时—24 日 18 时,共 33 h,出现了 12 h 中度污染和 21 h 轻度污染,污染持续时间较前两次污染过程偏长。

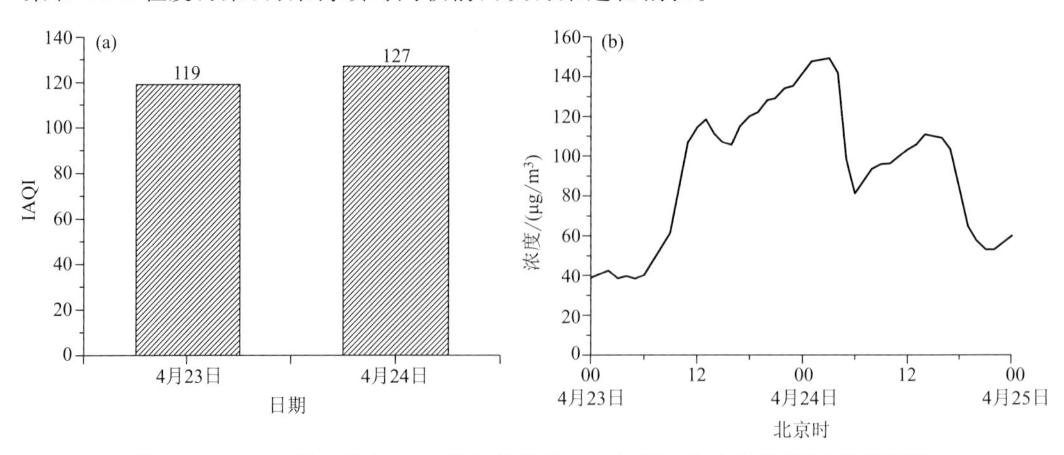

图 4.3.1 2013 年 4 月 23—24 日上海市 $PM_{2.5}$ IAQI(a)和小时浓度(b)时间序列

4.3.2 天气形势分析

图 4.3.2 给出了 4 月 23—24 日低空到高空的高度场，从图上可以看到，23 日 08 时(图 4.3.2a、c、e)500 hPa、700 hPa 和 850 hPa 上海市都位于槽前，受西南气流控制，到 24 日 08 时(图 4.3.2b、d、f)，500 hPa 上海市位于槽上，受偏西气流影响，而 700 hPa 和 850 hPa 上海市已经转受槽后西北气流控制。虽然 23 日前期上海市高低空环流配置有利于降水的产生，但随着高空槽过境，其环流配置不再利于产生降水，从降水实况来看(图略)，上海市在 22 日夜间有降水，23 日白天降水已停止，对 $PM_{2.5}$ 没有湿沉降作用，有利于污染的持续。

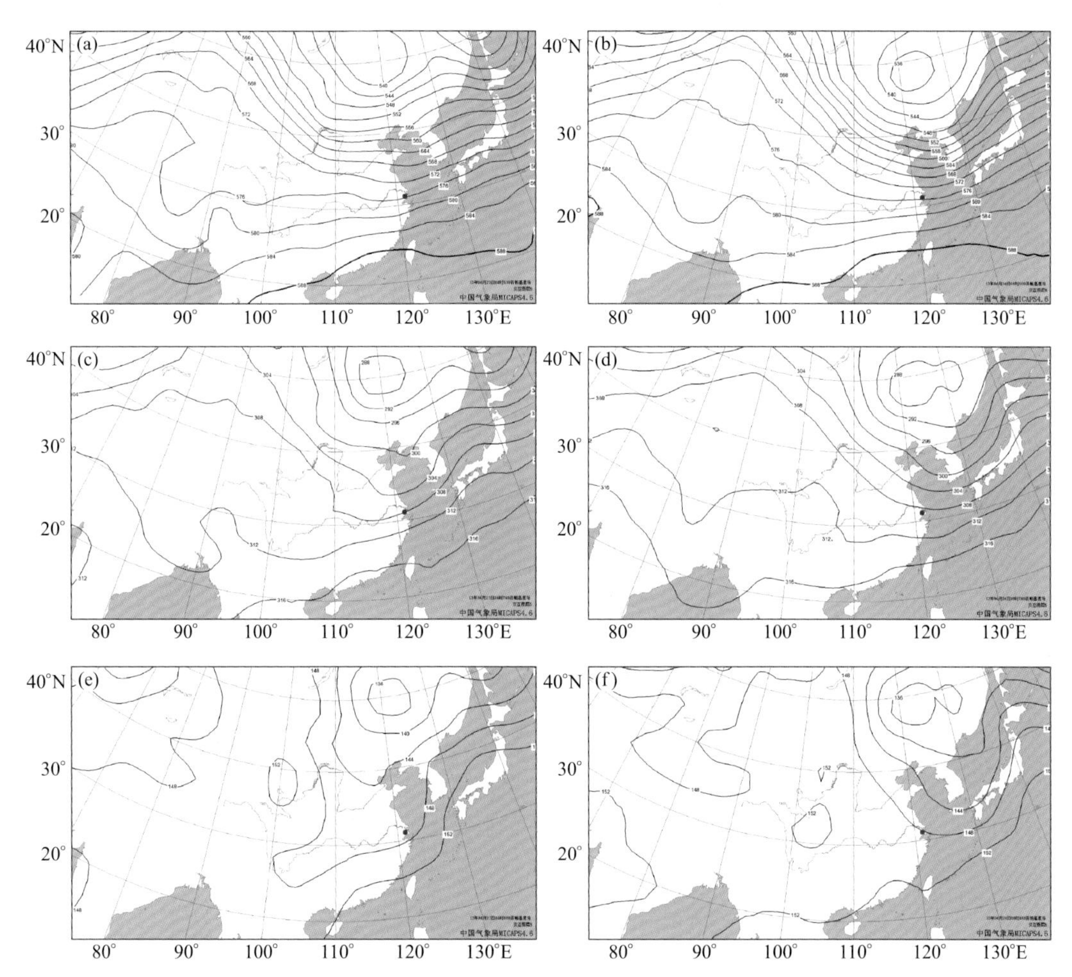

图 4.3.2 2013 年 4 月 23 日 08 时 500 hPa(a)、700 hPa(c)、850 hPa(e)及 24 日 08 时 500 hPa(b)、700 hPa(d)、850 hPa(f)高度场(单位：dagpm；•：上海市位置)

图 4.3.3 给出了 4 月 23—24 日海平面气压场和地面风场，从图上可以看到，23 日白天(图 4.3.3a)上海市位于低压底部，为低压型，主导风向为偏西风，其西部地区(江苏省和安徽省)有霾区，偏西风有利于将上游的污染物输送至上海市。23 日夜间—24 日上午

(图 4.3.3b)，随着低压系统进一步东移，上海市逐渐转为高压底前部，受冷空气影响，为冷空气型，高压中心位于蒙古国，我国上海市主导风向为西到西北风，从图上可以看到江苏省和安徽省仍然有大片霾区，西到西北风对上海市仍然有污染物输送的影响。24 日中午以后随着高压系统继续东移，上海市逐渐转为高压中心后部(图 4.3.3c)，主导风向转为东向风，来自海上的洁净空气有利于 $PM_{2.5}$ 浓度的稀释下降，对照图 4.3.1b 可以看到，上海市的 $PM_{2.5}$ 浓度 24 日下午开始下降，夜间降回良等级，污染过程结束。

4.3.3 气象要素分析

图 4.3.4 给出了 4 月 23—24 日上海市地面风向风速变化时序，从图上可以看到，23 日 06 时以后上海市地面风向逐渐转向偏西风，同时地面风速有一个迅速增大的过程，下午风速最大时达到 5.4 m/s，有利于快速将上海市西侧的污染物输送至本地，对照图 4.3.1b 可以看到，23 日早晨开始 $PM_{2.5}$ 浓度有一个快速上升的过程。23 日夜间—24 日上海市地面风速较 23 日白天有所减小，但大部分时段风速仍然在 2 m/s 以上，同时 24 日中午以前上海市地面风向转为西到西北风，虽然有利于污染物的输送，但由于风速较 23 日有所下降，因此，24 日 $PM_{2.5}$ 浓度的上升速度慢于 23 日。24 日中午以后，随着上海市主导风向逐渐转为东向风，$PM_{2.5}$ 浓度出现下降过程，来自海上的洁净空气有利于污染物的稀释下降。对比图 4.3.4 和图 4.3.1b 可以看到，风向的变化基本与 $PM_{2.5}$ 浓度的变化相对应，进一步说明地面风向对于 $PM_{2.5}$ 出现污染起到至关重要的作用。

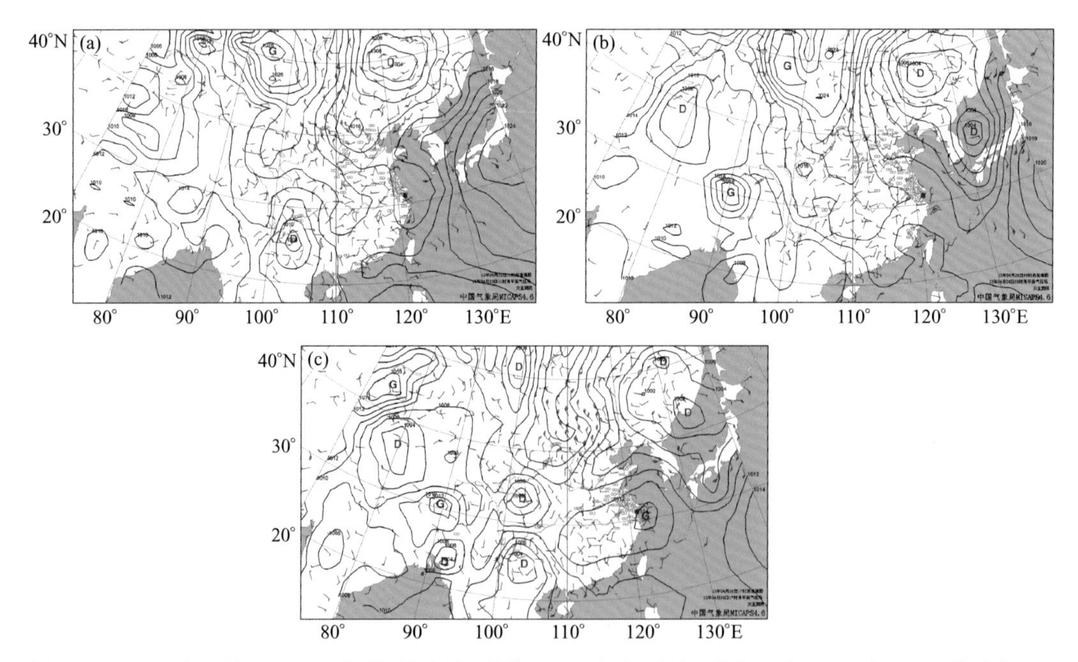

图 4.3.3 2013 年 4 月 23—24 日海平面气压场(单位：hPa)和地面风场(单位：m/s)(∞：霾区；•：上海市位置)
(a)23 日 11 时；(b)24 日 08 时；(c)24 日 17 时

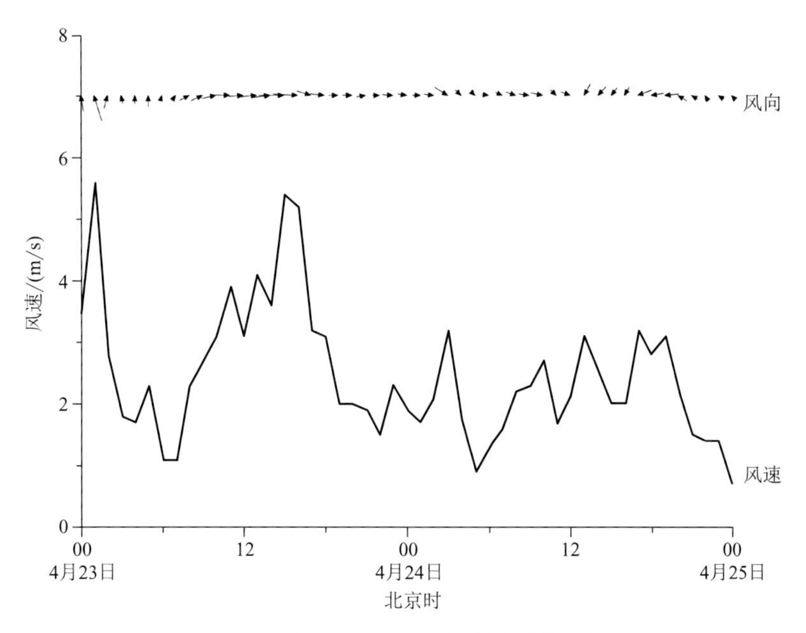

图 4.3.4 2013 年 4 月 23—24 日上海市地面风向风速变化时序

4.3.4 垂直环流分析

由前文分析可知，4 月 23 日白天上海市主导风向为偏西风，23 日夜间—24 日中午主导风向则转为西到西北风，在其上游地区安徽省和江苏省有大片霾区，因此利用 4 月 23—24 日 NCEP 每 6 h 一次的 FNL 1°×1°再分析资料，分别从安徽省六安市和宿州市至上海市做垂直环流剖面图(图 4.3.5，该图中制作垂直环流时将垂直速度扩大了 100 倍)。从图 4.3.5a 可以看到，安徽省中南部地区至江苏省西南部地区(117.5°—119.5°E)低空有上升气流，而上海市上空 850 hPa 以下为下沉气流，这种垂直环流的配置为上游污染物的输送提供了一条垂直方向上的输送通道，可以先将上游污染物输送至中低空，再由中低空偏西气流输送至上海市上空，然后随着下沉气流输送至近地面，同时叠加地面偏西风的输送，形成了 23 日白天 $PM_{2.5}$ 浓度迅速上升的过程(图 4.3.1b)。从图 4.3.5b 可以看到，24 日 $PM_{2.5}$ 在垂直方向上的输送机制与 23 日类似，污染物也是通过中低空输送

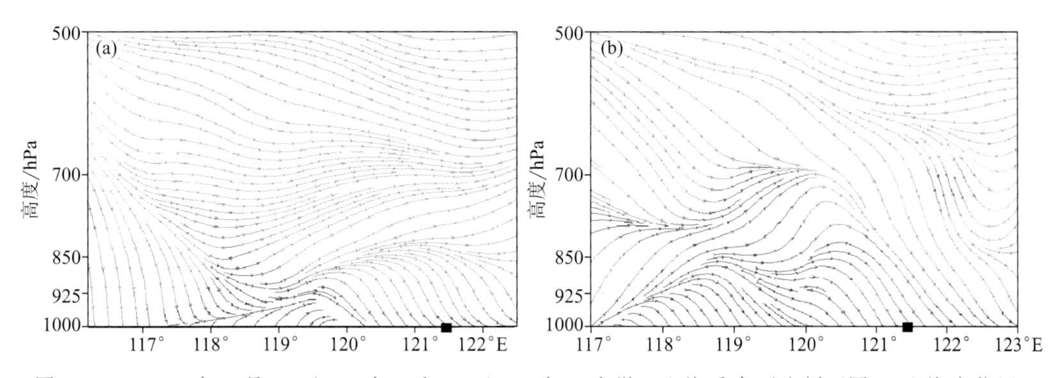

图 4.3.5 2013 年 4 月 23 日 14 时(a)和 24 日 02 时(b)安徽—上海垂直环流剖面图(■:上海市位置)

至上海市，其上升气流出现在安徽省北部地区(117°E 附近)。

4.3.5 后向轨迹分析

为了进一步验证 $PM_{2.5}$ 的来源，选取上海市作为气团后向轨迹的终点，研究此次污染过程。图 4.3.6 给出了 4 月 23—24 日不同高度的气团到达上海市的轨迹，可以看到 23 日(图 4.3.6a)到达上海市的气团主要来自安徽省中南部地区和江苏省西南部地区，其中 100 m 和 500 m 的气团出现沉降现象，而 1500 m 的气团沉降不明显；24 日(图 4.3.6b)随着风向的变化，到达上海市的气团全部转向西北，来自安徽省中北部地区，同时不同高度的气团都出现了明显的沉降现象。和前文分析一致，后向轨迹图进一步说明 23 日上海市 $PM_{2.5}$ 污染主要来自安徽省中南部地区和江苏省西南部地区，24 日则主要来自安徽省中北部地区。

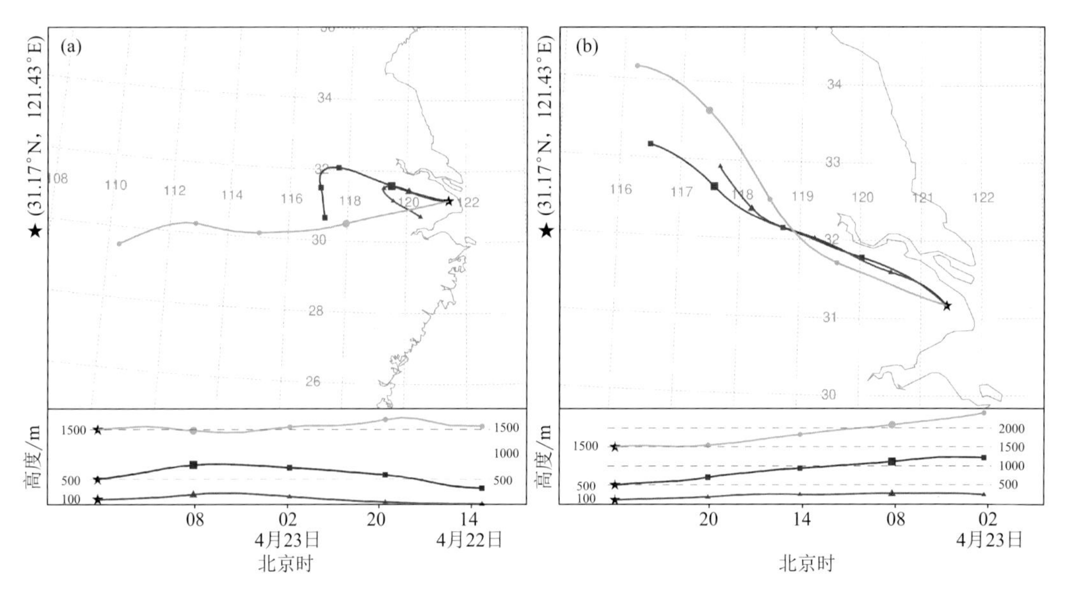

图 4.3.6 2013 年 4 月 23 日 14 时(a)和 24 日 02 时(b)不同高度气团到达上海市的后向轨迹图

4.3.6 小结

(1)2013 年 4 月 23—24 日上海市出现了连续 2 d 的 $PM_{2.5}$ 轻度污染天气，此次污染过程主要由上游污染物输送造成，属于输送型污染。从 $PM_{2.5}$ 浓度变化来看，前期 $PM_{2.5}$ 浓度上升迅速，后期上升略偏慢，污染过程中出现了 3 个峰值，污染持续时间相对较长，短时达到了中度污染。

(2)根据地面天气形势分型，此次污染过程 23 日属于低压型(低压底部)，上海市受偏西风的输送影响；24 日属于冷空气型，受西到西北风的输送影响。分析污染时段的风速风向发现，此次污染过程 23 日上海市地面风速较大，有利于污染气团的快速过境，因此，$PM_{2.5}$ 浓度出现了快速上升的过程；24 日由于风速较 23 日有所减小，因此，$PM_{2.5}$ 浓度上升速度慢于23日，23—24日均没有出现静风。另外，风向的变化对于$PM_{2.5}$浓度有重要影响，来自陆地的风有利于上游的$PM_{2.5}$输送至本地，而来自海上的洁净空气则有利于$PM_{2.5}$浓度的下降。

(3)分析垂直环流发现，上海市除了受到地面偏西风和西到西北风的输送影响，还有来自中低空污染物输送沉降的影响。后向轨迹分析进一步证明23日上海市$PM_{2.5}$污染主要来自安徽省中南部地区和江苏省西南部地区，24日则主要来自安徽省中北部地区。

4.4 2013年11月3日污染过程

4.4.1 污染过程概述

2013年11月3日上海市出现了$PM_{2.5}$轻度污染过程，IAQI为110。图4.4.1给出了3日00时—4日12时$PM_{2.5}$小时浓度时序，从图上可以看到，3日中午以后$PM_{2.5}$浓度有一个快速上升的过程，13时达到轻度污染级别，17时达到中度污染级别，18时出现第一个峰值，浓度为136.7 μg/m³，之后浓度迅速下降，21时短时降回良等级后，$PM_{2.5}$浓度再次迅速回升，4日03时出现第二个峰值，也是此次污染过程的小时浓度最大值，为138.9 μg/m³，达中度污染，之后浓度迅速下降，于07时降回良等级，污染过程结束。污染时段为3日13—20时及3日22时—4日06时，共17 h，出现了5 h中度污染和12 h轻度污染，污染持续时间较短。

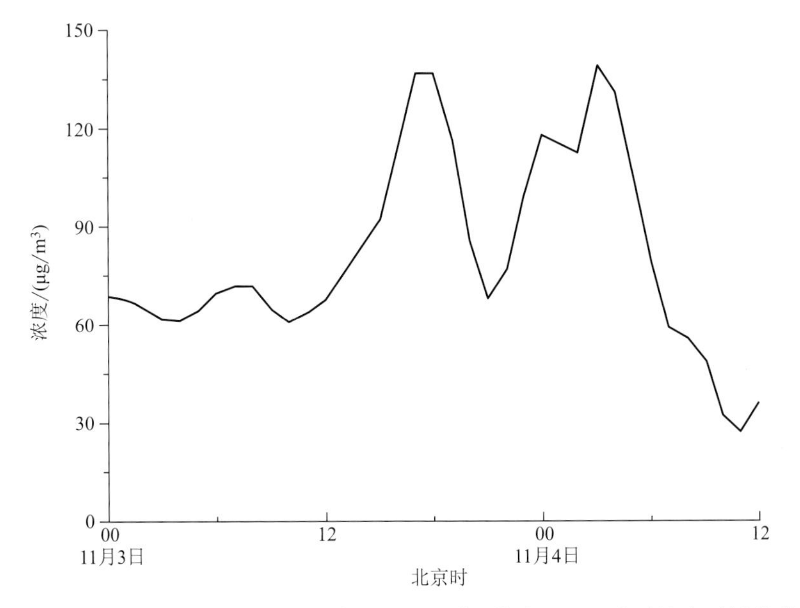

图4.4.1 2013年11月3日00时—4日12时上海市$PM_{2.5}$小时浓度时间序列

4.4.2 天气形势分析

图 4.4.2 给出了 11 月 3 日 20 时低空到高空的高度场，从图上可以看到，500 hPa、700 hPa 和 850 hPa 上海市都位于槽后，受西北气流控制，水汽不足不会产生大强度降水，对 $PM_{2.5}$ 不会造成湿沉降作用，有利于污染持续。4 日高空形势（图略）与 3 日一致，此种环流配置为 $PM_{2.5}$ 出现污染创造了有利条件。

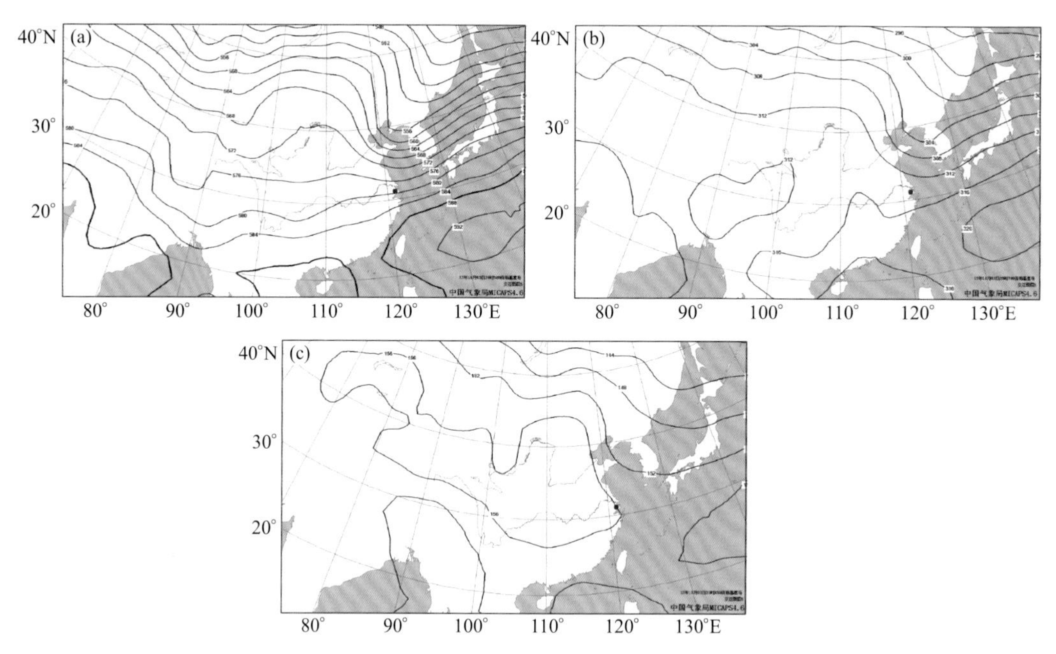

图 4.4.2 2013 年 11 月 3 日 20 时 500 hPa(a)、700 hPa(b)和 850 hPa(c)高度场
（单位：dagpm；•：上海市位置）

图 4.4.3 给出了 11 月 3—4 日海平面气压场和地面风场，从图上可以看到，3 日中午开始（图 4.4.3a）上海市受冷空气影响，位于高压底前部，高压中心在内蒙古中部地区，属于冷空气型，华东中北部地区有霾区，上海市主导风向为西北风，有利于将上游的污染物输送至上海市，导致 $PM_{2.5}$ 浓度上升出现污染天气（图 4.4.1），此种形势一直持续至 3 日夜间（图略），之后随着高压中心逐渐东移（图 4.4.3b），华东中北部地区主导风向逐渐转为偏北风，并继续向东北方向顺转，上海市主导风向也转为偏北风，来自海上的洁净空气有利于 $PM_{2.5}$ 浓度的稀释下降，对照图 4.4.1 可以看到，上海市 $PM_{2.5}$ 浓度在 4 日 04 时开始下降，07 时降回良等级，污染过程结束。对比 2013 年 1 月 9 日的污染过程发现，其污染是由偏北风输送导致的，但此次污染过程偏北风却有利于 $PM_{2.5}$ 浓度的下降，其原因与上海市的地理位置有关，上海市位于我国东部沿海，来自北方的风如果偏西的分量多一些，则来自陆地的气团就会更多，如果偏东的分量多一些，则来自海上的气团更多，对比两次污染过程偏北风时段的风向角度发现，1 月 9 日的污染过程偏西分量更多一些，而此次污染过程偏东的分量多一些，因此，虽然都是偏北风，但对 $PM_{2.5}$ 却有着截然不同的影响。

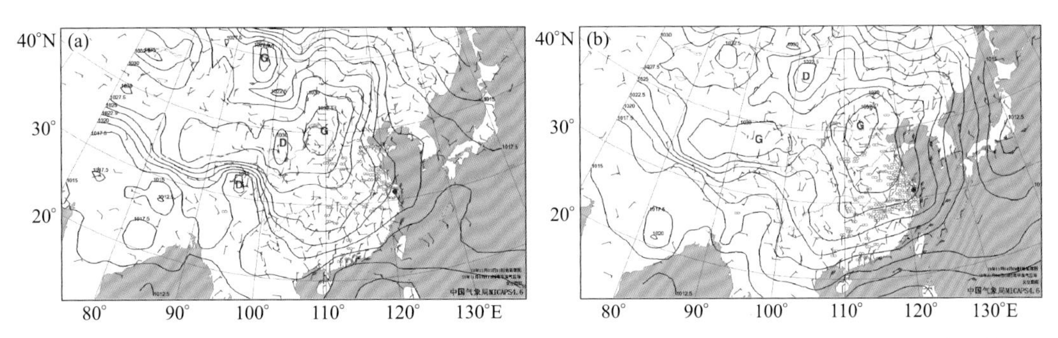

图 4.4.3 2013 年 11 月 3—4 日海平面气压场(单位: hPa)和地面风场(单位:m/s)(∞:霾区;•:上海市位置)

(a)3 日 11 时;(b)4 日 08 时

4.4.3 气象要素分析

图 4.4.4 给出了 11 月 3 日 00 时—4 日 12 时上海市地面风向风速变化时序,分析上海市地面风速变化可知,3 日 00 时开始地面风速有一个振荡增大的过程,03 时以后风速基本在 2 m/s 以上,最大值达到 4.4 m/s,水平扩散条件较好,有利于污染气团的快速过境,从图 4.4.1 可以看到,$PM_{2.5}$ 浓度确实出现了骤升骤降的过程。从风向变化来看,3 日中午以前,上海市地面风向以东北风为主,中午以后风向转为西北风,有利于上游污染物输送至本地,需要注意的是,3 日夜间上海市短时(19—20 时)出现了北到东北风,来自海上的风有利于 $PM_{2.5}$ 浓度的稀释下降,对照图 4.4.1 可以看到,3 日夜间确实出现了 $PM_{2.5}$ 浓度的快速下降过程,但随着风向转回西北风(21 时),$PM_{2.5}$ 浓度再次出现迅速上升的过程,4 日 02 时起上海市主导风向开始转向偏北风,并逐渐向东北方向顺转,有利于 $PM_{2.5}$ 浓度的下降,风向的变化基本与 $PM_{2.5}$ 浓度的变化相对应,进一步说明地面风向对

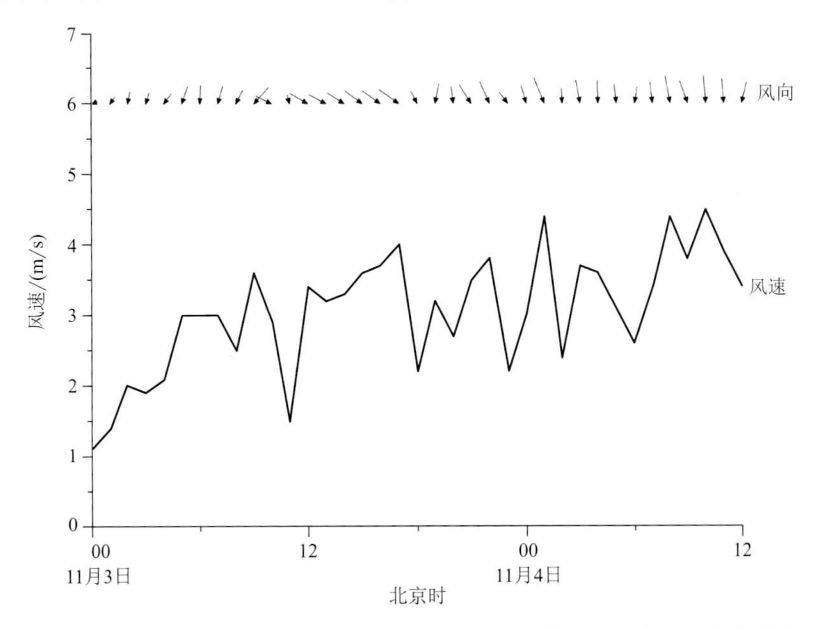

图 4.4.4 2013 年 11 月 3 日 00 时—4 日 12 时上海市地面风向风速变化时序

于 $PM_{2.5}$ 出现污染起到至关重要的作用。

4.4.4 垂直环流分析

由前文分析可知，污染期间上海市主导风向为西北风，在其上游地区有大片霾区，因此，利用 11 月 3 日 NCEP 每 6 h 一次的 FNL 1°×1°再分析资料，从江苏省北部地区（连云港市）至上海市做垂直环流剖面图（图 4.4.5，该图中制作垂直环流时将垂直速度扩大了 100 倍）。从图上可以看到，120.5°—121°E（江苏省盐城市—南通市）850 hPa 以下为上升气流，有利于本地污染物随上升气流输送至中低空，再由中低空西北气流向上海市输送，而上海市上空以下沉气流为主，为污染物沉降至近地面创造了条件，同时叠加地面西北风的输送，造成了 3 日下午—4 日早晨的 $PM_{2.5}$ 污染过程（图 4.4.1）。

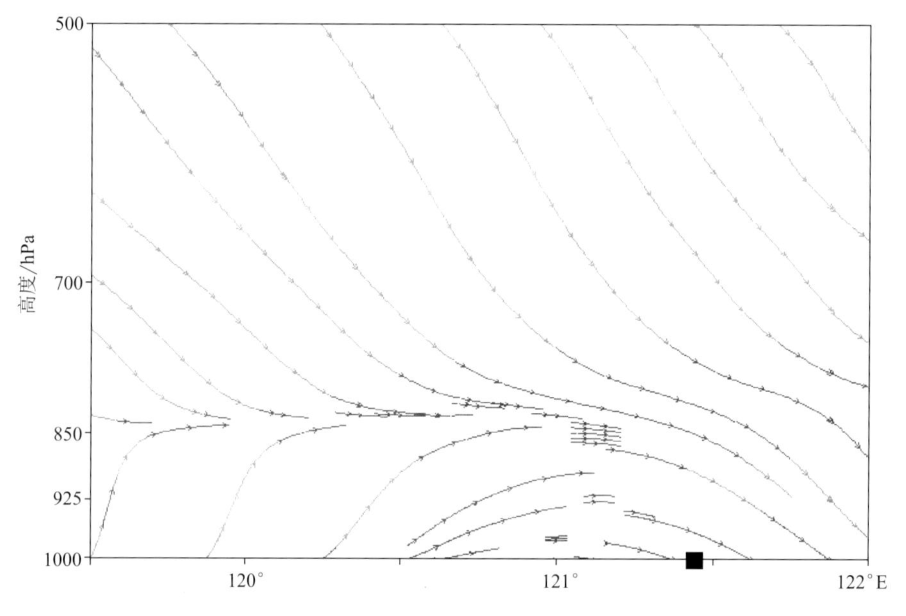

图 4.4.5 2013 年 11 月 3 日 20 时江苏—上海垂直环流剖面图（■：上海市位置）

4.4.5 后向轨迹分析

为了进一步验证 $PM_{2.5}$ 的来源，选取上海市作为气团后向轨迹的终点，研究此次污染过程。图 4.4.6 给出了 11 月 3 日 20 时不同高度的气团到达上海市的轨迹，可以看到到达上海市的气团主要来自江苏省，其中 100 m 和 500 m 的气团主要沿江苏省东部沿海城市到达上海市，而 1500 m 的气团则主要来自江苏省中南部地区，不同高度的气团均没有出现下沉现象。和前文分析一致，后向轨迹图进一步说明 23 日上海市 $PM_{2.5}$ 污染主要来自江苏省。

4.4.6 小结

（1）2013 年 11 月 3 日上海市出现了 $PM_{2.5}$ 轻度污染天气，此次污染过程主要由上

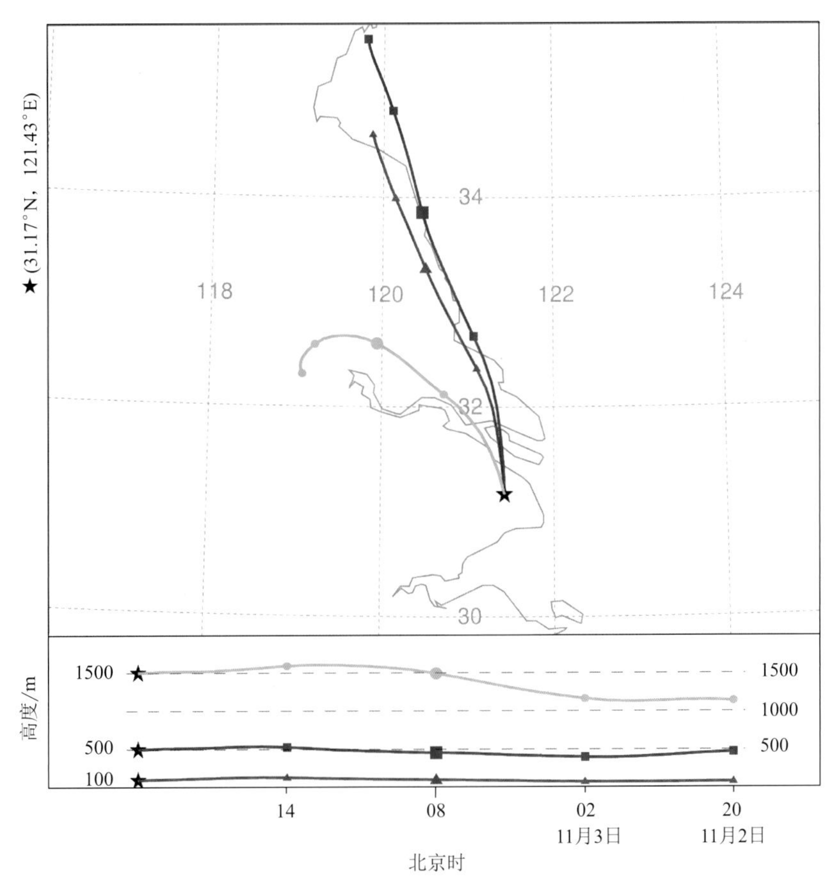

图 4.4.6 2013 年 11 月 3 日 20 时不同高度气团到达上海市的后向轨迹图

游污染物输送造成，属于输送型污染。从 $PM_{2.5}$ 浓度变化来看，$PM_{2.5}$ 浓度出现了 2 次骤升骤降的过程，污染过程中出现了 2 个峰值，污染持续时间较短，短时达到了中度污染。

(2)根据地面天气形势分型，此次污染过程属于冷空气型，上海市位于高压底前部，受西北风的输送影响。分析污染时段的风速风向发现，此次污染过程上海市地面风速较大，有利于污染气团的快速过境，因此，$PM_{2.5}$ 浓度出现了骤升骤降的过程。另外，风向的变化对于 $PM_{2.5}$ 浓度有重要影响，来自陆地的风有利于上游 $PM_{2.5}$ 输送至本地，而来自海上的洁净空气则有利于 $PM_{2.5}$ 浓度的下降。需要注意的是，偏西分量较多的偏北风有利于 $PM_{2.5}$ 浓度上升，而偏东分量较多的偏北风则更有利于 $PM_{2.5}$ 浓度下降。

(3)分析垂直环流发现，上海市除了受到地面西北风的输送影响，还有来自中低空污染物输送沉降的影响。后向轨迹分析进一步证明上海市 $PM_{2.5}$ 污染主要来源于上游地区(江苏省)。

4.5 2013 年 12 月 19—20 日污染过程

4.5.1 污染过程概述

2013 年 12 月 19—20 日上海市出现了连续 2 d 的 $PM_{2.5}$ 污染过程(图 4.5.1a)，其中 19 日为轻度污染，20 日达到重度污染。图 4.5.1b 给出了 19 日 00 时—21 日 04 时 $PM_{2.5}$ 小时浓度时序，从图上可以看到，19 日上午开始 $PM_{2.5}$ 浓度出现快速上升的过程，14 时达到轻度污染，19 时达到中度污染，20 时达到重度污染，从良升至重度污染仅用了 7 h，之后 $PM_{2.5}$ 浓度一直维持在重度污染级别，20 日 15 时出现此次污染过程的小时浓度最大值，达 234.1 $\mu g/m^3$，之后 $PM_{2.5}$ 浓度快速下降，至 21 日 03 时降回良等级，污染过程结束。污染时段为 19 日 14 时—21 日 02 时，共 37 h，其中重度污染持续了 26 h，中度污染出现了 2 h，污染持续时间相对较长，短时污染程度重。

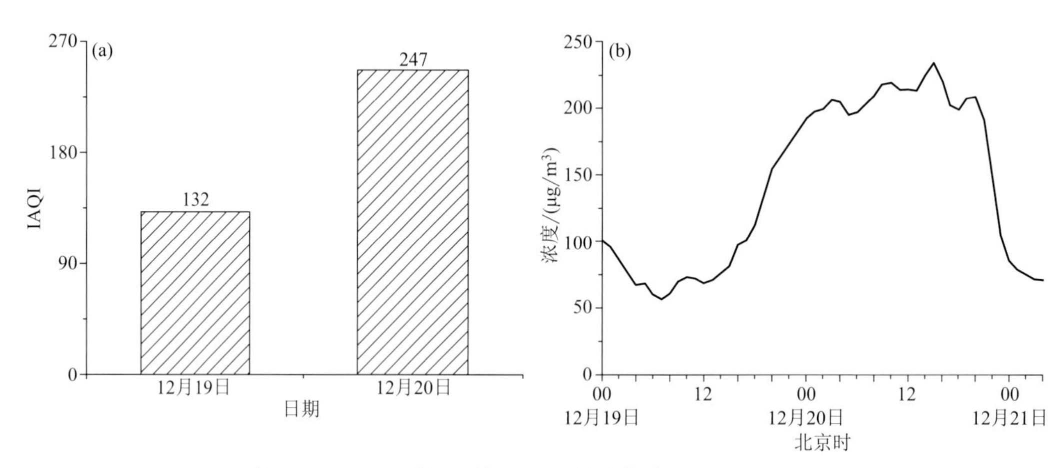

图 4.5.1 2013 年 12 月 19—20 日上海市 $PM_{2.5}$ IAQI(a) 和 19 日 00 时—21 日 04 时 $PM_{2.5}$ 小时浓度(b)时间序列

4.5.2 天气形势分析

图 4.5.2 给出了 12 月 19 日 08 时低空到高空的高度场，从图上可以看到，500 hPa、700 hPa 和 850 hPa 上海市都位于槽后，受西北气流控制，水汽不足不会产生大强度降水，对 $PM_{2.5}$ 不会造成湿沉降作用，有利于污染持续。20 日高空形势(图略)与 19 日一致，此种环流配置为 $PM_{2.5}$ 出现污染创造了有利条件。

图 4.5.3 给出了 12 月 19—20 日海平面气压场和地面风场，从图上可以看到，19 日(图 4.5.3a)上海市受冷空气影响，为冷空气型，华中地区、华东中北部地区有大片霾区，上海市主导风向为西北风，有利于将上游污染物输送至本地，导致 $PM_{2.5}$ 浓度上升出现污染天气(图 4.5.1b)，此种形势一直持续至 20 日(图 4.5.3b)，在持续的冷空气

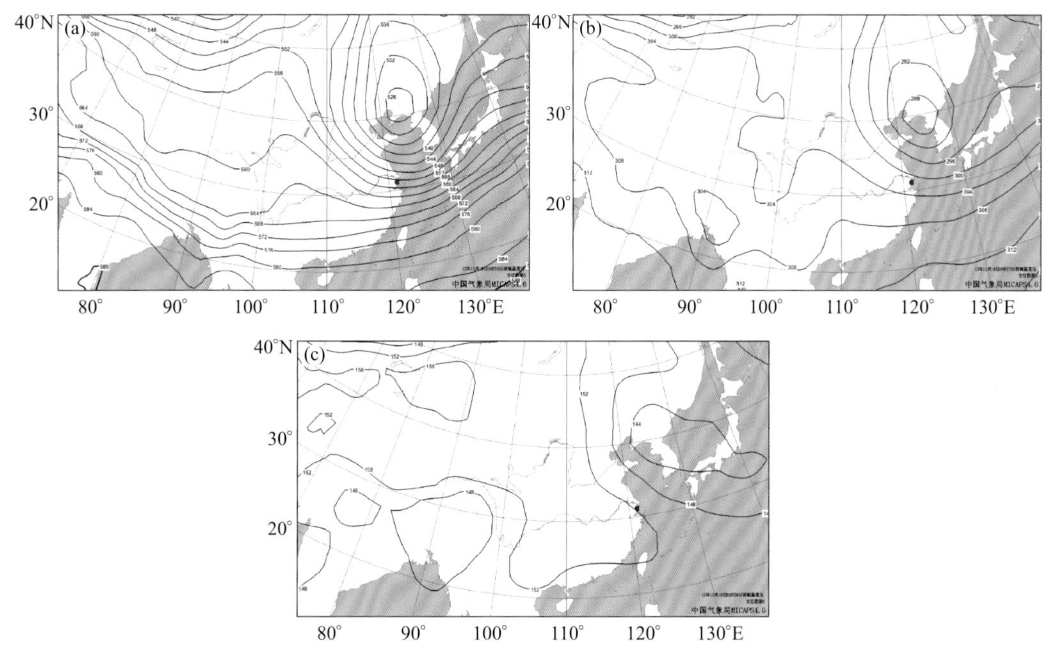

图 4.5.2 2013 年 12 月 19 日 08 时 500 hPa(a)、700 hPa(b)
和 850 hPa(c)高度场(单位:dagpm;•:上海市位置)

输送作用下,霾区整体向西南移动,从图上可以看到,江苏省东北部地区已经没有霾天气,上海市主导风向虽然仍然为西北风,但由于污染气团整体向南推进,上游地区的污染过程逐渐结束,因此,从图 4.5.1b 可以看到,20 日下午开始上海市 $PM_{2.5}$ 浓度出现下降过程,在 21 日凌晨降回良等级,污染过程结束。此次污染过程与前 4 次污染过程的区别在于整个过程风向没有发生变化,前 4 次污染过程均在风向转向来自海上的风后 $PM_{2.5}$ 降回良等级,而此次污染过程主导风向始终为西北风,导致 $PM_{2.5}$ 下降的原因是污染气团的过境。

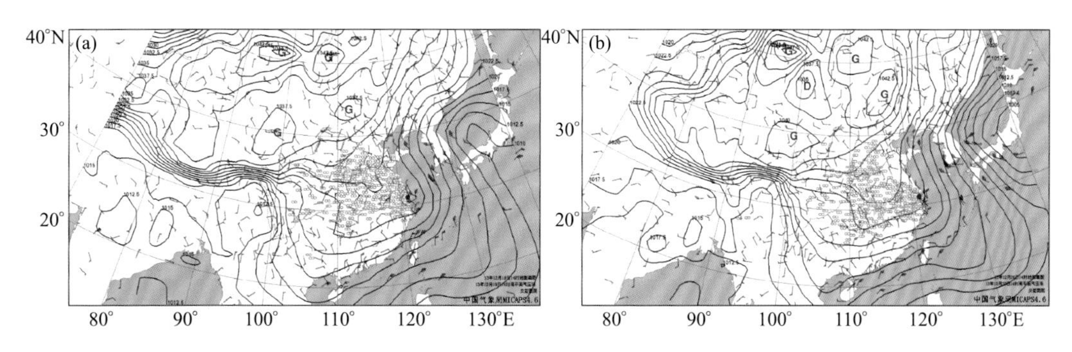

图 4.5.3 2013 年 12 月 19—20 日海平面气压场(单位: hPa)和地面风场(单位:m/s)(∞:霾区;•:上海市位置)
(a)19 日 14 时;(b)20 日 14 时

4.5.3 气象要素分析

图 4.5.4 给出了 12 月 19 日 00 时—21 日 04 时上海市地面风向风速变化时序，分析上海市地面风速变化可知，19—20 日上海市地面风速较大，除个别时次外，风速均在 2 m/s 以上，最大风速达到 4.6 m/s，水平扩散条件较好，有利于污染气团的快速过境；从风向变化来看，上海市地面风向始终以西北风或西到西北风为主，来自陆地的风可以将上游污染物输送至本地造成 $PM_{2.5}$ 污染，但随着污染气团的过境，$PM_{2.5}$ 浓度仍然降回了良等级(图 4.5.1b)。由前文分析可知，这次污染过程华东中北部地区、华中地区出现了大范围的霾区，污染范围很广，因此，虽然地面风速较大，但由于污染带很宽，污染气团过境用时较长，另外，此次污染过程后期风向没有转向海上，没有来自海上的洁净空气的稀释作用，这可能是导致此次污染过程持续时间较长的另一个重要原因。

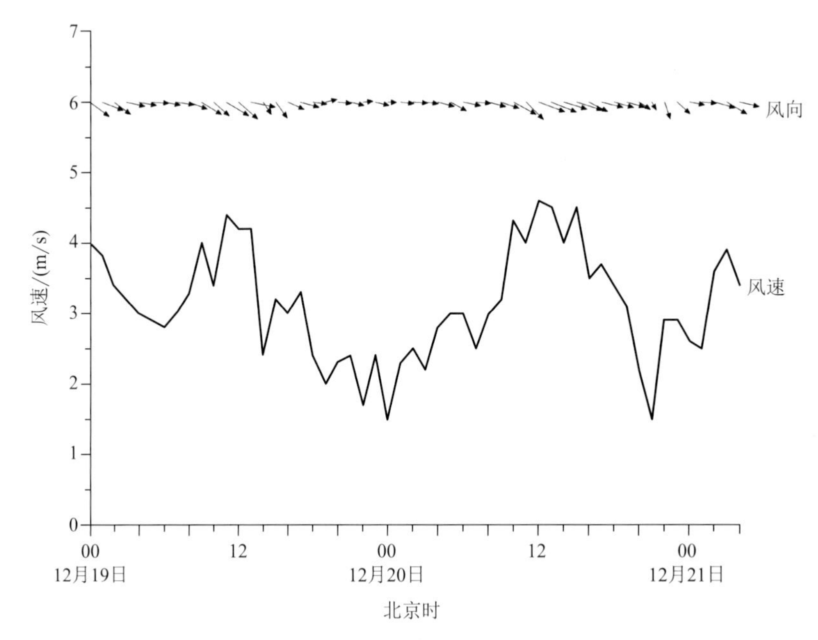

图 4.5.4 2013 年 12 月 19 日 00 时—21 日 04 时上海市地面风向风速变化时序

4.5.4 垂直环流分析

由前文分析可知，污染期间上海市主导风向为西北风或西到西北风，在其上游地区有大片霾区，因此，利用 12 月 19 日 NCEP 每 6 h 一次的 FNL 1°×1°再分析资料，从山东省西部地区(菏泽市)至上海市做垂直环流剖面图(图 4.5.5，该图中制作垂直环流时将垂直速度扩大了 100 倍)。从图上可以看到，19 日 119°E 以西上空以下沉气流为主，近地层 1000 hPa 为西北气流，有利于近地面污染气团向东南方向输送，119°—120°E(江苏省淮安市—泰州市一线)850 hPa 以下为上升气流，污染气团先随上升气流到达中低空，再随西北气流输送至上海市上空，而上海市上空为下沉气流，可以将中低空的污染气团沉降至近地面，同时叠加地面西北风或西到西北风的输送，造成 $PM_{2.5}$ 污染。20 日垂直环流形势(图略)与 19 日一致，中低空污染物的沉降叠加地面的输送，造成了 19—20 日上海市 $PM_{2.5}$ 污染过程(图 4.5.1b)。

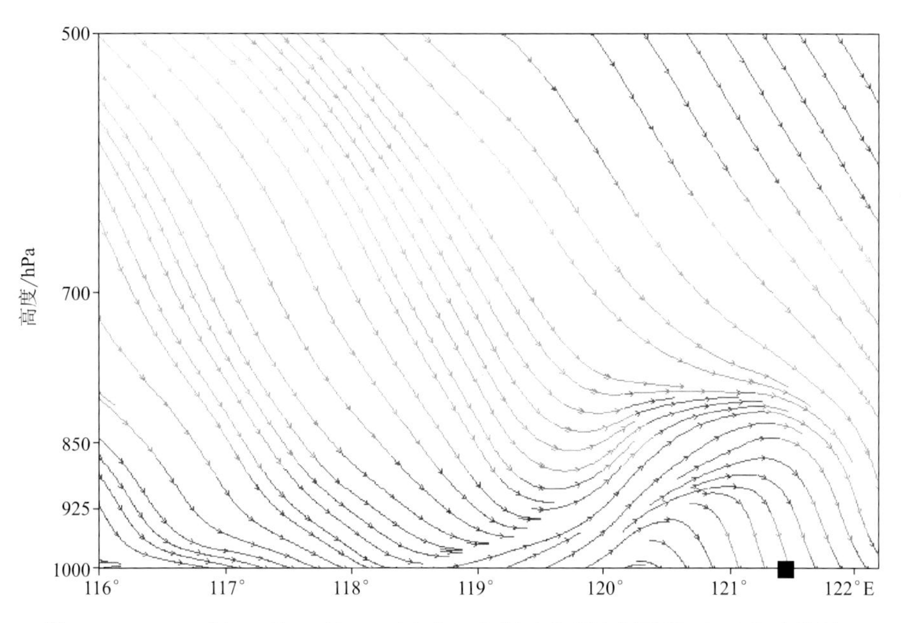

图 4.5.5 2013 年 12 月 19 日 20 时山东—上海垂直环流剖面图(■:上海市位置)

4.5.5 后向轨迹分析

为了进一步验证 $PM_{2.5}$ 的来源，选取上海市作为气团后向轨迹的终点，研究此次污染过程。图 4.5.6 给出了 12 月 19—20 日不同高度的气团到达上海市的轨迹，从

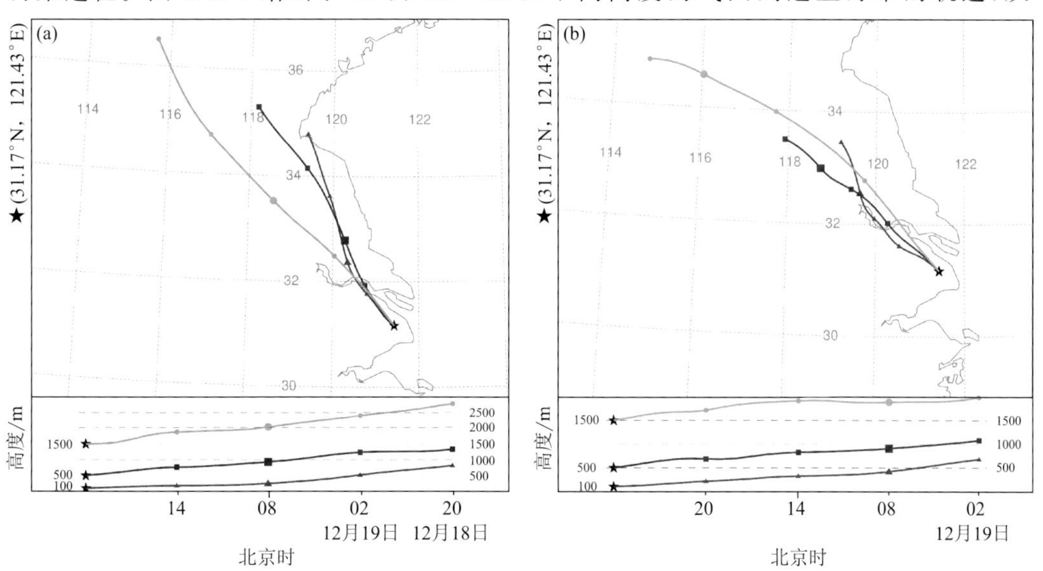

图 4.5.6 2013 年 12 月 19 日 20 时(a)和 20 日 02 时(b)不同高度气团到达上海市的后向轨迹图

图 4.5.6a 可以看到，19 日 1500 m 的气团从山东省西部地区经江苏省到达上海市，而 100 m 和 500 m 的气团主要从江苏省东部地区到达上海市，且不同高度的气团都出现了明显的下沉现象；20 日（图 4.5.6b）到达上海市的气团路径较 19 日略偏西，且不同高度的气团路径更加趋于一致。和前文分析一致，后向轨迹图进一步说明 19—20 日上海市 $PM_{2.5}$ 污染主要来自江苏省和山东省西部地区。

4.5.6 小结

(1)2013 年 12 月 19—20 日上海市出现了连续 2 d 的 $PM_{2.5}$ 污染天气，其中 19 日为轻度污染，20 日达到了重度污染。此次污染过程主要由上游污染物输送造成，属于输送型污染。从 $PM_{2.5}$ 浓度变化来看，$PM_{2.5}$ 浓度前期上升速度很快，从良升至重度污染仅用了 7 h，并且在重度污染级别维持了 26 h，污染持续时间相对较长。

(2)根据地面天气形势分型，此次污染过程属于冷空气型，上海市位于高压底前部。分析污染时段的风速风向发现，此次污染过程主导风向为西北风或西到西北风，来自陆地的风有利于将上游的 $PM_{2.5}$ 输送至本地，后期随着污染气团过境，$PM_{2.5}$ 仍然可以降回良等级。从风速变化来看，上海市地面风速较大，没有静风出现，有利于污染气团的快速过境，但由于此次污染过程污染范围很广，污染带很宽，因此，污染气团过境用时仍较长。另外，污染过程后期风向没有转向海上，没有来自海上的洁净空气的稀释作用，这可能是导致此次污染过程持续时间较长的另一个重要原因。

(3)分析垂直环流发现，上海市除了受到地面西北风或西到西北风的输送影响，还有来自中低空污染物输送沉降的影响。后向轨迹分析进一步证明上海市 $PM_{2.5}$ 污染主要来源于上游地区（江苏省和山东省西部地区）。

4.6 2014 年 1 月 12 日污染过程

4.6.1 污染过程概述

2014 年 1 月 12 日上海市出现了 $PM_{2.5}$ 轻度污染过程，IAQI 为 115。图 4.6.1 给出了 12 日 00 时—13 日 12 时 $PM_{2.5}$ 小时浓度时序，从图上可以看到，12 日中午开始 $PM_{2.5}$ 浓度出现快速上升的过程，15 时达到轻度污染，19 时达到中度污染，20 时达到重度污染，从良升至重度污染仅用了 6 h，13 日 01 时出现峰值，浓度达 211.2 $\mu g/m^3$，之后 $PM_{2.5}$ 浓度快速下降，仅用 3 h 就降回良等级，污染过程结束。污染时段为 12 日 15 时—13 日 03 时，共 13 h，其中重度污染持续了 7 h，中度污染出现了 1 h，污染持续时间短，但短时污染程度重。

4.6.2 天气形势分析

图 4.6.2 给出了 1 月 12 日 20 时低空到高空的高度场。从图上可以看到，500 hPa

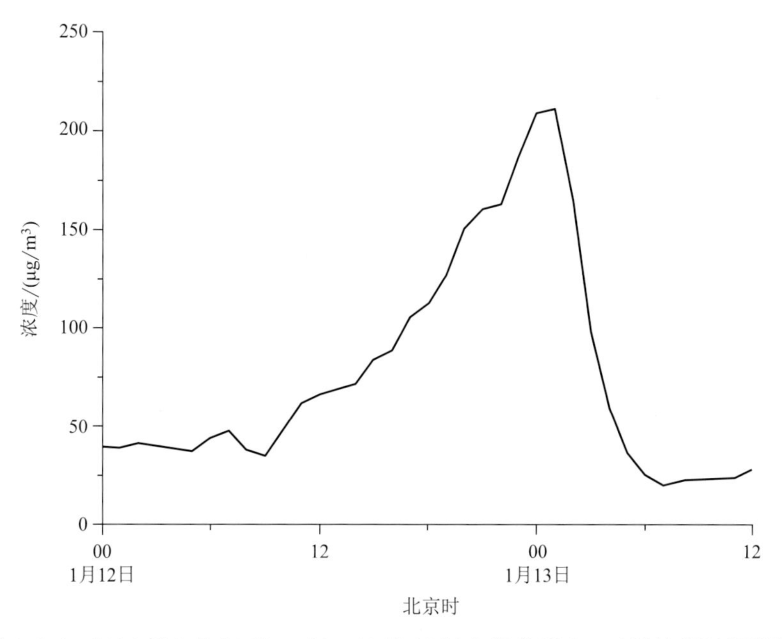

图 4.6.1 2014 年 1 月 12 日 00 时—13 日 12 时上海市 $PM_{2.5}$ 小时浓度时间序列

上海市受平直西风气流控制，700 hPa 和 850 hPa 上海市则位于槽后，受西北气流控制，水汽不足不会产生大强度降水，对 $PM_{2.5}$ 不会造成湿沉降作用，为 $PM_{2.5}$ 出现污染创造了有利条件。

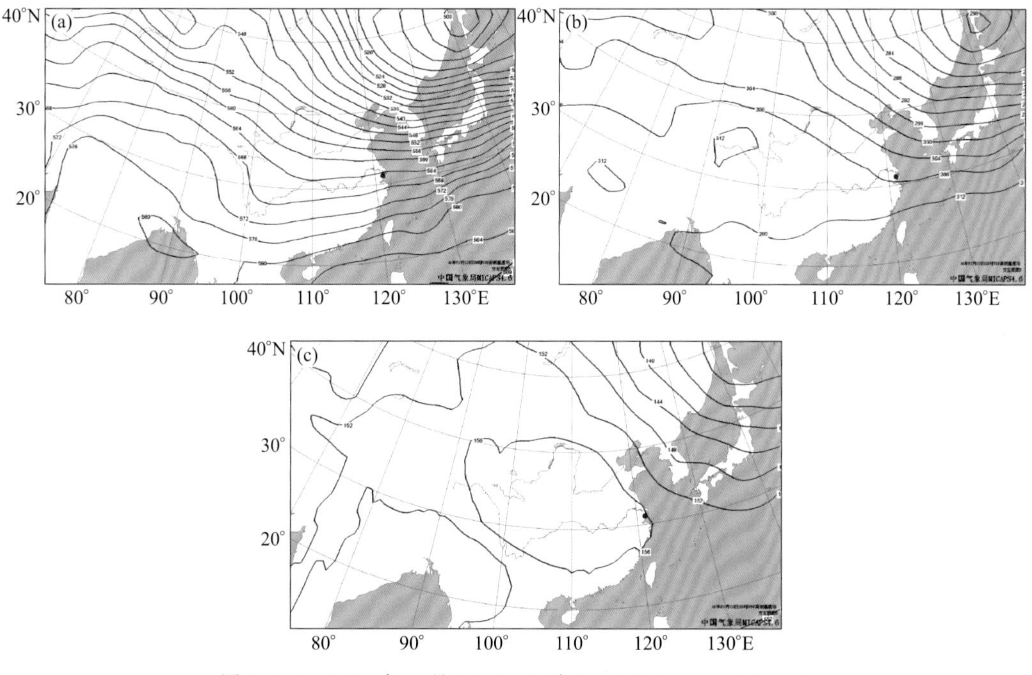

图 4.6.2 2014 年 1 月 12 日 20 时 500 hPa(a)、700 hPa(b)和 850 hPa(c)高度场(单位：dagpm；•：上海市位置)

图 4.6.3 给出了 1 月 12—13 日海平面气压场和地面风场，从图上可以看到，12 日 14 时(图 4.6.3a)上海市受冷空气影响，位于高压底前部，在内蒙古西部和东部地区各有 1 个高压中心，属于冷空气型，华东中北部地区有大片霾区，山东省东部地区—江苏省—上海市为一致的偏北风，有利于将上游污染物输送至上海市，导致 $PM_{2.5}$ 浓度上升出现污染天气(图 4.6.1)。到 13 日 02 时(图 4.6.3b)，随着高压系统逐渐东移南压，华东中北部大部分地区主导风向均转为东北风，上海市主导风向也顺转为东北风，来自海上的洁净空气有利于 $PM_{2.5}$ 浓度的稀释下降，因此，13 日 01 时以后 $PM_{2.5}$ 浓度出现迅速下降的过程，在 04 时降回良等级(图 4.6.1)，污染过程结束。

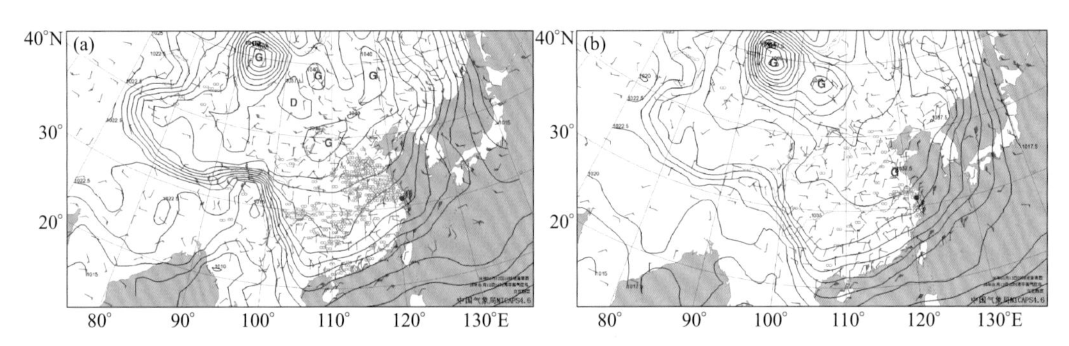

图 4.6.3 2014 年 1 月 12—13 日海平面气压场(单位：hPa)和地面风场(单位：m/s)(∞：霾区；•：上海市位置)
(a)12 日 14 时；(b)13 日 02 时

4.6.3 气象要素分析

分析 1 月 12 日 00 时—13 日 12 时上海市地面风向风速变化(图 4.6.4)可以看到，12 日 12 时以后上海市地面风速有所增大，大部分时段风速在 3 m/s 以上，最大风速达

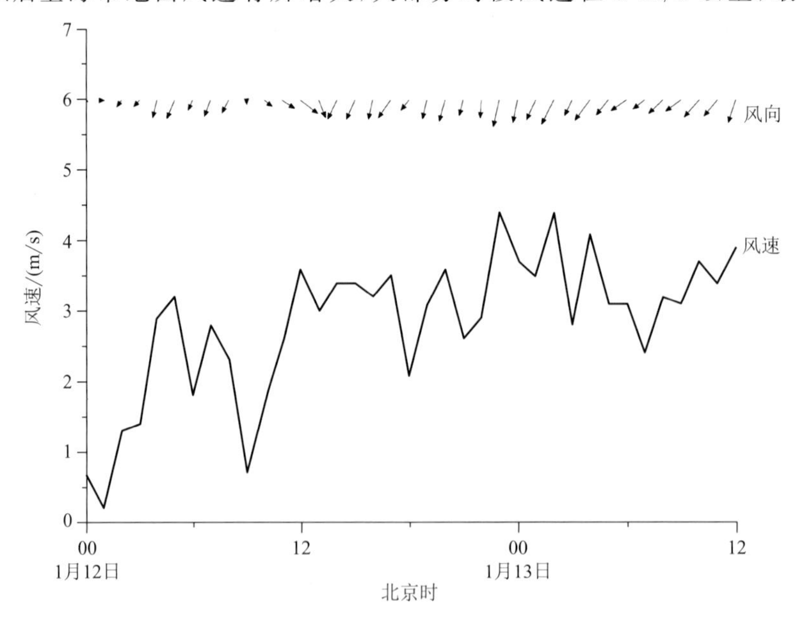

图 4.6.4 2014 年 1 月 12 日 00 时—13 日 12 时上海市地面风向风速变化时序

4.4 m/s,水平扩散条件较好,有利于污染气团的快速过境。从风向变化来看,12 日下午—夜间上海市地面风向基本以偏北风为主,有利于上游污染物输送至本地造成 $PM_{2.5}$ 污染,13 日 00 时以后上海市地面风向逐渐向东北方向顺转,来自海上的洁净空气有利于污染物的稀释下降。对照图 4.6.4 和图 4.6.1 可以看到,风向的变化基本与 $PM_{2.5}$ 浓度的变化相对应,进一步说明地面风向对于 $PM_{2.5}$ 出现污染起到至关重要的作用。

4.6.4 后向轨迹分析

为了进一步验证 $PM_{2.5}$ 的来源,选取上海市作为气团后向轨迹的终点,研究此次污染过程。图 4.6.5 给出了 1 月 12 日 14 时不同高度的气团到达上海市的轨迹,从图上可以看到 12 日 100 m 和 500 m 的气团都是从江苏省东南部地区(南通市)到达上海市的,气团在 12 日 02 时以前有下沉现象,但 02 时以后就没有下沉现象了;1500 m 的气团则是由江苏省东北部地区经海上再由江苏省东南部地区到达上海市的,气团在 12 日 08 时以前有明显的下沉现象,08 时以后下沉现象则不明显。后向轨迹图进一步说明此次过程上海市 $PM_{2.5}$ 污染主要来自江苏省东南部地区。

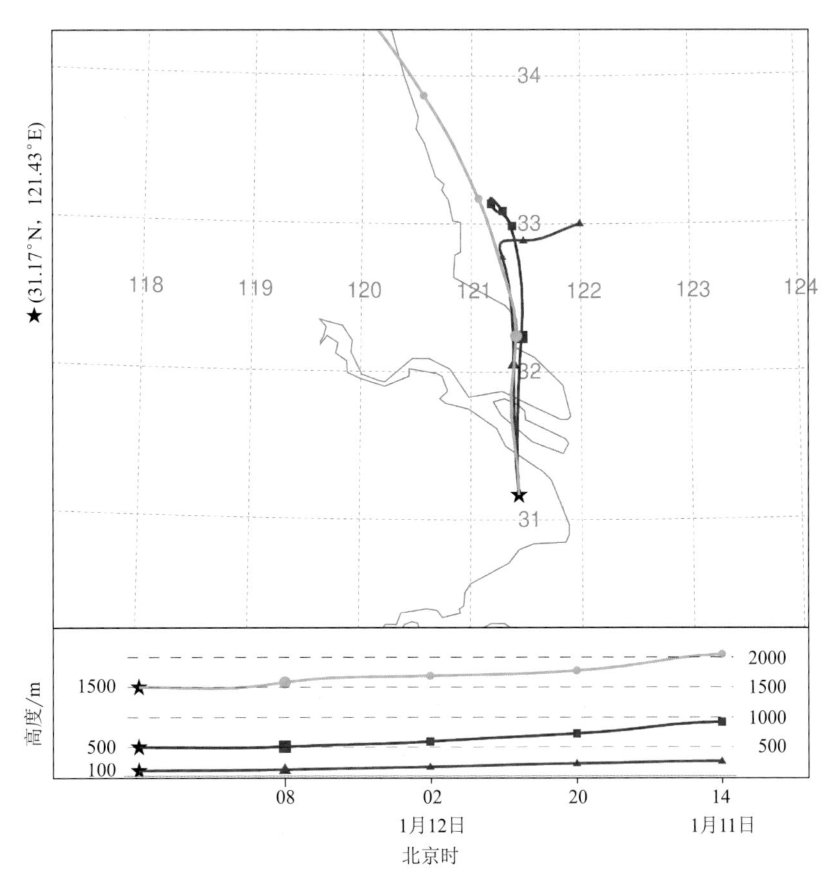

图 4.6.5 2014 年 1 月 12 日 14 时不同高度气团到达上海市的后向轨迹图

4.6.5 小结

(1)2014 年 1 月 12 日上海市出现了 $PM_{2.5}$ 轻度污染天气,此次污染过程主要由上游污染物输送造成,属于输送型污染。从 $PM_{2.5}$ 浓度变化来看,$PM_{2.5}$ 浓度出现了骤升骤降的现象,从良升至重度污染仅用了 6 h,而从重度污染降回良等级仅用了 3 h,整个污染过程持续时间短,但出现了 7 h 的重度污染。

(2)根据地面天气形势分型,此次污染过程属于冷空气型,上海市位于高压底前部,受偏北风的输送影响。分析污染时段的风速风向发现,此次污染过程上海市地面风速较大,没有静风出现,有利于污染气团的快速过境。另外,风向的变化对于 $PM_{2.5}$ 浓度有重要影响,来自陆地的风有利于上游 $PM_{2.5}$ 输送至本地,而来自海上的洁净空气则有利于 $PM_{2.5}$ 浓度的下降。

(3)后向轨迹分析证明了上海市 $PM_{2.5}$ 污染主要来源于上游地区(江苏省东南部地区)。

4.7 2014 年 1 月 25 日污染过程

4.7.1 污染过程概述

2014 年 1 月 25 日上海市出现了 $PM_{2.5}$ 轻度污染过程,IAQI 为 130。图 4.7.1 给出了 25 日 00 时—26 日 12 时 $PM_{2.5}$ 小时浓度时序,从图上可以看到,25 日上午 $PM_{2.5}$ 浓度有一个快速上升的过程,11 时达到轻度污染,12 时达到重度污染,15 时达到严重污染,从良升至严重污染仅用了 5 h,平均每小时升幅达到 42.2 μg/m^3,16 时出现峰值,浓度达

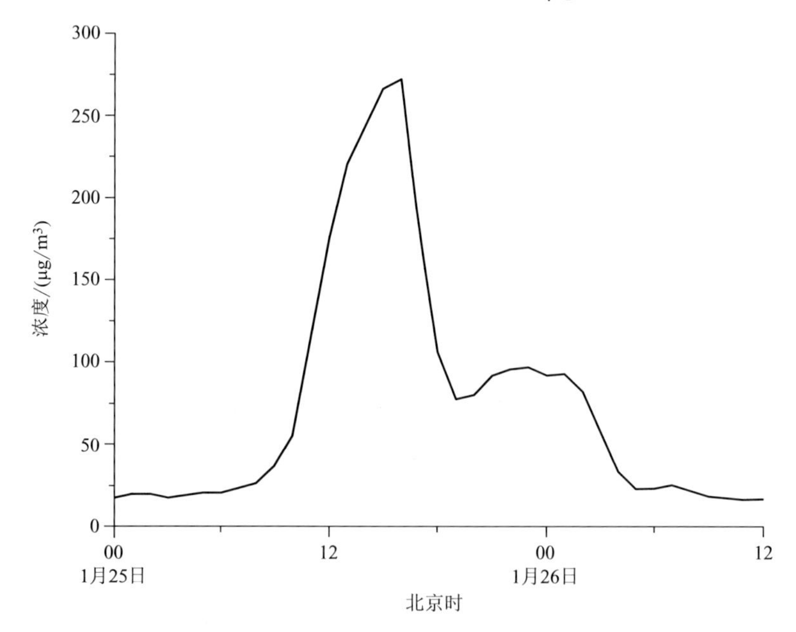

图 4.7.1 2014 年 1 月 25 日 00 时—26 日 12 时上海市 $PM_{2.5}$ 小时浓度时间序列

272.4 $\mu g/m^3$，之后 $PM_{2.5}$ 浓度快速下降，降至轻度污染后，25 日 19 时—26 日 01 时 $PM_{2.5}$ 浓度略有回升，一直维持在轻度污染级别，26 日 01 时以后 $PM_{2.5}$ 浓度再次下降，于 03 时降回良等级，污染过程结束。污染时段为 25 日 11 时—26 日 02 时，共 16 h，其中出现了 2 h 严重污染、4 h 重度污染，污染持续时间短，但短时污染程度重。

4.7.2 天气形势分析

图 4.7.2 给出了 1 月 25 日 20 时低空到高空的高度场。从图上可以看到，500 hPa、700 hPa 和 850 hPa 上海市都位于槽后，受西北气流控制，水汽不足不会产生大强度降水，对 $PM_{2.5}$ 不会造成湿沉降作用，此种环流配置为 $PM_{2.5}$ 出现污染创造了有利条件。

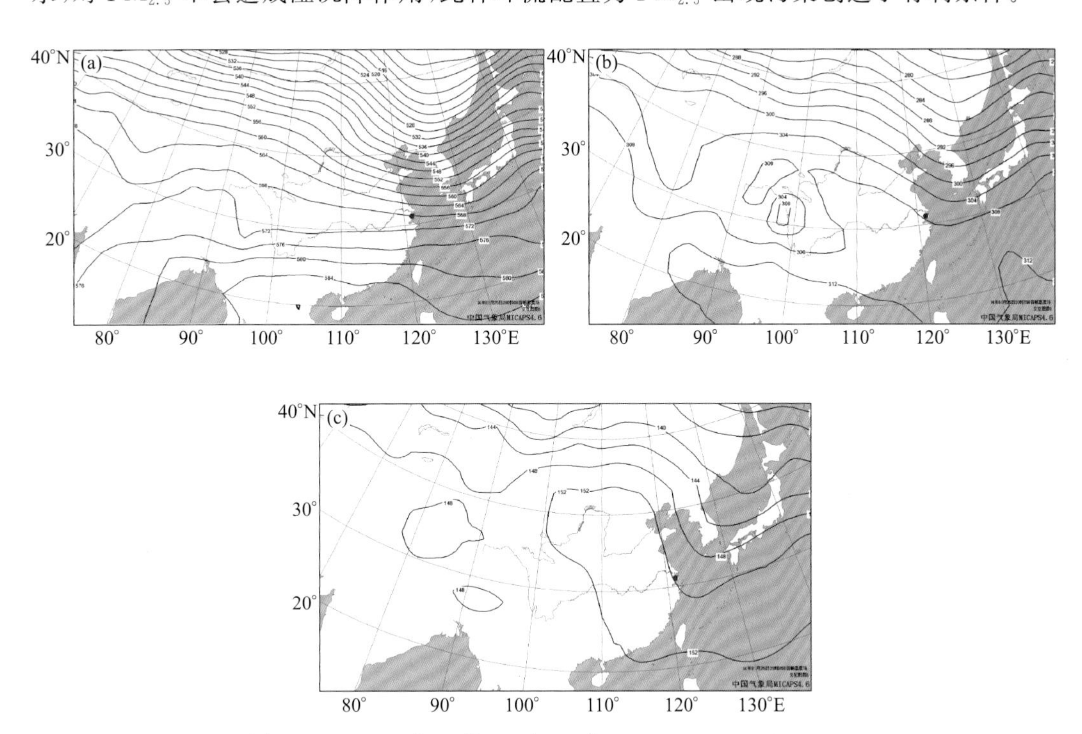

图 4.7.2 2014 年 1 月 25 日 20 时 500 hPa(a)、700 hPa(b) 和 850 hPa(c)高度场(单位：dagpm；•：上海市位置)

图 4.7.3 给出了 1 月 25—26 日海平面气压场和地面风场，从图上可以看到，25 日 08 时(图 4.7.3a)上海市位于低压底后部，主导风向为偏南风，北方有一股冷空气正在扩散南下，冷空气前锋已经到达江苏省和安徽省北部地区，高压中心位于蒙古国，此时冷空气影响区域已经出现大片霾区(我国京津冀地区、华中中北部地区及华东中北部地区)。到 25 日 14 时(图 4.7.3b)，随着冷空气进一步扩散南下，霾区也逐渐向南移动，上海市已经受到冷空气影响，位于高压底部，高压中心位于内蒙古的中东部地区，为冷空气型，上海市主导风向转为西北风，受西北风输送影响，25 日上午开始上海市 $PM_{2.5}$ 浓度出现迅速上升过程(图 4.7.1)。25 日 17 时(图 4.7.3c)高压系统进一步东移南压，江苏省主导风向逐渐转为东北风，不再有利于其境内污染物源源不断地向上海市输送，因此，从

图 4.7.1 可以看到，25 日下午开始上海市 $PM_{2.5}$ 浓度出现下降过程，但由于上海市主导风向仍然是西北风，上海市 $PM_{2.5}$ 浓度在下降至轻度污染级别后维持了一段时间。到 26 日 02 时(图 4.7.3d)随着高压中心继续东移南压，上海市主导风向也开始向东北方向顺转，来自海上的洁净空气有利于 $PM_{2.5}$ 浓度的稀释下降，上海市 $PM_{2.5}$ 浓度降回良等级(图 4.7.1)，污染过程结束。

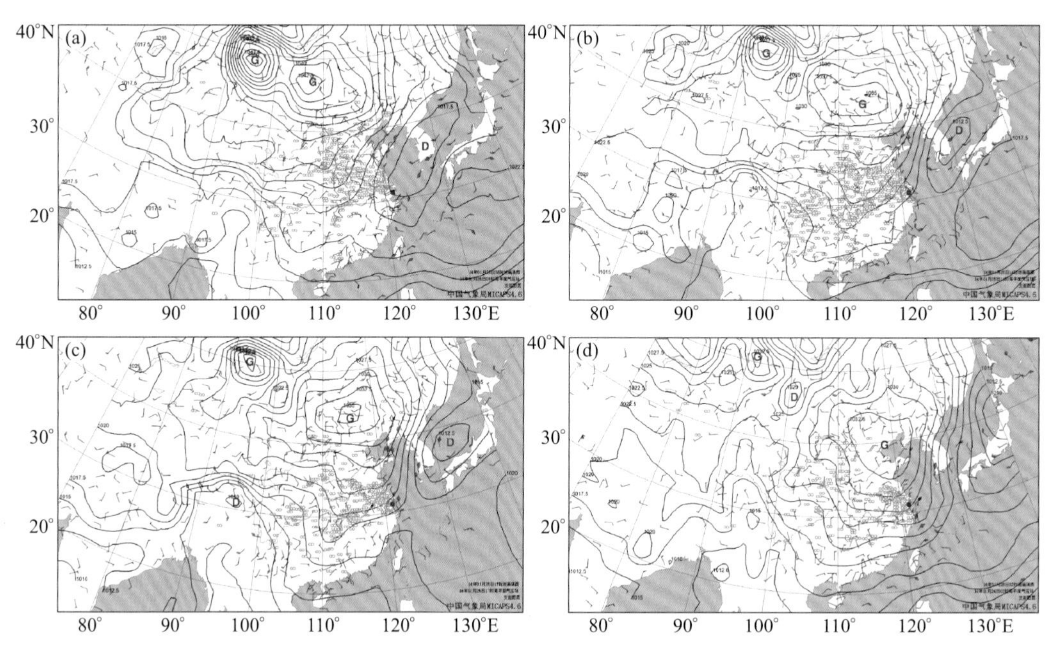

图 4.7.3　2014 年 1 月 25—26 日海平面气压场(单位：hPa)和地面风场(单位：m/s)(∞：霾区；•：上海市位置)

(a)25 日 08 时；(b)25 日 14 时；(c)25 日 17 时；(d)26 日 02 时

4.7.3　气象要素分析

分析 1 月 25 日 00 时—26 日 12 时上海市地面风向风速变化(图 4.7.4)可以看到，25 日 09 时以前上海市地面风速是一个减小的过程，09 时以后随着冷空气开始影响上海市，地面风速有一个增大的过程，污染时段内(25 日 11 时—26 日 02 时)风速均在 2 m/s 以上，最大风速达 3.8 m/s，水平扩散条件较好，有利于污染气团的快速过境，26 日 02 时以后随着高压中心东移南压，上海市地面风速有一个明显减小的过程；从风向变化来看，25 日随着冷空气影响上海市，上海市主导风向由偏南风逐渐顺转向西北风，有利于上游污染物输送至本地造成 $PM_{2.5}$ 污染，26 日 02 时以后，随着高压中心东移南压，上海市主导风向继续向东北方向顺转，虽然风速较前期有所减小，但来自海上的洁净空气有利于污染物的稀释下降，$PM_{2.5}$ 浓度降回良等级(图 4.7.1)，污染过程结束。综上所述，风向风速的变化对 $PM_{2.5}$ 浓度的变化起着重要作用。

4.7.4　垂直环流分析

由前文分析可知，污染期间上海市主导风向为西北风，在其上游地区有大片霾区，因

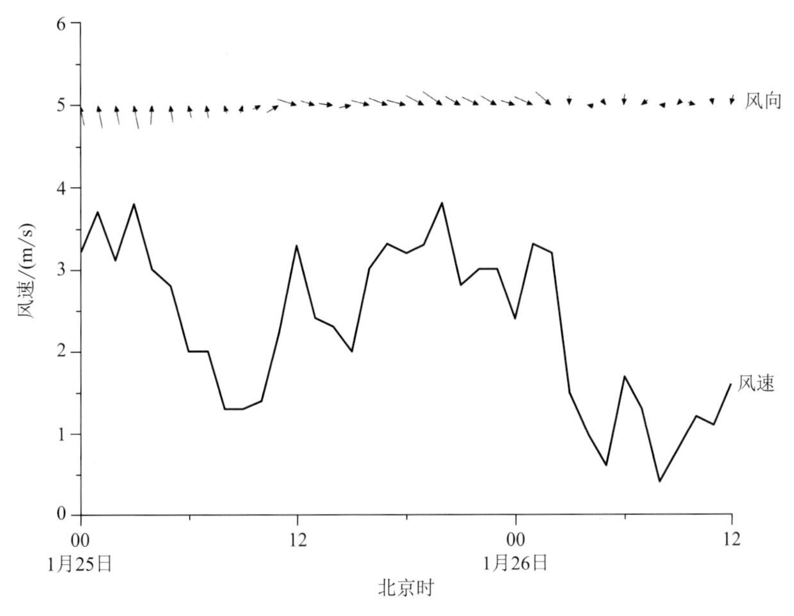

图 4.7.4 2014 年 1 月 25 日 00 时—26 日 12 时上海市地面风向风速变化时序

此，利用 1 月 25 日 NCEP 每 6 h 一次的 FNL 1°×1°再分析资料，从安徽省中部地区(淮南市)至上海市做垂直环流剖面图(图 4.7.5，该图中制作垂直环流时将垂直速度扩大了 100 倍)。从图上可以看到，119°E 以西 700 hPa 以下为上升气流，而 119°—122°E 925 hPa 以下以下沉气流为主，上海市的气团主要来源于 119°E 附近(安徽省滁州市—江苏省南京市)，两地之间存在这样一条输送通道，首先 119°E 附近的污染物先随着上升气流到达中低空，然后随着一致的西北气流到达上海市上空，最后污染物再随下沉气流沉降到近地面，同时叠加地面西北风的输送，从而造成 $PM_{2.5}$ 污染(图 4.7.1)。

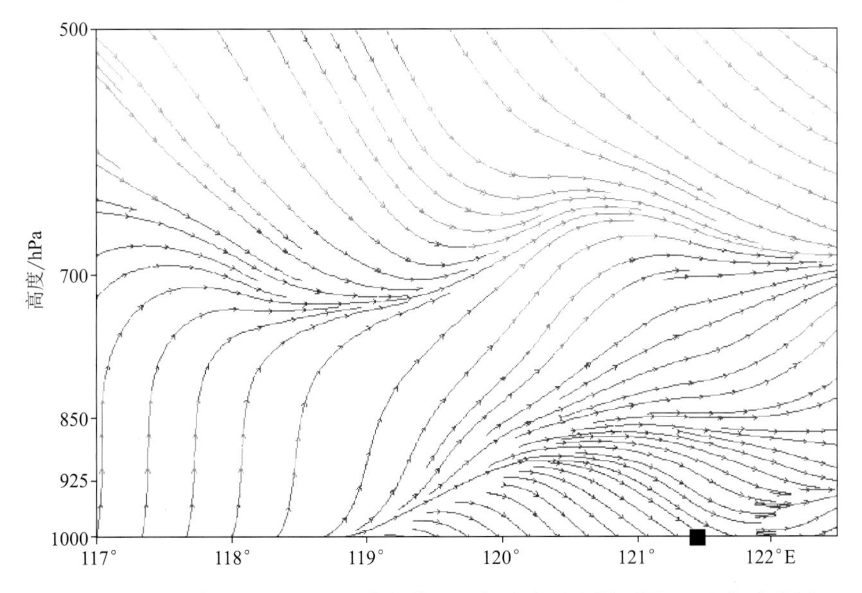

图 4.7.5 2014 年 1 月 25 日 14 时安徽—上海垂直环流剖面图(■:上海市位置)

4.7.5 后向轨迹分析

为了进一步验证 $PM_{2.5}$ 的来源，选取上海市作为气团后向轨迹的终点，研究此次污染过程。图 4.7.6 给出了 1 月 25 日 14 时不同高度的气团到达上海市的轨迹，从图上可以看到，100 m 和 500 m 的气团来自安徽省中部和北部地区，经江苏省到达上海市，1500 m 的气团路径更偏南，主要从安徽省和江苏省南部地区到达上海市，不同高度的气团均没有出现下沉现象。后向轨迹图进一步说明此次过程上海市 $PM_{2.5}$ 污染主要来自安徽省和江苏省。

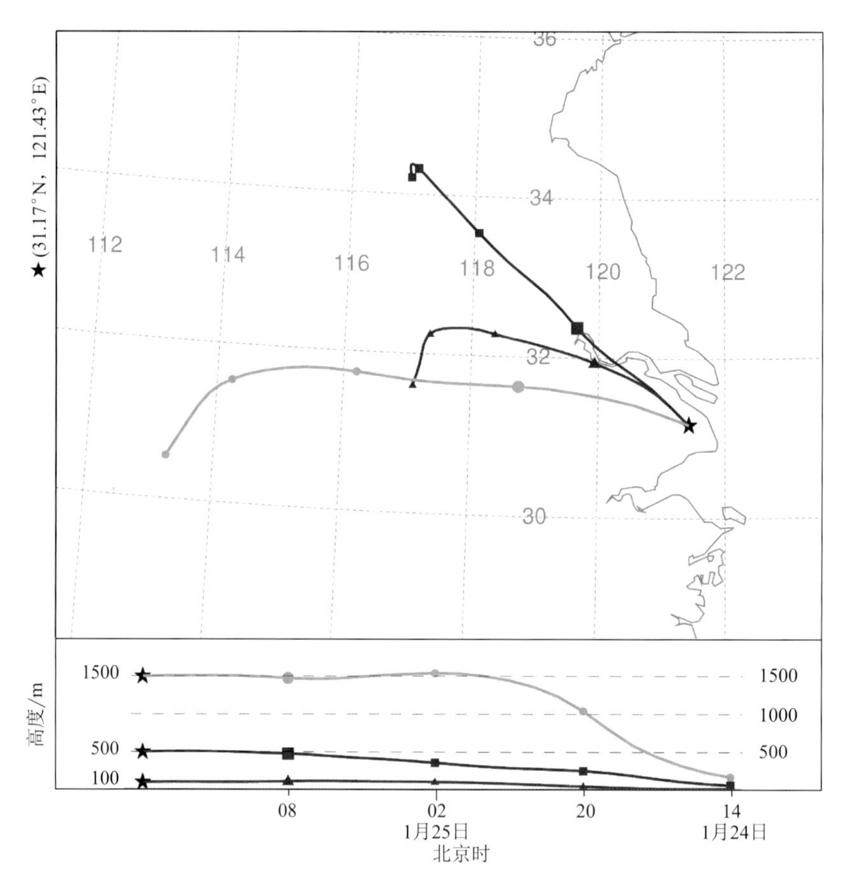

图 4.7.6　2014 年 1 月 25 日 14 时不同高度气团到达上海市的后向轨迹图

4.7.6 小结

(1)2014 年 1 月 25 日上海市出现了 $PM_{2.5}$ 轻度污染天气，此次污染过程主要由上游污染物输送造成，属于输送型污染。从 $PM_{2.5}$ 浓度变化来看，$PM_{2.5}$ 浓度前期上升速度很快，从良升至严重污染仅用了 5 h，整个污染过程持续时间短，但出现了 2 h 严重污染。

(2)根据地面天气形势分型，此次污染过程属于冷空气型，上海市位于高压底部，受西北风的输送影响。分析污染时段的风速风向发现，此次污染过程上海市地面风速较大，没有静风时段，有利于污染气团的快速过境。另外，风向的变化对于 $PM_{2.5}$ 浓度有重要影响，来自陆地的风有利于上游 $PM_{2.5}$ 输送至本地，而来自海上的洁净空气则有利于 $PM_{2.5}$ 浓度的下降。

(3)分析垂直环流发现，上海市除了受到地面西北风的输送影响，还有来自中低空污染物输送沉降的影响。后向轨迹分析进一步证明上海市 $PM_{2.5}$ 污染主要来源于上游地区的安徽省和江苏省。

4.8 2015年12月14—15日污染过程

4.8.1 污染过程概述

2015年12月14—15日上海市出现了连续2 d的 $PM_{2.5}$ 污染过程(图4.8.1a)，分别达到中度和重度污染级别。图4.8.1b给出了13日21时—16日09时 $PM_{2.5}$ 小时浓度时序，从图上可以看到，13日夜间开始 $PM_{2.5}$ 浓度是一个振荡上升的过程，23时达到轻度污染级别，14日08时达到中度污染级别，15时达到重度污染级别，15日02时达到严重污染级别，07时出现此次污染过程小时浓度最大值，为273.7 μg/m³，之后浓度开始下降，17时以后浓度略有回升，21时以后浓度再次出现下降过程，16日06时浓度降回良等级，污染过程结束。污染时段为13日23时—16日05时，共55 h，其中出现了7 h严重污染、30 h重度污染，短时污染程度重，污染持续时间较长。

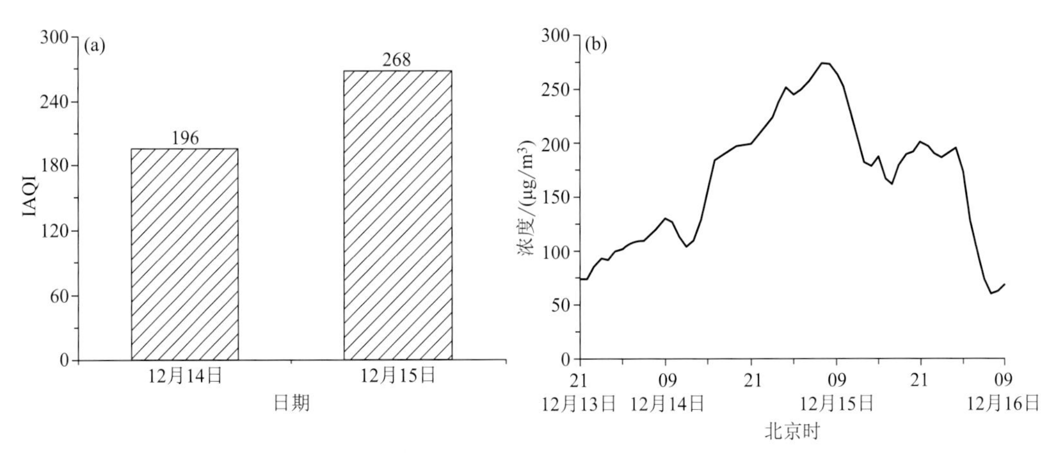

图4.8.1 2015年12月14—15日上海市 $PM_{2.5}$ IAQI(a)和13日21时—16日09时 $PM_{2.5}$ 小时浓度(b)时间序列

4.8.2 天气形势分析

图4.8.2给出了12月14—15日低空到高空的高度场。从图上可以看到，14日08时(图4.8.2a、c、e)500 hPa上海市位于脊上，受偏西气流控制，700 hPa上海市位于槽前，受西南气流影响，而850 hPa上海市则位于槽上，受偏西气流控制，到15日08时

(图 4.8.2b、d、f)，500 hPa 和 700 hPa 上海市位于槽前，受西南气流影响，850 hPa 上海市则转受槽后西北气流控制。14—15 日上海市上空不是一致的槽前西南气流影响，其环流配置不利于产生大强度的降水，不会对 $PM_{2.5}$ 产生湿沉降作用，有利于污染的持续。

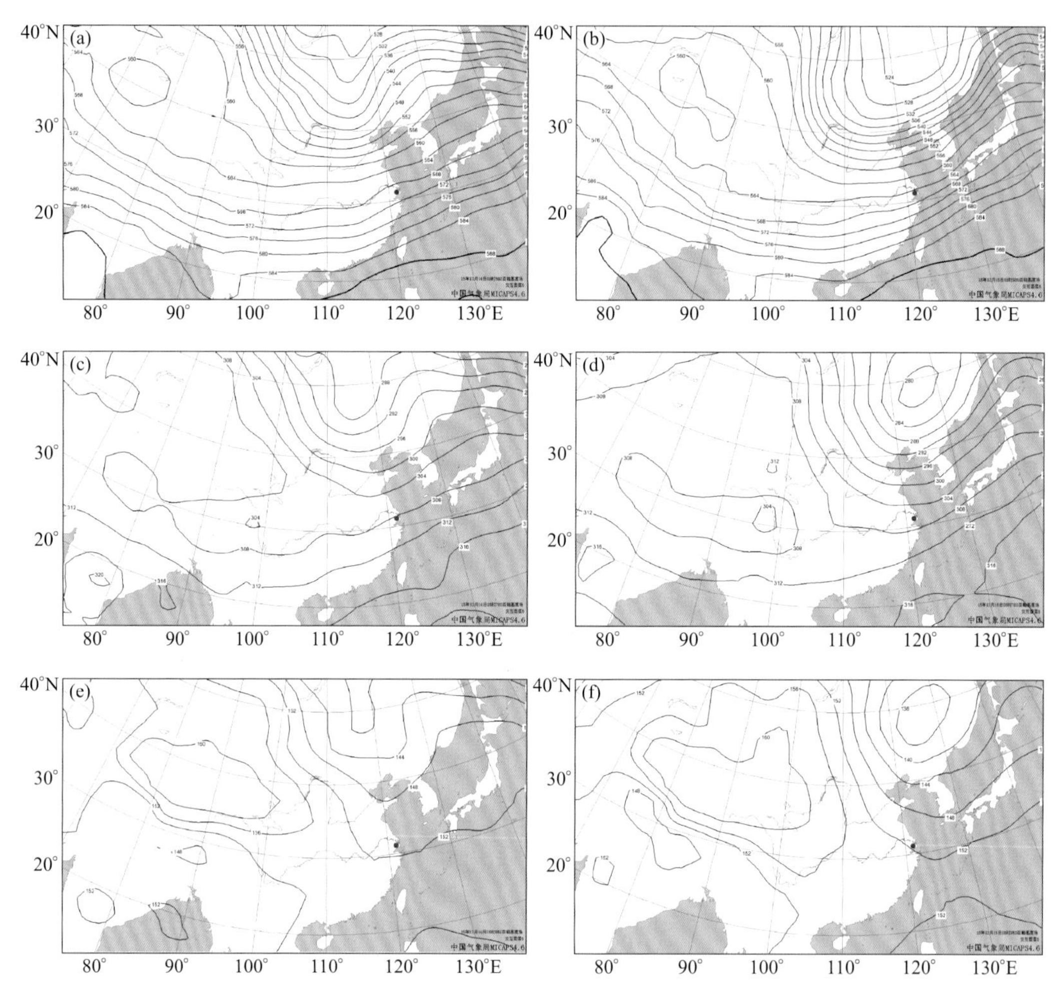

图 4.8.2　2015 年 12 月 14 日 08 时 500 hPa(a)、700 hPa(c)、850 hPa(e)及 15 日 08 时 500 hPa(b)、700 hPa(d)、850 hPa(f)高度场(单位：dagpm；•：上海市位置)

图 4.8.3 给出了 12 月 14—16 日海平面气压场和地面风场，从图上可以看到，14 日 08 时(图 4.8.3a)上海市受冷空气影响，位于高压底前部，高压中心位于蒙古国西北部地区，属于冷空气型，上海市主导风向为西到西北风，河北省南部地区、河南省中东部地区、湖北省北部地区、山东省、安徽省及江苏省有大片霾区，受冷空气输送影响，上海市自 13 日夜间开始 $PM_{2.5}$ 浓度出现上升过程(图 4.8.1b)；15 日 08 时(图 4.8.3b)上海市持续受到冷空气输送影响，主导风向仍然为西到西北风，从图上可以看到，在持续冷空气输送的影响下，霾区整体向东南方向移动；15 日 20 时(图 4.8.3c)，在冷空气的作用下，霾区继续向东南方向移动，河北省、河南省、山东省、湖北省、安徽省和江苏省北部地区已没有霾区，霾区范围较 08 时有所减小，上游地区污染过程逐渐结束，上海市 $PM_{2.5}$ 浓度也自 15

日上午开始出现下降过程(图 4.8.1b);16 日 05 时(图 4.8.3d),霾区范围进一步缩小,江苏省和安徽省已没有霾区,上海市 $PM_{2.5}$ 浓度也在 06 时降回良等级(图 4.8.1b),污染过程结束。综上所述,14—16 日上海市持续受到冷空气影响,主导风向为西到西北风,有利于将上游污染物输送至本地,整个污染过程风向没有发生变化,导致 $PM_{2.5}$ 浓度下降的原因是在持续冷空气输送作用下的污染气团过境,此次污染过程污染范围广,自北向南波及多个省份,因此,污染气团完全过境需要较长的时间,从而导致上海市出现了 55 h 污染。

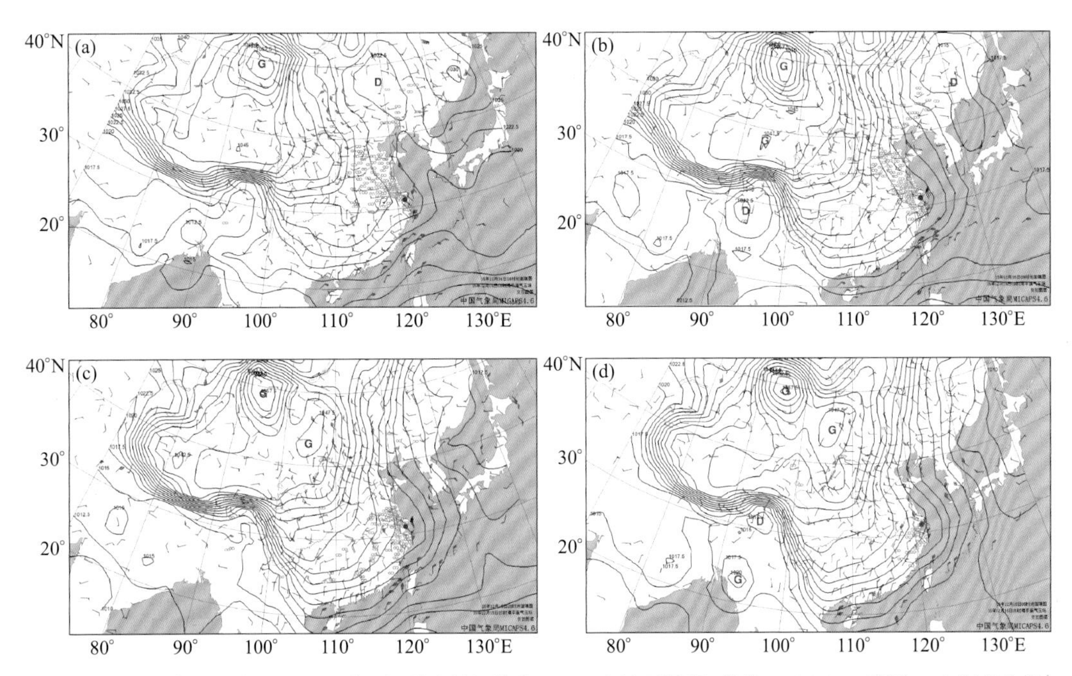

图 4.8.3 2015 年 12 月 14—16 日海平面气压场(单位: hPa)和地面风场(单位:m/s)(∞:霾区;•:上海市位置)
(a)14 日 08 时;(b)15 日 08 时;(c)15 日 20 时;(d)16 日 05 时

4.8.3 气象要素分析

分析 12 月 13 日 21 时—16 日 09 时上海市地面风向风速变化(图 4.8.4)可以看到,13 日夜间—14 日中午地面风速是一个增大的过程,14 日中午以后风速减小,夜间风速再次增大,污染时段内(13 日 23 时—16 日 05 时),除个别时次,地面风速均在 2 m/s 以上,最大风速达 5.4 m/s,水平扩散条件总体较好,有利于污染气团的快速过境。从风向变化来看,上海市地面风向始终以西到西北风为主,来自陆地的风可以将上游污染物输送至本地造成 $PM_{2.5}$ 污染,但随着污染气团的过境,$PM_{2.5}$ 浓度仍然降回了良等级。由前文分析可知,此次污染过程污染范围广,自北向南波及多个省份,因此,虽然地面风速较大,但由于污染带很宽,污染气团过境用时仍然较长。另外,此次污染过程后期风向没有转向海上,没有来自海上的洁净空气的稀释作用,这可能是导致此次污染过程持续时间较长的另一个重要原因。

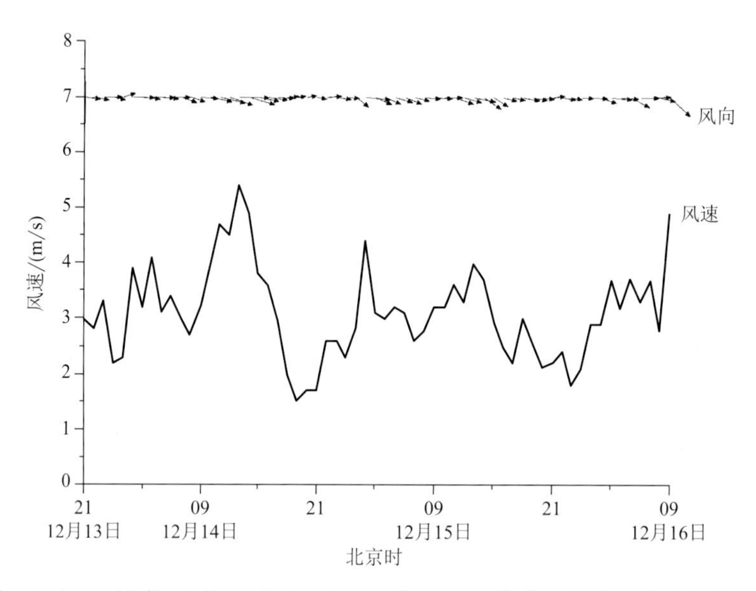

图 4.8.4　2015 年 12 月 13 日 21 时—16 日 09 时上海市地面风向风速变化时序

4.8.4　垂直环流分析

由前文分析可知，污染期间上海市主导风向为西到西北风，在其上游地区有大片霾区，因此利用 12 月 14—15 日 NCEP 每 6 h 一次的 FNL 1°×1°再分析资料，从安徽省北部地区（亳州市）至上海市做垂直环流剖面图（图 4.8.5，该图中制作垂直环流时将垂直速度扩大了 100 倍）。从图 4.8.5a 可以看到，14 日上海市上空 925 hPa 以下垂直运动不明显，污染主要来源于 120°—121°E（江苏省南部地区）的近地面输送；15 日（图 4.8.5b）安徽省—上海市的垂直环流较 14 日有所不同，120°—121°E（江苏省南部地区）850 hPa 以下有上升运动，而上海市上空以下沉运动为主，污染物先通过上升运动到达中低空，再随西北气流输送至上海市上空，最后随下沉气流沉降至近地面，同时叠加地面西到西北风的输送，从而造成污染（图 4.8.1b）。

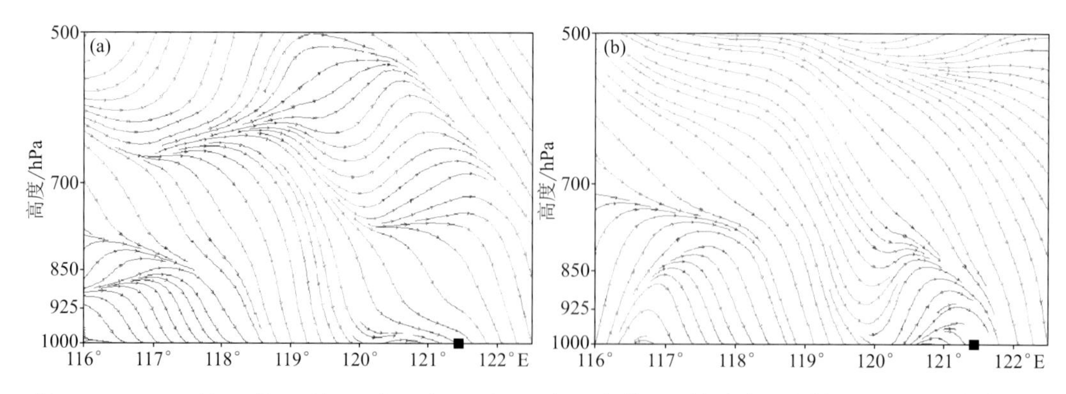

图 4.8.5　2015 年 12 月 14 日 20 时(a)和 15 日 20 时(b)安徽—上海垂直环流剖面图(■:上海市位置)

4.8.5 后向轨迹分析

为了进一步验证 $PM_{2.5}$ 的来源，选取上海市作为气团后向轨迹的终点，研究此次污染过程。图 4.8.6 给出了 12 月 14—15 日不同高度的气团到达上海市的轨迹，从图 4.8.6a 可以看到，14 日 20 时不同高度的气团来向一致，均来自上海市西北方向，1500 m 的气团主要来源于安徽省西北部地区，然后经江苏省中南部地区到达上海市，而 100 m 和 500 m 的气团来自江苏省西北部地区，然后经江苏省中南部地区到达上海市，另外 1500 m 和 100 m 的气团都有下沉现象。15 日 20 时(图 4.8.6b)，1500 m 的气团来向与 14 日基本一致，但 100 m 和 500 m 的气团较 14 日更偏东一些，从山东省南部地区和江苏省北部地区到达上海市，1500 m 和 500 m 的气团有不同程度的下沉现象。后向轨迹图说明此次污染过程安徽省、江苏省及山东省对上海市都有一定程度的输送贡献。

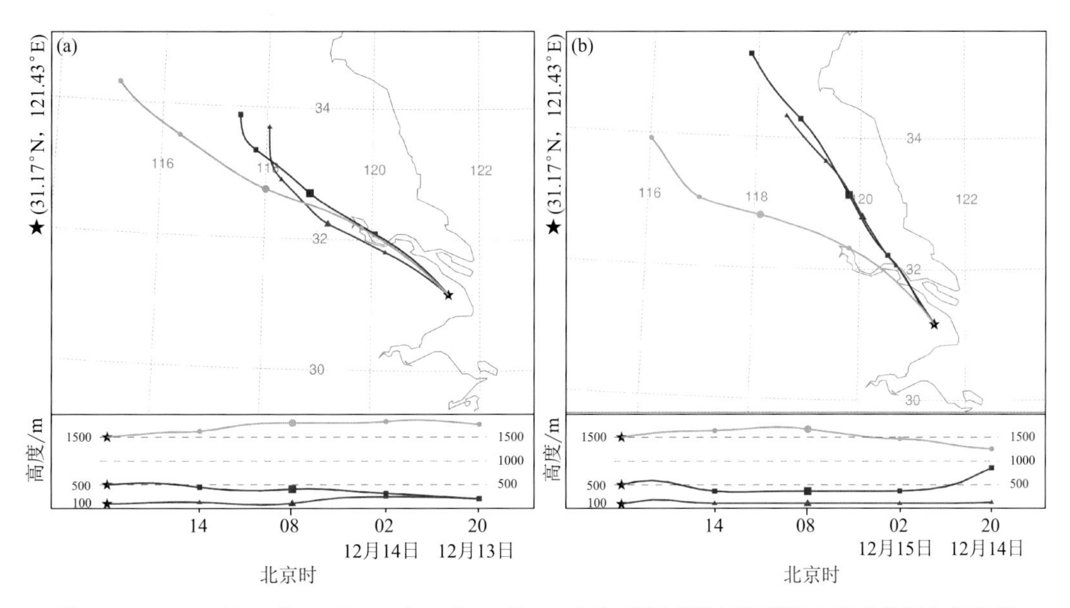

图 4.8.6 2015 年 12 月 14 日 20 时(a)和 15 日 20 时(b)不同高度气团到达上海市的后向轨迹图

4.8.6 小结

(1)2015 年 12 月 14—15 日上海市出现了连续 2 d 的 $PM_{2.5}$ 污染天气，其中 14 日为中度污染，15 日达到了重度污染。此次污染过程主要由上游污染物输送造成，属于输送型污染。从 $PM_{2.5}$ 浓度变化来看，污染共持续了 55 h，其中出现了 7 h 严重污染、30 h 重度污染，短时污染程度重，污染持续时间较长。

(2)根据地面天气形势分型，此次污染过程属于冷空气型，上海市位于高压底前部，受西到西北风的输送影响。分析污染时段的风速风向发现，此次污染过程主导风向为西到西北风，来自陆地的风有利于将上游 $PM_{2.5}$ 输送至本地，后期随着污染气团过境，$PM_{2.5}$ 降回良等级。从风速变化来看，上海市地面风速较大，有利于污染气团的快速过境，但由于此次污染过程污染范围很广，自北向南波及多个省份，因此，污染气团过境用时长。另外，污染过程后期风向没有转向海上，没有来自海上的洁净空气的稀释作用，这可能是导致此次污染过程持续时间长的另一个重要原因。

(3)分析垂直环流发现，上海市 14 日主要受到地面西到西北风的输送影响，而 15 日除了受到地面输送的影响外，还有来自中低空污染物输送沉降的影响。后向轨迹分析进一步证明此次污染过程安徽省、江苏省及山东省对上海市都有一定程度的 $PM_{2.5}$ 输送。

4.9 2016 年 2 月 20 日污染过程

4.9.1 污染过程概述

2016 年 2 月 20 日上海市出现了 $PM_{2.5}$ 轻度污染过程，IAQI 为 103。图 4.9.1 给出了 20 日 $PM_{2.5}$ 小时浓度时序，从图上可以看到，20 日 00 时开始 $PM_{2.5}$ 浓度有一个快速上升的过程，01 时达到轻度污染，05 时达到中度污染，06 时达到重度污染，07 时出现此次污染过程小时浓度最大值，为 152.1 $\mu g/m^3$，07 时以后 $PM_{2.5}$ 浓度迅速下降，13 时降回良等级，污染过程结束。污染时段为 20 日 01—12 时，共 12 h，其中出现了 2 h 重度污染、3 h 中度污染，污染持续时间很短，污染过程很快，但短时污染程度重。

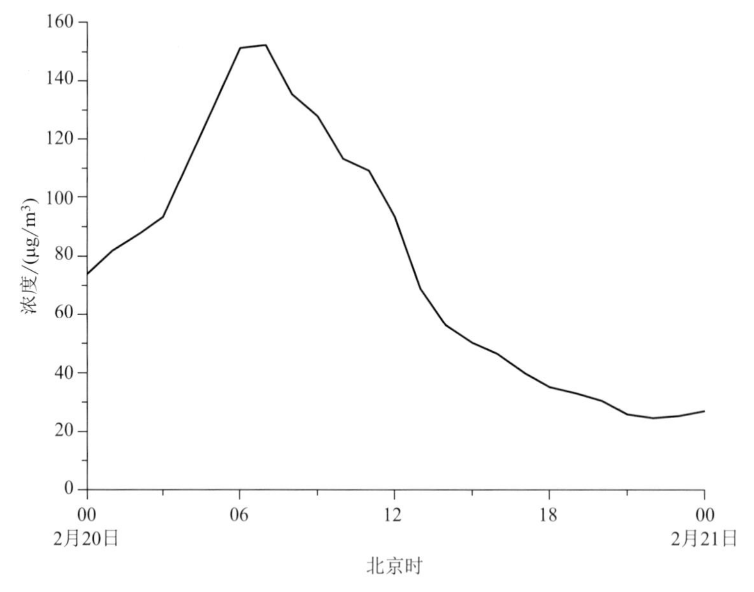

图 4.9.1 2016 年 2 月 20 日上海市 $PM_{2.5}$ 小时浓度时间序列

4.9.2 天气形势分析

分析 2 月 20 日 08 时低空到高空的高度场(图 4.9.2)可以看到，500 hPa 上海市位于槽前，受西南气流控制，而 700 hPa 和 850 hPa 则位于槽后，受西北气流影响。上海市上空不是一致的槽前西南气流影响，其高低空环流配置不利于产生大强度的降水，不会对$PM_{2.5}$产生湿沉降作用，有利于污染的持续。

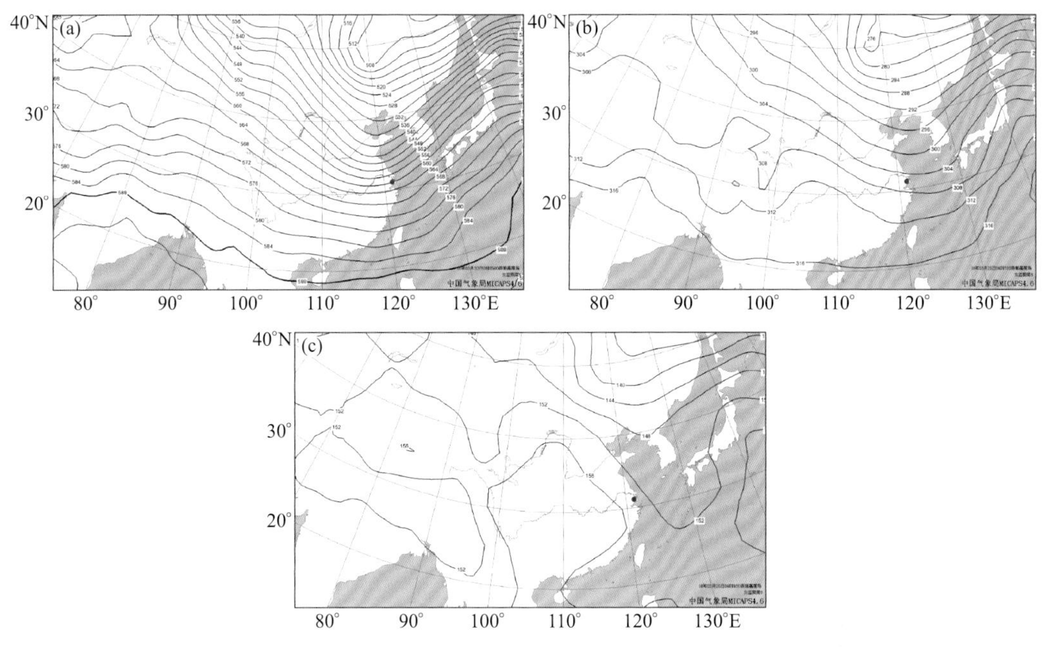

图 4.9.2　2016 年 2 月 20 日 08 时 500 hPa(a)、700 hPa(b)和 850 hPa(c)高度场(单位：dagpm；•：上海市位置)

图 4.9.3 给出了 2 月 20 日海平面气压场和地面风场，从图上可以看到，20 日 02 时(图 4.9.3a)上海市受冷空气影响，位于高压底前部，两个高压中心均位于蒙古国，为冷空气型，上海市主导风向为西北风，霾区主要集中在江苏省和安徽省中南部地区，范围较小，带宽较窄，受冷空气输送影响，上海市自 20 日起 $PM_{2.5}$ 浓度出现快速上升过程(图 4.9.1)；20 日 11 时(图 4.9.3b)随着高压中心逐渐东移南压，华东中北部内陆地区主导风向逐渐转向北到东北风，沿海地区仍然以西北风为主，随着冷空气向南扩散，华东中北部沿海地区霾区向东南方向移动，主要集中在江苏省东南部地区、上海市及浙江省中南部地区，江苏省中北地区及安徽省中东部地区污染过程已结束，而华东中北部内陆地区由于其主导风向已经转向北到东北风，其霾区不再向东南方向移动，而是向西南方向移动，对上海市不再有输送影响，上海市 $PM_{2.5}$ 浓度也自 20 日 07 时以后迅速下降(图 4.9.1)，随着污染气团完全过境，上海市污染过程结束。此次污染过程，上海市主导风向为西北风，有利于将上游污染物输送至本地，整个污染过程风向没有发生变化，由于此次污染过程污染范围较小，污染带较窄，因此，污染气团过境较快，污染持续时间很短。

4.9.3　气象要素分析

图 4.9.4 给出了 2 月 20 日上海市地面风向风速变化时序，从图上可以看到，随着冷空气的向南扩散，上海市地面风速有一个明显增大的过程，污染时段内(20 日 01—12 时)

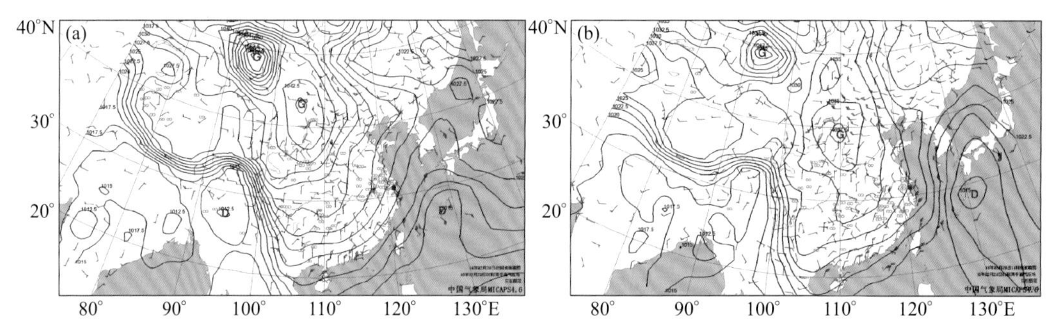

图 4.9.3　2016 年 2 月 20 日 02 时(a)和 11 时(b)海平面气压场(单位：hPa)和地面风场(单位：m/s)
(∞：霾区；•：上海市位置)

除个别时次外，风速均在 3 m/s 以上，最大风速达 6 m/s，水平扩散条件较好，有利于污染气团的快速过境。从风向变化来看，20 日 17 时以前上海市主导风向始终以西北风为主，来自陆地的风可以将上游污染物输送至本地造成 $PM_{2.5}$ 污染，但随着污染气团的过境，$PM_{2.5}$ 浓度仍然降回了良等级(图 4.9.1)。由前文分析可知，这次污染过程污染范围较小，污染带较窄，再叠加较大的地面风速，有利于污染气团的快速过境，因此，上海市 $PM_{2.5}$ 浓度出现了骤升骤降的现象，虽然污染程度短时较重，但污染持续时间很短。

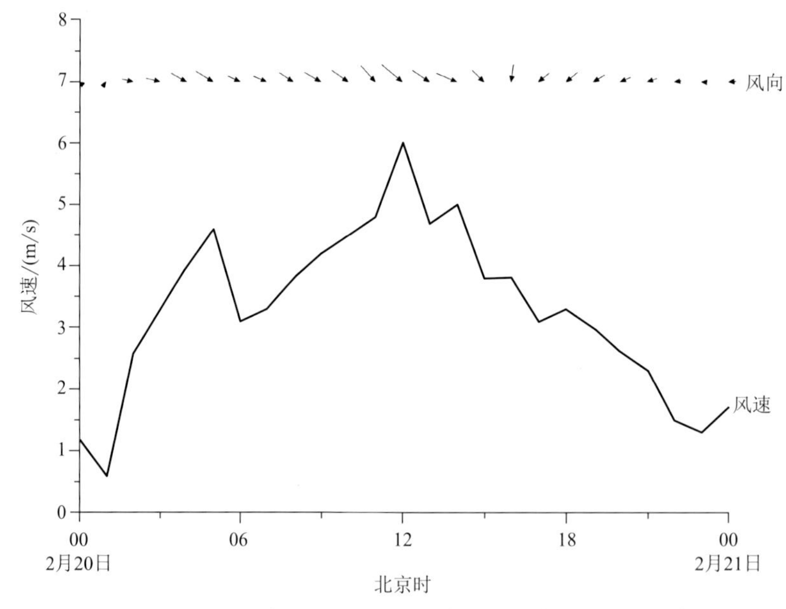

图 4.9.4　2016 年 2 月 20 日上海市地面风向风速变化时序

4.9.4　后向轨迹分析

为了进一步验证 $PM_{2.5}$ 的来源，选取上海市作为气团后向轨迹的终点，研究此次污染过程。图 4.9.5 给出了 2 月 20 日不同高度的气团到达上海市的轨迹，从图上可以看到，20 日 100 m 和 500 m 的气团在 19 日 14 时以前来自海上，14 时以后主要来自江苏省东南部地区，1500 m 的气团则来自江苏省中北部地区，然后经江苏省东部地区到达上海市，其中 1500 m 的气团在 19 日 14 时以前有上升现象，14 时以后则转为沉降，100 m 和 500 m 的气团则上升和沉降均不明显。后向轨迹图说明了此次污染过程污染主要来自江苏省。

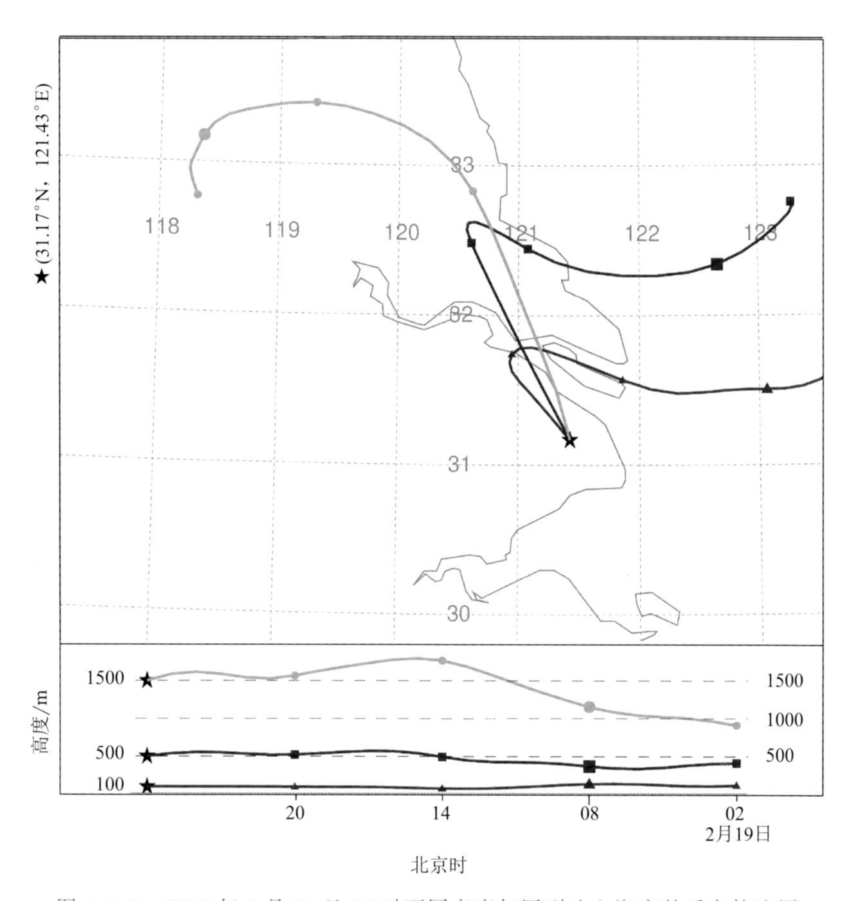

图 4.9.5 2016 年 2 月 20 日 02 时不同高度气团到达上海市的后向轨迹图

4.9.5 小结

(1)2016 年 2 月 20 日上海市出现了 $PM_{2.5}$ 轻度污染天气，此次污染过程主要由上游污染物输送造成，属于输送型污染。从 $PM_{2.5}$ 浓度变化来看，浓度出现了骤升骤降的现象，污染仅持续了 12 h，其中出现了 2 h 重度污染，污染过程很快，但短时污染程度重。

(2)根据地面天气形势分型，此次污染过程属于冷空气型，上海市位于高压底前部，受西北风的输送影响。分析污染时段的风速风向发现，此次污染过程主导风向为西北风，来自陆地的风有利于将上游 $PM_{2.5}$ 输送至本地。从风速变化来看，上海市地面风速较大，没有静风出现，这次污染过程污染范围较小，污染带较窄，再叠加较大的地面风速，有利于污染气团的快速过境。

(3)后向轨迹分析证明了此次污染过程污染主要来自江苏省对上海市的 $PM_{2.5}$ 输送。

4.10 2017年11月3日污染过程

4.10.1 污染过程概述

2017 年 11 月 3 日上海市出现了 $PM_{2.5}$ 轻度污染过程，IAQI 为 122。图 4.10.1 给出了 3 日 $PM_{2.5}$ 小时浓度时序，从图上可以看到，3 日 02 时以后 $PM_{2.5}$ 浓度出现了一个快速上升的过程，04 时达到轻度污染，07 时达到中度污染，09 时达到重度污染，仅 6 h 就从良等级升至重度污染级别，10 时出现第一个峰值，也是此次污染过程小时浓度最大值，为 175.6 $\mu g/m^3$，10 时以后 $PM_{2.5}$ 浓度迅速下降，13 时降回轻度污染级别后浓度再次出现上升过程，15 时出现第二个峰值，浓度为 149.0 $\mu g/m^3$，达中度污染级别，之后浓度再次下降，于 18 时降回良等级，污染过程结束。污染时段为 3 日 04—17 时，共 14 h，其中出现了 3 h 重度污染、5 h 中度污染，污染持续时间短，污染过程快，但短时污染程度重。

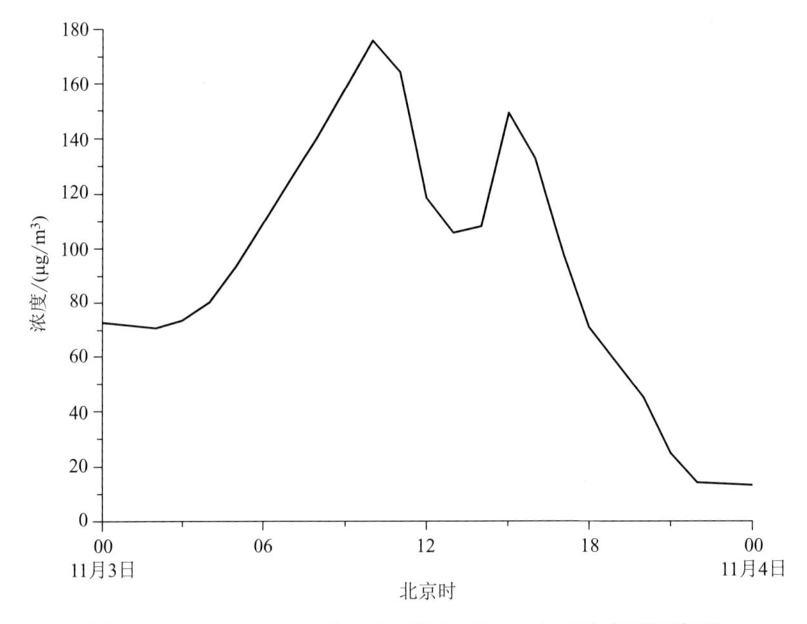

图 4.10.1 2017 年 11 月 3 日上海市 $PM_{2.5}$ 小时浓度时间序列

4.10.2 天气形势分析

分析 11 月 3 日 08 时低空到高空的高度场(图 4.10.2)可以看到，500 hPa 上海市位于槽前，受西南气流控制，而 700 hPa 和 850 hPa 则位于槽后，受西北气流影响。上海市上空不是受一致的槽前西南气流影响，其高低空环流配置不利于产生大强度的降水，不会对 $PM_{2.5}$ 产生湿沉降作用，有利于污染的持续。

图 4.10.3 给出了 11 月 3 日海平面气压场和地面风场，从图上可以看到，3 日上海市

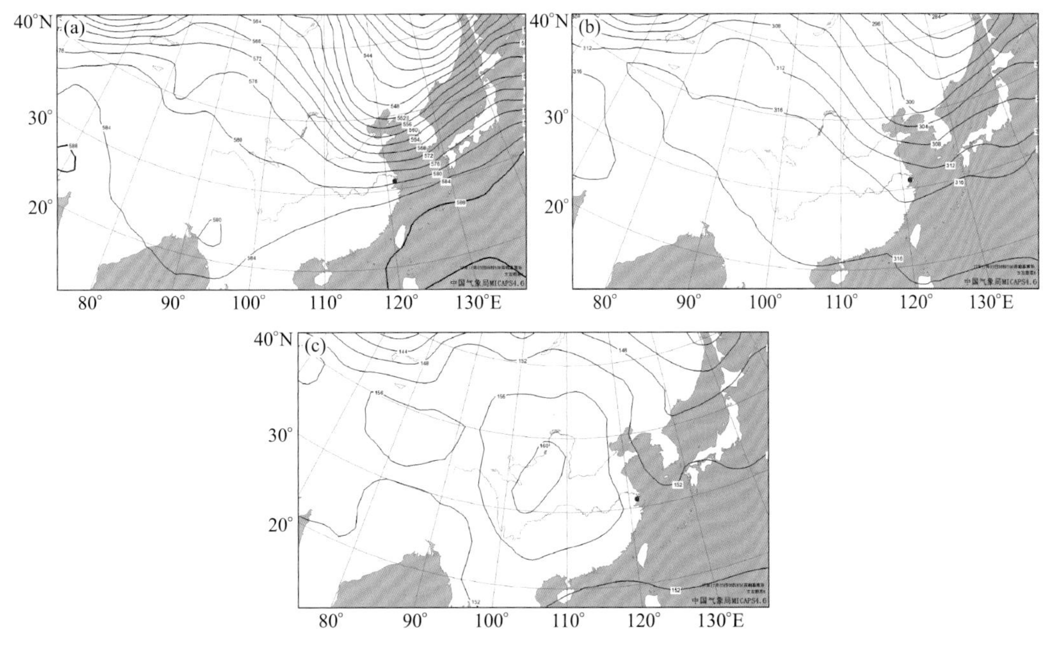

图 4.10.2 2017 年 11 月 3 日 08 时 500 hPa(a)、700 hPa(b)
和 850 hPa(c)高度场(单位:dagpm;•:上海市位置)

主要受到冷空气影响,为冷空气型,08 时(图 4.10.3a)两个高压中心均位于蒙古国,我国江苏省和安徽省北部地区随着高压主体的南压,主导风向以东北风为主,风速较大,中南部地区以西北风为主,从图上可以看到,安徽省和江苏省有霾区,上海市位于高压底前部,主导风向为偏西风,之后随着冷空气的进一步向南扩散,上海市主导风向顺转为西北风(图 4.10.3b),偏西风和西北风均有利于将上游污染物输送至上海市,造成 $PM_{2.5}$ 污染,对照图 4.10.1 可以看到,3 日中午前 $PM_{2.5}$ 浓度有一个快速上升的过程。3 日下午,随着高压系统继续东移南压,从图 4.10.3c 可以看到 08 时位于蒙古国东部地区的高压中心已经东移南压至我国内蒙古中部地区,华东中北部地区主导风向基本都转为东北风,风速较大,上海市主导风向也逐渐转为东北风,来自海上的洁净空气有利于 $PM_{2.5}$ 浓度的稀释下降,同时较大的风速也有利于污染气团的快速过境。对照 $PM_{2.5}$ 浓度变化图(图 4.10.1)可以看到,3 日下午 $PM_{2.5}$ 浓度有一个快速下降的过程,至 18 时降回良等级,上海市污染过程结束。

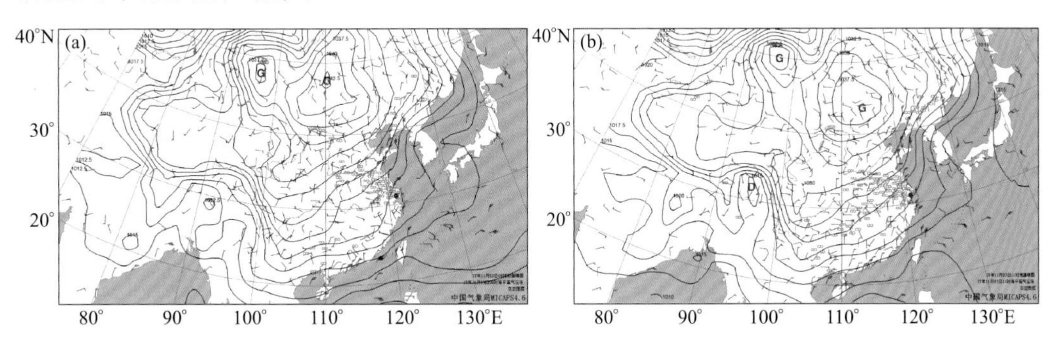

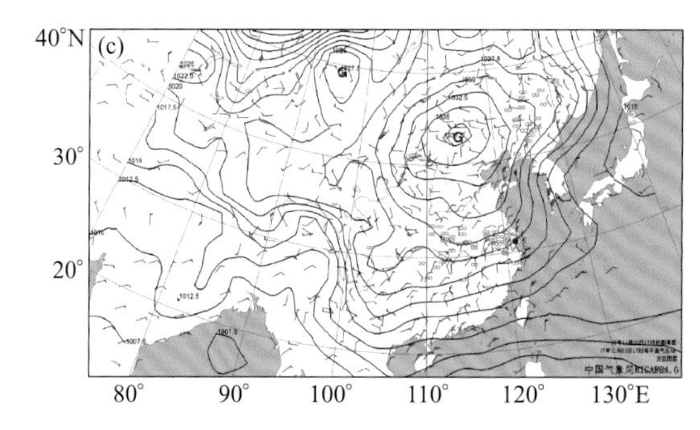

图 4.10.3　2017 年 11 月 3 日 08 时(a)、11 时(b)、17 时(c)海平面气压场(单位：hPa)和地面风场(单位：m/s)(∞：霾区；•：上海市位置)

4.10.3　气象要素分析

图 4.10.4 给出了 11 月 3 日上海市地面风向风速变化时序，从图上可以看到，3 日 06 时以前上海市地面风速较小，06 时以后随着冷空气的向南扩散，上海市地面风速有一个明显增大的过程，08 时以后风速均在 2 m/s 以上，最大风速达 5.8 m/s，水平扩散条件较好，有利于污染气团的快速过境。从风向变化来看，3 日随着冷空气主体东移南压，上海市主导风向有一个由偏西风顺转为东北风的过程，来自陆地的风可以将上游污染物输送至本地造成 $PM_{2.5}$ 污染，对照 $PM_{2.5}$ 浓度变化图(图 4.10.1)可以看到，风向转为东北风以前是一个上升的过程，转为东北风以后，由于来自海上的洁净空气有利于污染物的稀释下降，因此，$PM_{2.5}$ 浓度出现了快速下降的过程。风向的变化与 $PM_{2.5}$ 浓度的变化相对应，进一步说明地面风向对于 $PM_{2.5}$ 浓度变化起到至关重要的作用。

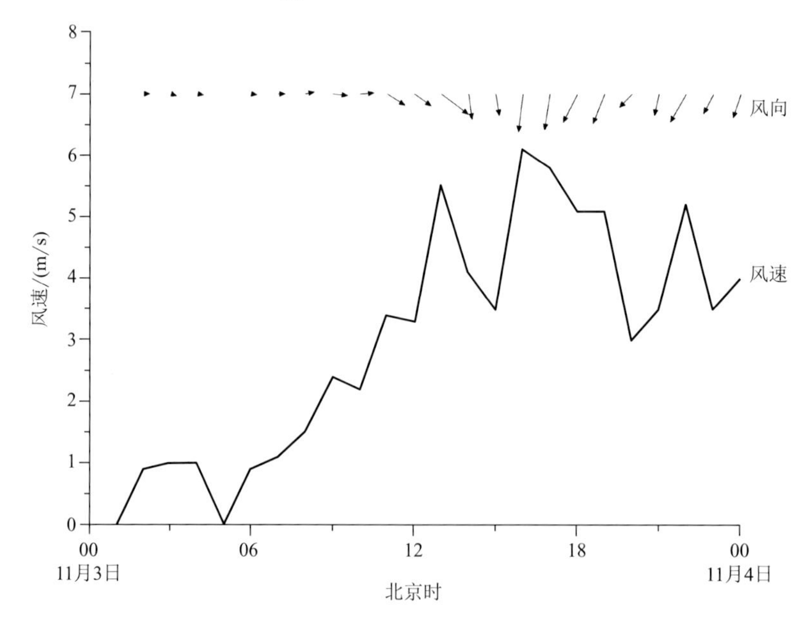

图 4.10.4　2017 年 11 月 3 日上海市地面风向风速变化时序

4.10.4 垂直环流分析

由前文分析可知，11 月 3 日受冷空气影响，上海市主导风向有一个由偏西风转为东北风的过程，在 3 日中午以前上海市主导风向为偏西风，中午以后则转为西北风，在其上游地区安徽省和江苏省均有霾区，因此，利用 11 月 3 日 NCEP 每 6 h 一次的 FNL 1°×1°再分析资料，从江苏省至上海市做垂直环流剖面图(图 4.10.5，该图中制作垂直环流时将垂直速度扩大了 100 倍)。图 4.10.5a 为江苏省西南部地区(南京市)至上海市的东西向垂直环流剖面图，从图上可以看到，江苏省西南部地区(119.0°—119.5°E)850 hPa 以下有上升气流，而上海市中低空为下沉气流，这种垂直环流形势为上游污染物的输送提供了一条输送通道，可以先将上游污染物输送至中低空，再由中低空偏西气流输送至上海市上空，然后随着下沉气流输送至近地面，同时叠加地面偏西风的输送，造成了 3 日中午以前 $PM_{2.5}$ 浓度迅速上升的过程(图 4.10.1)。3 日中午以后由于上海市主导风向转为北到西北风，因此，从江苏省中东部地区(盐城市)至上海市做西北—东南向的垂直环流剖面图(图 4.10.5b)，可以看到 3 日中午后上海市中低空不再是下沉气流，不再有利于中低空污染物下沉至近地面，污染物主要来自上海市上游地区的江苏省中南部近地面西北气流的输送。

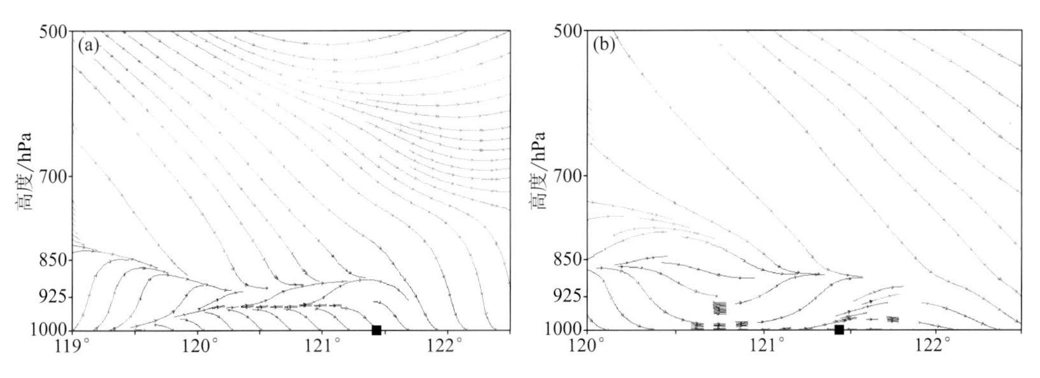

图 4.10.5 2017 年 11 月 3 日 08 时(a)和 14 时(b)江苏—上海垂直环流剖面图(■:上海市位置)

4.10.5 后向轨迹分析

为了进一步验证 $PM_{2.5}$ 的来源，选取上海市作为气团后向轨迹的终点，研究此次污染过程。图 4.10.6 给出了 11 月 3 日不同高度的气团到达上海市的轨迹，可以看到 3 日 02 时(图 4.10.6a)到达上海市的气团主要来自江苏省西南部地区，其中 1500 m 的气团出现沉降现象；3 日 14 时(图 4.10.6b)随着风向的变化，到达上海市的气团全部转向西北，来自江苏省西部地区，之后经江苏省东部沿海地区到达上海市，同时不同高度的气团没有出现沉降现象。和前文分析一致，后向轨迹图进一步说明 3 日上海市 $PM_{2.5}$ 污染主要来自江苏省。

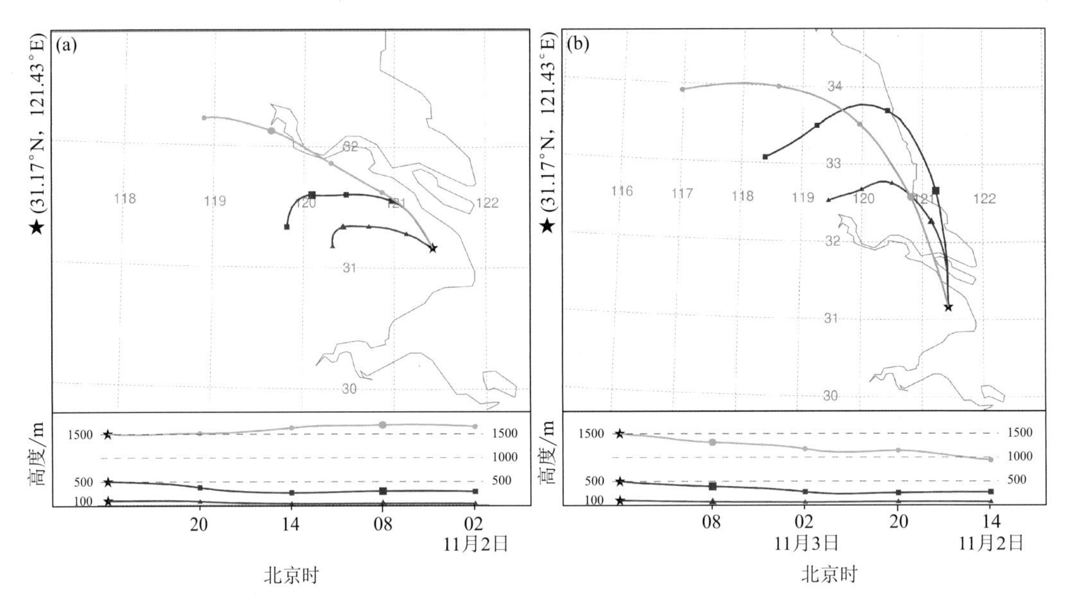

图 4.10.6 2017 年 11 月 3 日 02 时(a)和 14 时(b)不同高度气团到达上海市的后向轨迹图

4.10.6 小结

(1)2017 年 11 月 3 日上海市出现了 $PM_{2.5}$ 轻度污染天气,此次污染过程主要由上游污染物输送造成,属于输送型污染。从 $PM_{2.5}$ 浓度变化来看,前期 $PM_{2.5}$ 浓度上升迅速,污染过程中出现了 2 个峰值,污染持续时间短,污染过程快,但短时污染程度重。

(2)根据地面天气形势分型,此次污染过程属于冷空气型,上海市位于高压底前部,受偏西风和西北风的输送影响。分析污染时段的风速风向发现,此次污染过程上海市地面风速较大,有利于污染气团的快速过境。另外,风向的变化对于 $PM_{2.5}$ 浓度有重要影响,来自陆地的风有利于上游 $PM_{2.5}$ 输送至本地,而来自海上的洁净空气则有利于 $PM_{2.5}$ 浓度的下降。

(3)分析垂直环流发现,上海市 3 日中午前除了受到地面偏西风的输送影响,还有来自中低空污染物输送沉降的影响,3 日中午后则主要受到地面西北风的输送影响。后向轨迹分析进一步证明 3 日上海市 $PM_{2.5}$ 污染主要来自江苏省。

4.11 本章小结

通过分析上述 10 个污染个例发现,输送型污染有以下几个特征。

(1)从 $PM_{2.5}$ 浓度变化来看,由于污染以上游输送为主,因此,$PM_{2.5}$ 浓度前期上升速度相较于积累型污染偏快,污染出现时间与上游污染气团到达时间有关。另外,$PM_{2.5}$ 浓度经常出现短时重度及以上等级污染,短时污染程度较重,但大部分情况下输送型污染由于地面风速较大,污染持续时间相对较短,长时间的连续污染过程出现频次较低。

（2）从天气系统高低空配置来看，污染多发生在槽后西北气流控制的天气形势下，此种形势下上海市出现降水的概率较低；而海平面气压场上多以冷空气型为主，另外，低压型也会造成污染物的输送。

（3）从气象要素变化来看，发生输送型污染时上海市地面风速较大，没有静风时段，有利于污染气团的快速过境；风向的变化对 $PM_{2.5}$ 浓度变化有重要的影响，来自陆地的风有利于上游 $PM_{2.5}$ 输送至本地，而来自海上的洁净空气则有利于 $PM_{2.5}$ 浓度的稀释下降。另外，垂直方向上经常存在一条输送通道，可以将上游污染物从中低空输送至上海市，同时叠加地面输送，往往会造成 $PM_{2.5}$ 浓度的快速上升和短时高浓度的污染过程。

输送型污染预报时需多关注地面风向的变化，当上海市地面风向转为来自陆地的风时，同时上游地区已经出现霾区，则上海市出现 $PM_{2.5}$ 污染的概率极高，转风向的时间与 $PM_{2.5}$ 开始污染的时间密切相关，同时预报时还需关注中低空输送的可能性。另外，降水对 $PM_{2.5}$ 有一定的湿沉降作用，天气系统的高低空配置对于降水的产生尤为重要，也是预报时需要关注的重点。

第5章 混合型污染个例分析

5.1 2013年3月7—9日污染过程

5.1.1 污染过程概述

2013年3月7—9日上海市出现了连续3 d的$PM_{2.5}$污染过程(图5.1.1a),其中7—8日均达到了重度污染级别,9日为中度污染。图5.1.1b给出了7—10日$PM_{2.5}$小时浓度时序,从图上可以看到,7日00时开始$PM_{2.5}$浓度有一个快速上升的过程,02时达到轻度污染,08时达到中度污染,13时达到重度污染,8日00时出现第一个峰值,也是此次污染过程小时浓度最大值,达248.3 μg/m³,之后$PM_{2.5}$浓度快速下降,但仍维持在污染水平,19时开始$PM_{2.5}$浓度再次出现上升过程,仅用2 h就从轻度污染升至重度污染,22时出现第二个峰值后,浓度再次下降,9日$PM_{2.5}$浓度在112～147 μg/m³范围内上下振荡,10日00时开始$PM_{2.5}$浓度第三次出现快速上升过程,于02时出现第三个峰值,达重度污染级别,之后$PM_{2.5}$浓度迅速下降,仅用3 h就降回良等级,污染过程结束。污染时段为7日02时—10日04时,共75 h,其中出现了27 h重度污染和26 h中度污染,污染持续时间长,污染程度重。

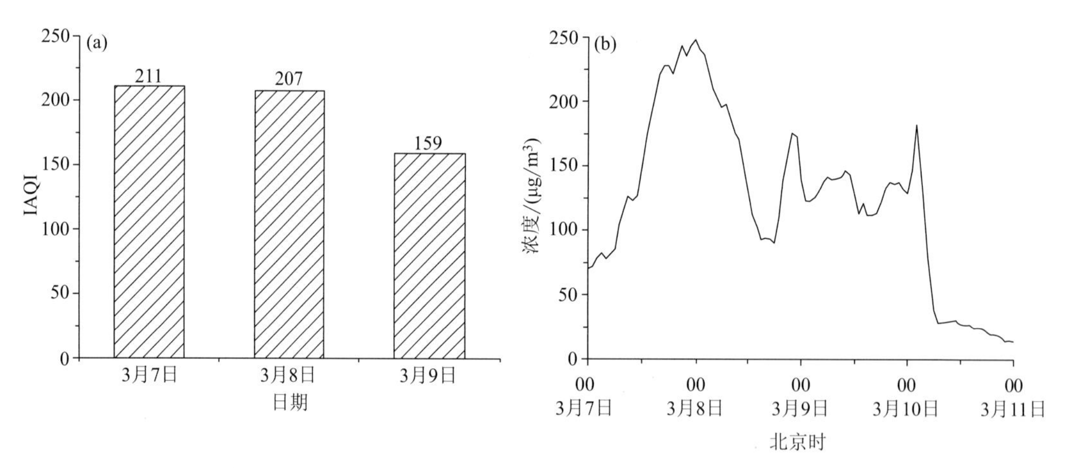

图5.1.1 2013年3月7—9日上海市$PM_{2.5}$IAQI(a)和7—10日$PM_{2.5}$小时浓度(b)时间序列

5.1.2 天气形势分析

分析3月7日08时低空到高空的高度场(图5.1.2a、d、g)可以看到,虽然500 hPa上海市位于槽前,受偏西气流控制,但是700 hPa和850 hPa上海市都受槽后西北气流控制,中低空和高空的天气系统并不匹配,不利于出现大强度的降水;到8日08时(图5.1.2b、e、h),从低空到高空上海市受到一致的槽后西北气流控制,仍然不利于降水的出现,对$PM_{2.5}$不会造成湿沉降作用;9日08时(图5.1.2c、f、i),500 hPa和700 hPa上海市位于脊上，受偏西气流控制，850 hPa 则转为槽前西南气流控制，低空到高空的天气系统并不匹配，因此，不利于出现大强度的降水，7—9 日上海市高低空环流配置为污染的发生、发展提供了有利的气象条件。850 hPa 温度场(图 5.1.2j～l)显示，7 日上海市位于暖脊后部，8 日则位于脊上，9 日位于暖脊前部，8—9 日上海市受暖平流影响，低层增温明显，为大气产生稳定层结创造了良好的条件，不利于 $PM_{2.5}$ 在垂直方向上扩散，有利于 $PM_{2.5}$ 积聚。

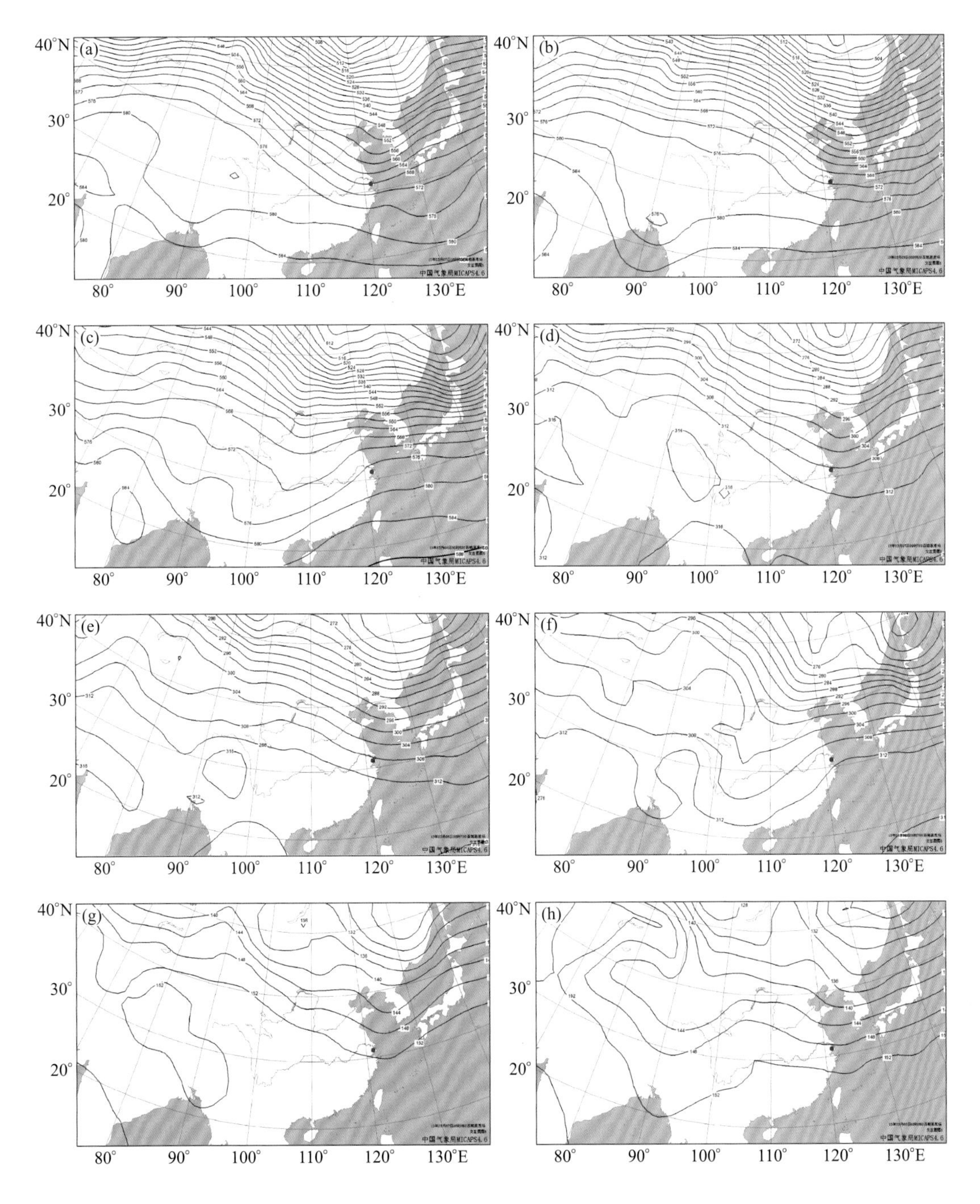

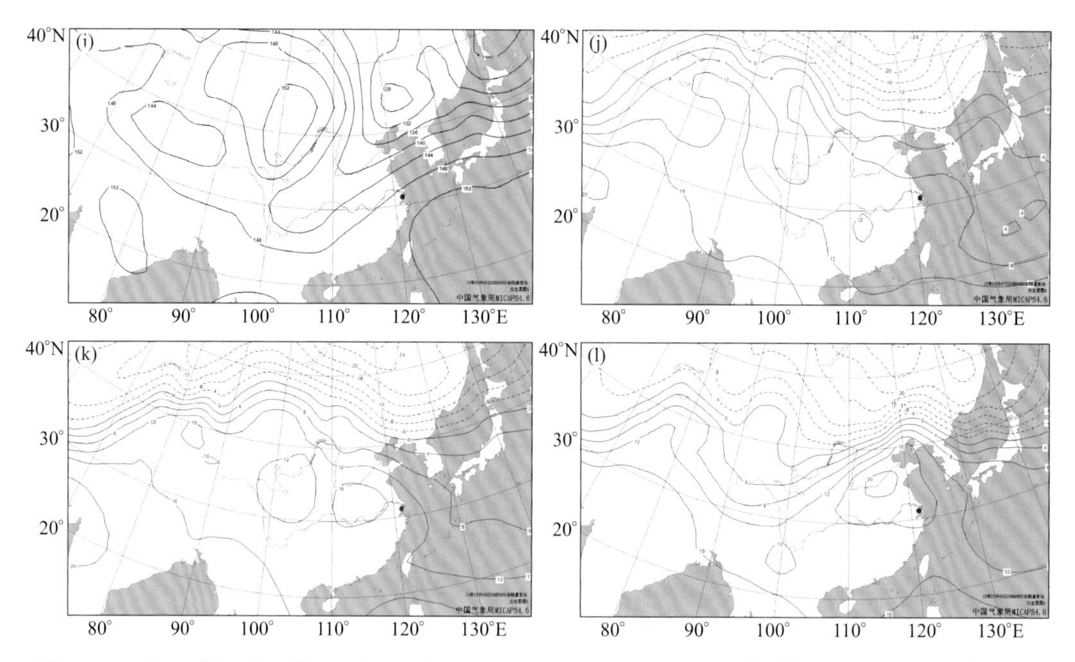

图 5.1.2 2013 年 3 月 7 日 08 时 500 hPa(a)、700 hPa(d)、850 hPa(g)高度场及 850 hPa 温度场(j)；8 日 08 时 500 hPa(b)、700 hPa(e)、850 hPa(h)高度场及 850 hPa 温度场(k)；9 日 08 时 500 hPa(c)、700 hPa(f)、850 hPa(i)高度场及 850 hPa 温度场(l)(高度场单位：dagpm；温度场单位：℃；•：上海市位置)

图 5.1.3 给出了 3 月 7—10 日海平面气压场和地面风场，可以看到 7 日 08 时(图 5.1.3a)上海市北侧受低压控制，南侧为一大范围的高压环流，高压中心位于四川省东部地区，上海市位于高压环流顶部，为高压顶部型，主导风向为西南风，河北省中南部地区、山东省、江苏省及安徽省中北部地区有大片霾区，虽然西南风有利于将内陆城市污染物输送至本地造成污染，但从图上可以看到，上海市西南部没有霾区，因此，在上海市上游地区并没有污染源，此种形势一直维持到 8 日(图略)，在高压控制下，上海市近地层为下沉气流，大气层结比较稳定，污染物在垂直方向上得不到扩散，气象条件有利于 $PM_{2.5}$ 的积聚和污染的持续。9 日 08 时(图 5.1.3b)，上海市位于低压底部，为低压型，主导风向为西南风，北方有一股较强冷空气正在扩散南下，高压中心位于蒙古国西部地区，冷空气前锋已经到达我国山西省和河北省中西部地区，由图上可以看到，上述地区有霾区，另外，在江苏省、安徽省、浙江省和江西省北部地区也有大片霾区，西南风有利于将上游污染物输送至上海市。9 日 23 时(图 5.1.3c)，冷空气开始影响上海市，上海市位于高压底前部，天气类型转为冷空气型，主导风向转为偏北风，风速开始明显增大，较大的风速有利于污染气团的快速过境，随着冷空气向南扩散，河北省、山东省、陕西省等地的霾天气已结束，霾区主要集中在江苏省、安徽省中北部地区、浙江省北部地区，偏北风有利于将上游污染物输送至上海市造成污染，从图 5.1.1b 可以看到，10 日 00 时开始 $PM_{2.5}$ 浓度有一个迅速上升的过程。10 日 02 时(图 5.1.3d)，随着冷空气进一步向南扩散，高压中心已东移南压至内蒙古中部地区，上海市主导风向逐渐转向东北风，海上的洁净空

气有利于 $PM_{2.5}$ 浓度的稀释下降，同时叠加较大的风速，10 日 02 时以后上海市 $PM_{2.5}$ 浓度出现快速下降过程，仅 3 h 就降回良等级(图 5.1.1b)。冷空气影响虽然带来了污染，但也结束了上海市持续 3 d 的污染过程。

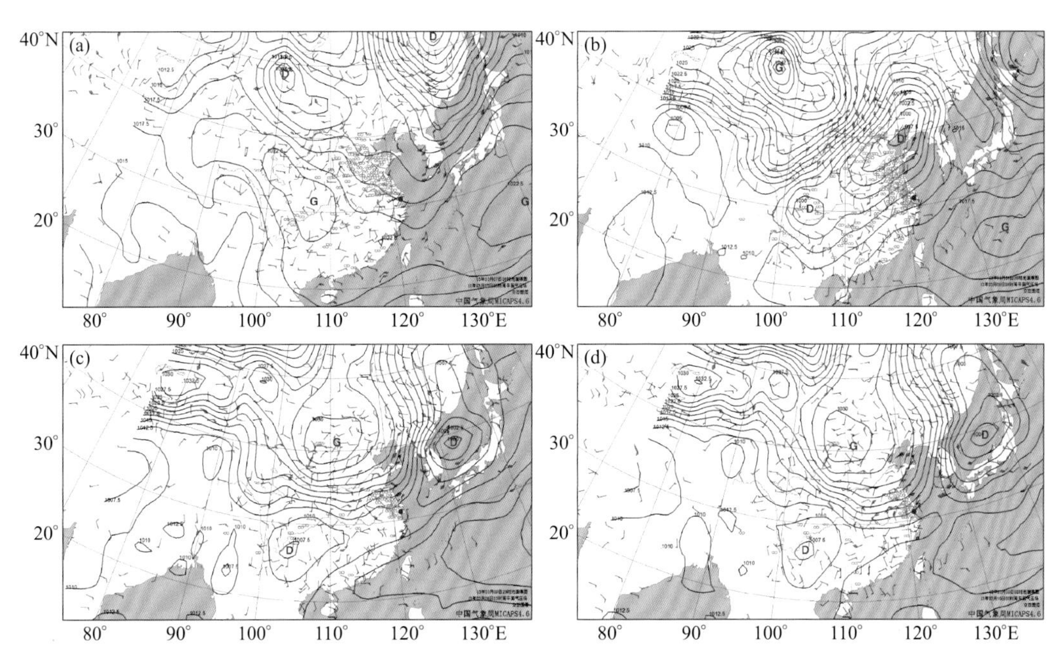

图 5.1.3 2013 年 3 月 7—10 日海平面气压场(单位：hPa)和地面风场(单位：m/s)(∞：霾区；•：上海市位置)
(a)7 日 08 时；(b)9 日 08 时；(c)9 日 23 时；(d)10 日 02 时

5.1.3 气象要素分析

图 5.1.4 给出了 3 月 7—10 日上海市地面风向风速变化时序，分析上海市地面风速变化可知，7—8 日地面风速均呈上午短时增大、下午—夜间减小的变化趋势，夜间风速基本在 2 m/s 以下，部分时段风速小于 1 m/s，小的风速使得污染物在水平方向上不易扩散，为污染物的积聚创造了有利条件；9 日白天上海市地面风速较大，均在 2 m/s 以上，20 时以后风速有一个短时减小的过程，23 时以后，随着冷空气开始影响上海市，地面风速迅速增大，10 日最大风速达 6.6 m/s，水平扩散条件较好，有利于污染气团的快速过境。从风向变化来看，7 日—9 日白天上海市地面风向以西南风为主，9 日夜间随着冷空气开始影响，上海市地面风向转为偏北风，无论是西南风还是偏北风，均有利于上游污染物输送至本地造成 $PM_{2.5}$ 污染，之后随着冷空气进一步向南扩散，上海市地面风向很快转为东北风，来自海上的洁净空气对于污染物的稀释下降起到一定的作用，对照图 5.1.1b 可以看到，10 日随着风向的变化，再叠加较大的风速，上海市 $PM_{2.5}$ 浓度出现了骤升骤降的现象，进一步说明地面风速风向的变化对 $PM_{2.5}$ 浓度的变化起到至关重要的作用。另外，由前文分析可知，7—8 日上海市主导风向为西南风，但上游城市没有霾天气，并没有污染源，那么，造成 $PM_{2.5}$ 浓度迅速上升的原因是什么？下文将做详细分析。

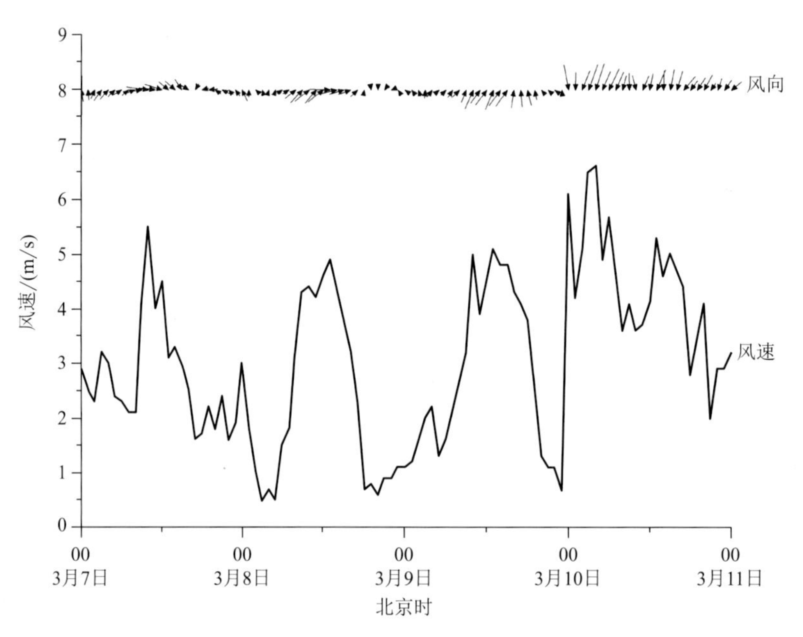

图 5.1.4 2013 年 3 月 7—10 日上海市地面风向风速变化时序

图 5.1.5 为 3 月 7—9 日 08 时和 20 时上海市探空曲线，可以看到在冷空气影响上海市以前的 7—9 日早晨和夜间，上海市近地面都出现了辐射逆温，逆温层顶高和逆温强度详见表 5.1.1，逆温层顶高均在 400 m 以下，其中 7—8 日逆温强度较强，大部分时间在 2 ℃/(100 m)及以上，因此，十分有利于 $PM_{2.5}$ 的积聚，容易造成长时间高浓度的污染过程。

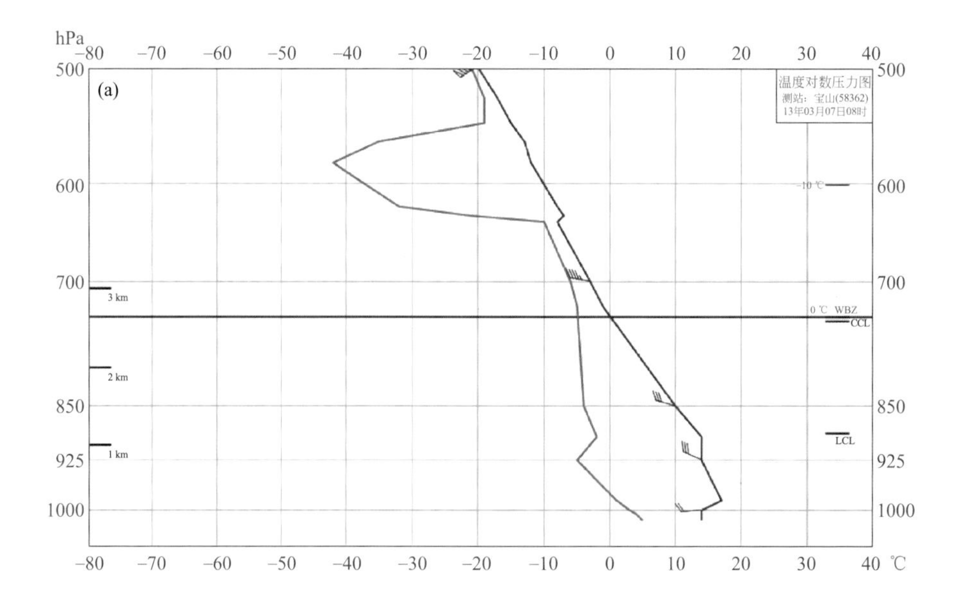

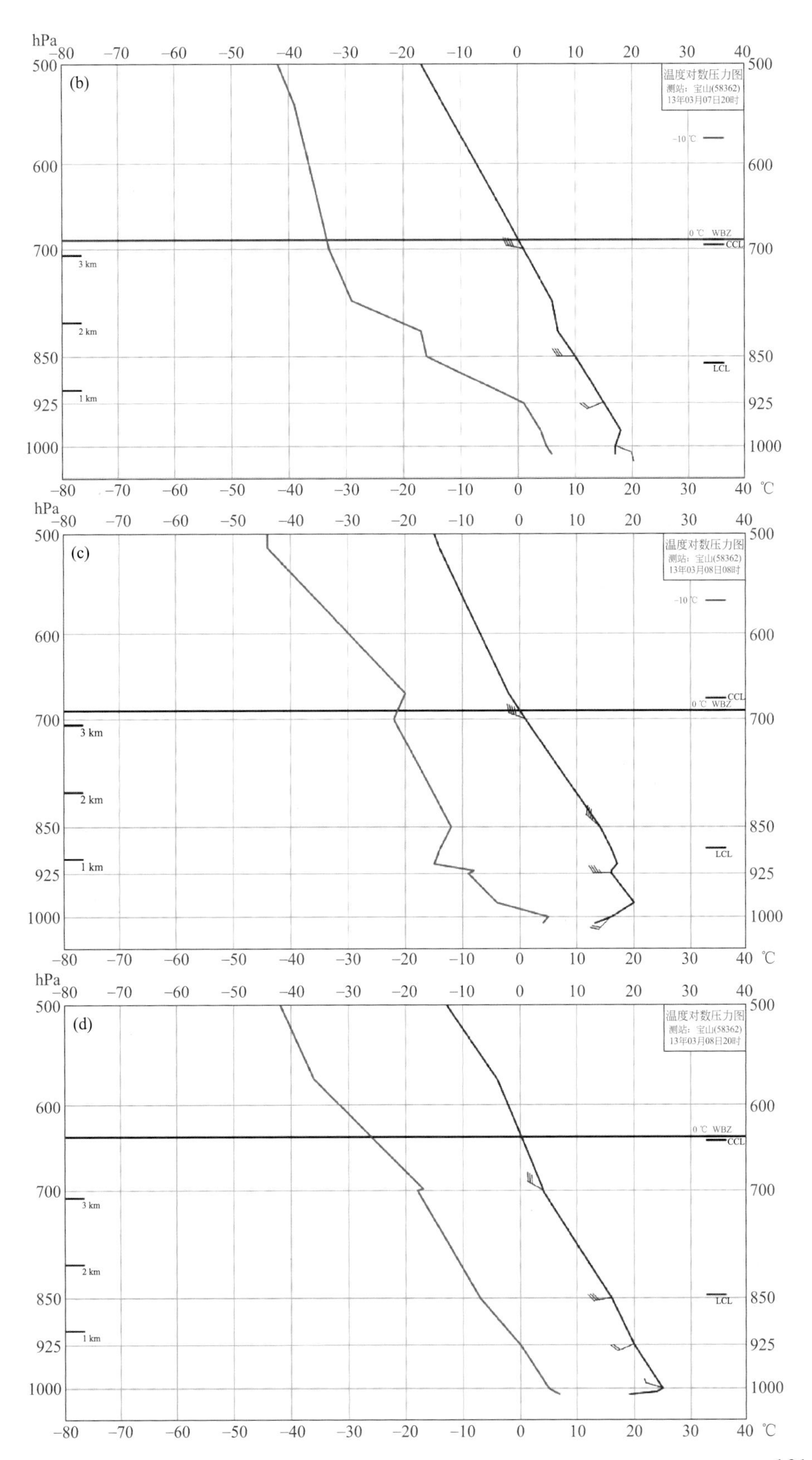
(b)
温度对数压力图
测站：宝山(58362)
13年03月07日20时
(c)
温度对数压力图
测站：宝山(58362)
13年03月08日08时
(d)
温度对数压力图
测站：宝山(58362)
13年03月08日20时
hPa
0 ℃ WBZ
CCL
LCL
-10 ℃
3 km
2 km
1 km
℃

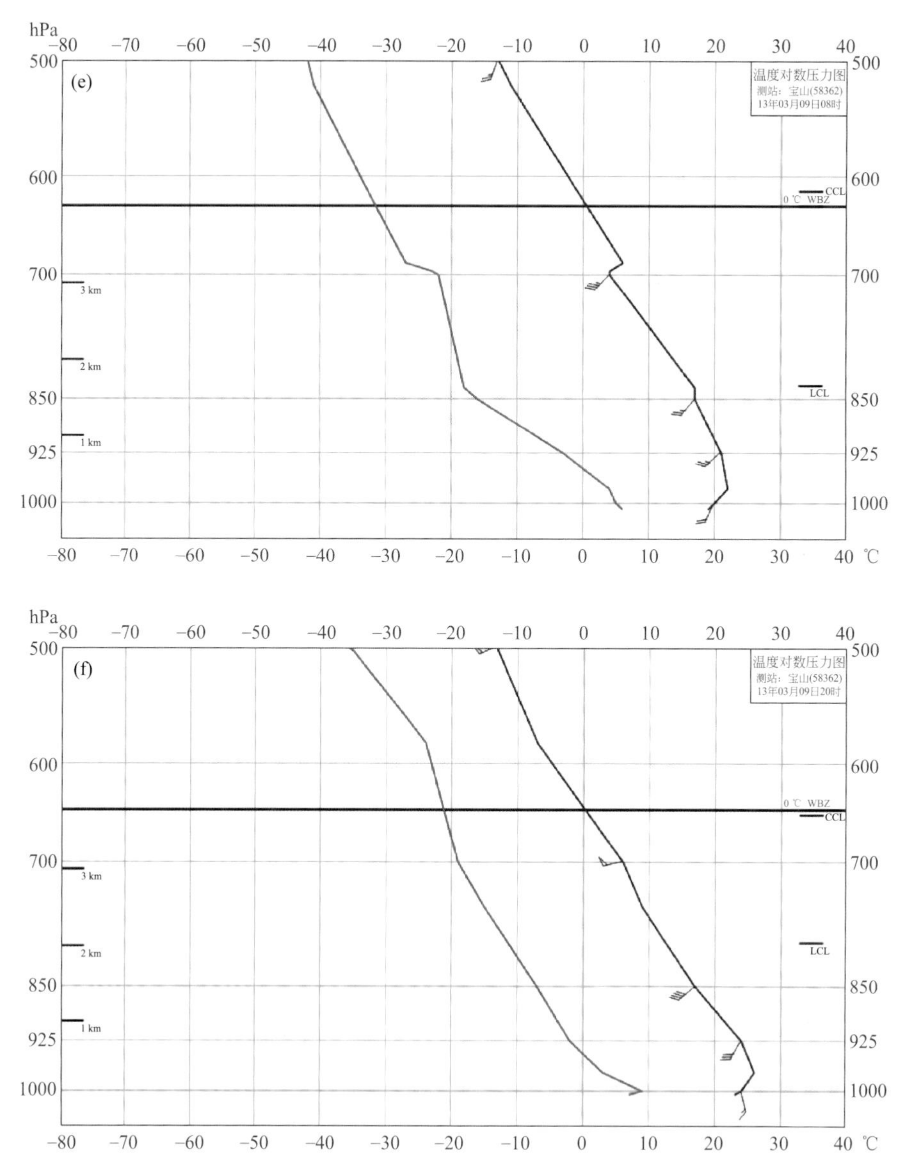

图 5.1.5　2013 年 3 月 7 日 08 时(a)和 20 时(b)、8 日 08 时(c)和 20 时(d)、9 日 08 时(e)和 20 时(f)上海市探空曲线，图中蓝线为温度曲线(单位：℃)

表 5.1.1　2013 年 3 月 7—9 日上海市逆温层顶高和逆温强度

	7 日 08 时	7 日 20 时	8 日 08 时	8 日 20 时	9 日 08 时	9 日 20 时
逆温层顶高/m	254	382	344	100	317	312
逆温强度/(℃/(100 m))	2	0.3	2	6	1	1

5.1.4　物理量诊断分析

利用 3 月 7 日 02 时—9 日 20 时 NCEP 每 6 h 一次的 FNL 1°×1°再分析资料对上海市(121°—122°E，31°—32°N)做区域平均的速度和散度垂直剖面图。从垂直速度图(图

5.1.6a)可以看到,9日上午以前700 hPa以下垂直速度的绝对值基本在0.1 Pa/s及以下,说明这段时间上下层垂直交换弱,不利于污染物在垂直方向上扩散,且大部分时段从地面到近地层是正的垂直速度,为下沉气流,对污染物的垂直扩散进一步起到抑制作用,9日上午以后随着冷空气逐渐向南扩散,受冷锋前部低压影响,上海市上空的下沉气流逐渐转为较强的上升运动,在垂直方向上有利于污染物的扩散。从散度垂直剖面图(图5.1.6b)也可以看到,9日上午以前上海市辐合辐散都弱,9日上午以后辐合辐散增强,进一步验证了上述结论。

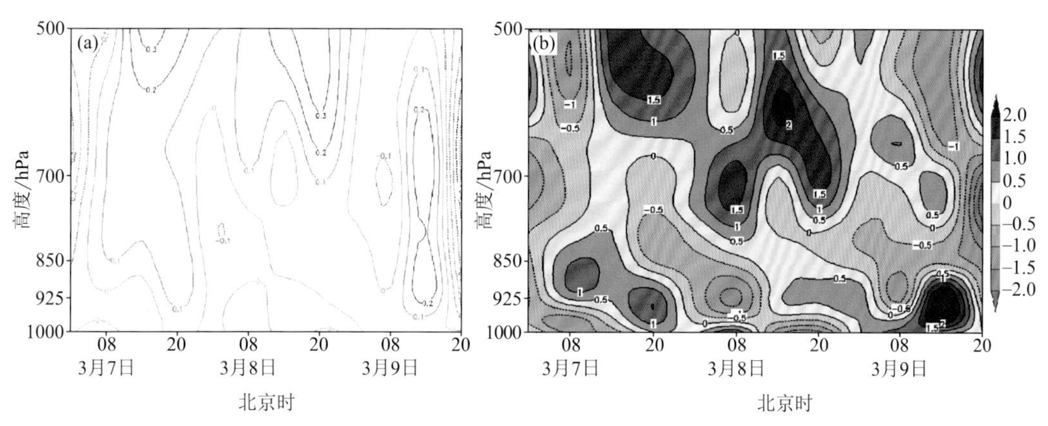

图5.1.6 2013年3月7日02时—9日20时上海市垂直速度(a,单位:Pa/s)和散度(b,单位:10^{-6}/s)区域平均时序

5.1.5 垂直环流分析

由前文分析已知,3月7—8日上海市位于高压顶部,风速较小,主导风向以西南风为主,上海市的上游城市没有霾天气出现,这两日的气象条件有利于污染物的本地积聚,但本地积聚造成的污染不会出现$PM_{2.5}$快速上升的过程,且污染程度偏轻,那么造成7日$PM_{2.5}$浓度上升明显的原因是什么?由前期的地面天气图可以看到(图略),5—7日甘肃省、内蒙古西部地区均出现了扬沙、沙尘暴和浮尘天气,由此可见这一片区域一直有污染源存在。如果有输送通道存在,就能够将上述地区污染物输送至上海市,但是地面上并不存在这样的输送,那么低空到高空是否存在这样的通道呢?利用3月7—8日NCEP每6 h一次的FNL 1°×1°再分析资料,从内蒙古西部地区(阿拉善盟)至上海市做西北—东南向垂直剖面图(图5.1.7a、b,该图中制作垂直环流时将垂直速度扩大了100倍),可以看到7日08时(图5.1.7a)内蒙古西部地区(102°E附近)850 hPa以下均为上升气流,从内蒙古至上海市为西北气流,而上海市850 hPa以下存在非常明显的下沉气流,这种垂直环流的配置为上游污染物的输送提供了一条输送通道,可以先将上游污染物输送至高空,再由一致的西北气流输送至上海市上空,然后随着下沉气流输送至近地面,造成了7日开始出现非常明显的$PM_{2.5}$上升过程(图5.1.1b),到20时(图略)内蒙古到上海市仍维持与08时一致的垂直环流配置,因此,在这种环流配置下,7日$PM_{2.5}$浓度不仅上升迅

速，且一直维持在高浓度水平，出现了 3 d 中最严重的污染。从 8 日 08 时垂直环流（图 5.1.7b）可以看到，此时上海市上空 925 hPa 以上已由下沉气流转为上升气流，而内蒙古西部地区（102°E 附近）上空 850 hPa 以下已转为下沉气流，虽然内蒙古到上海一线上空水平方向上仍为西北气流控制，但由于垂直方向上气流方向的变化导致了此种形势不再有利于将上游污染物输送至下游，因此，从 8 日开始 $PM_{2.5}$ 浓度出现了下降过程（图 5.1.1b）。此次输送过程与传统颗粒物输送过程（中低空至地面一致的气流）不同，虽然地面没有明显的西北气流，但中低空西北气流仍然可以将上游污染物输送至上海市，并由下沉气流输送至近地面，此类过程由于地面实况及环流场很难提前判别，因此，在预报中容易出现漏报。

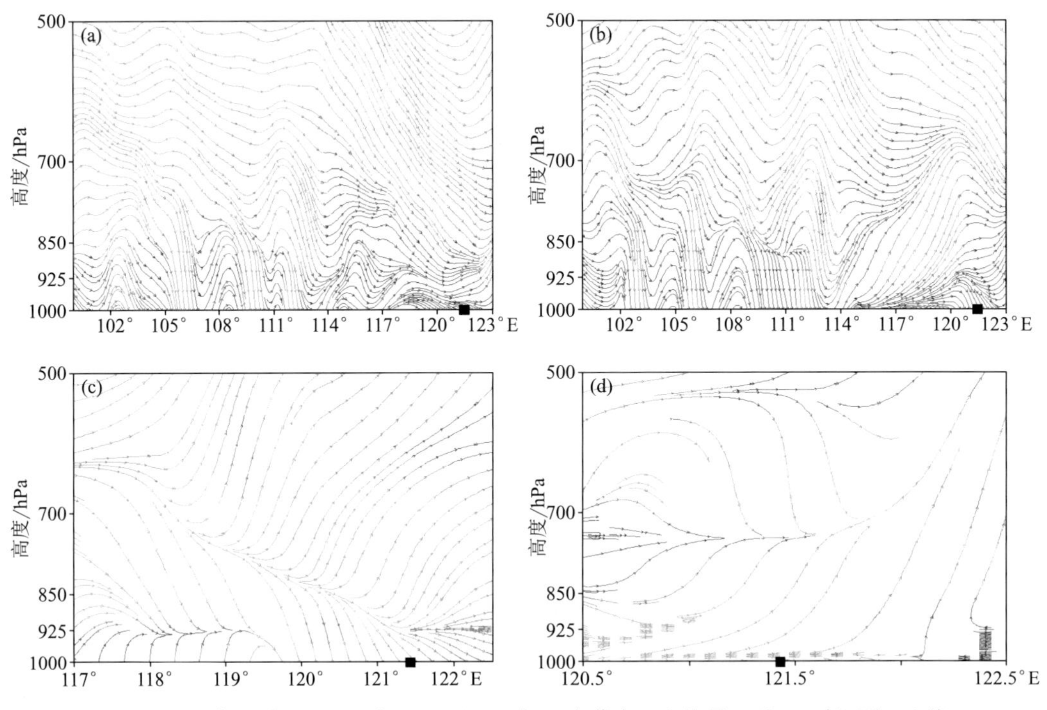

图 5.1.7　2013 年 3 月 7 日 08 时(a)、8 日 08 时(b)内蒙古—上海及 9 日 08 时江西—上海(c)、10 日 02 时江苏—上海(d)垂直环流剖面图(■:上海市位置)

9—10 日，上海市受到北方冷空气影响，其中 9 日前期上海市主要受冷锋前部低压控制，位于低压底部，主导风向为西南风，9 日夜间随着冷空气向南扩散，上海市受到冷空气主体影响，位于高压底前部，主导风向转为偏北风，无论是西南风还是偏北风，在上海市上游地区均有大片霾区，因此，利用 3 月 9—10 日 NCEP 每 6 h 一次的 FNL 1°×1°再分析资料，分别从江西省和江苏省至上海市做垂直环流剖面图（图 5.1.7c、d，该图中制作垂直环流时将垂直速度扩大了 100 倍）。图 5.1.7c 为江西省北部地区（上饶市）至上海市的西南—东北向垂直环流剖面图，从图上可以看到，119°E 以东（江西省北部地区—浙江省西北部地区）925 hPa 以下以上升气流为主，可以将该地区的污染物先输送至中低空，然后随着中低空西南气流到达上海市上空，而上海市上空 925 hPa 以下则为下沉气流，污染物随着下沉气流沉降至近地面，再叠加地面西南风的输送，造成9日$PM_{2.5}$浓度的上升过程(图5.1.1b)。9日夜间上海市主导风向转为偏北风，因此从江苏省中东部地区(盐城市)至上海市做南北向的垂直环流剖面图(图5.1.7d)，可以看到上海市主要受到近地面偏北风的输送影响，其上空700 hPa以下为上升气流，因此，9日夜间$PM_{2.5}$浓度的迅速上升主要是由地面输送造成的，没有来自中低空的沉降影响。

5.1.6 颗粒物成分分析

图5.1.8给出了3月7日00时—8日12时$PM_{2.5}$与PM_{10}的浓度比值时序，从图上可以看到，7日06时开始$PM_{2.5}$与PM_{10}浓度比值出现了明显的下降过程，到11时两者的比值已经降至0.5以下，说明此时颗粒物中PM_{10}的成分要高于$PM_{2.5}$，之后比值开始回升，7日21时以前比值均在0.7以下，到8日两者的比值回升至0.7～0.8。7日上海市出现了短时的PM_{10}占主要成分的现象，且$PM_{2.5}$与PM_{10}浓度比值有迅速减小的过程，这也在一定程度上说明7日确实有沙尘输送到本地，8日比值明显回升至0.7～0.8，说明沙尘输送已结束，与前文7日内蒙古有沙尘向上海市输送及8日由于垂直运动方向的改变，导致该区域不再有沙尘向上海市输送的结论一致。虽然内蒙古西部地区是沙尘发生区，颗粒物以粗颗粒为主，但在输送过程中粗颗粒会出现较明显的沉降，而细颗粒相对来说沉降较少，颗粒物到达上海市时其粗颗粒的含量相对于污染源区必然减少较多，因此，上游输送到上海市的颗粒物只造成了短时成分以PM_{10}为主的现象。

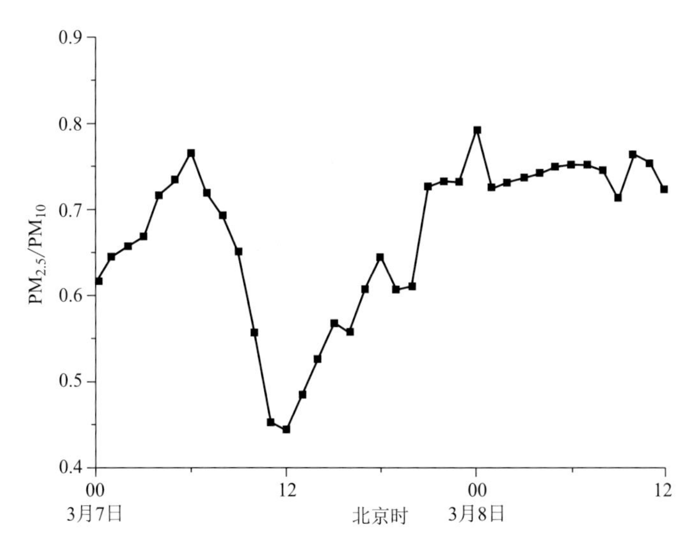

图5.1.8 2013年3月7日00时—8日12时上海市$PM_{2.5}$与PM_{10}浓度比值(无量纲量)时间序列

5.1.7 后向轨迹分析

为了进一步验证$PM_{2.5}$的来源，选取上海市作为气团后向轨迹的终点，研究此次污染过程。图5.1.9a给出了3月7日08时不同高度的气团到达上海市的轨迹，可以看到

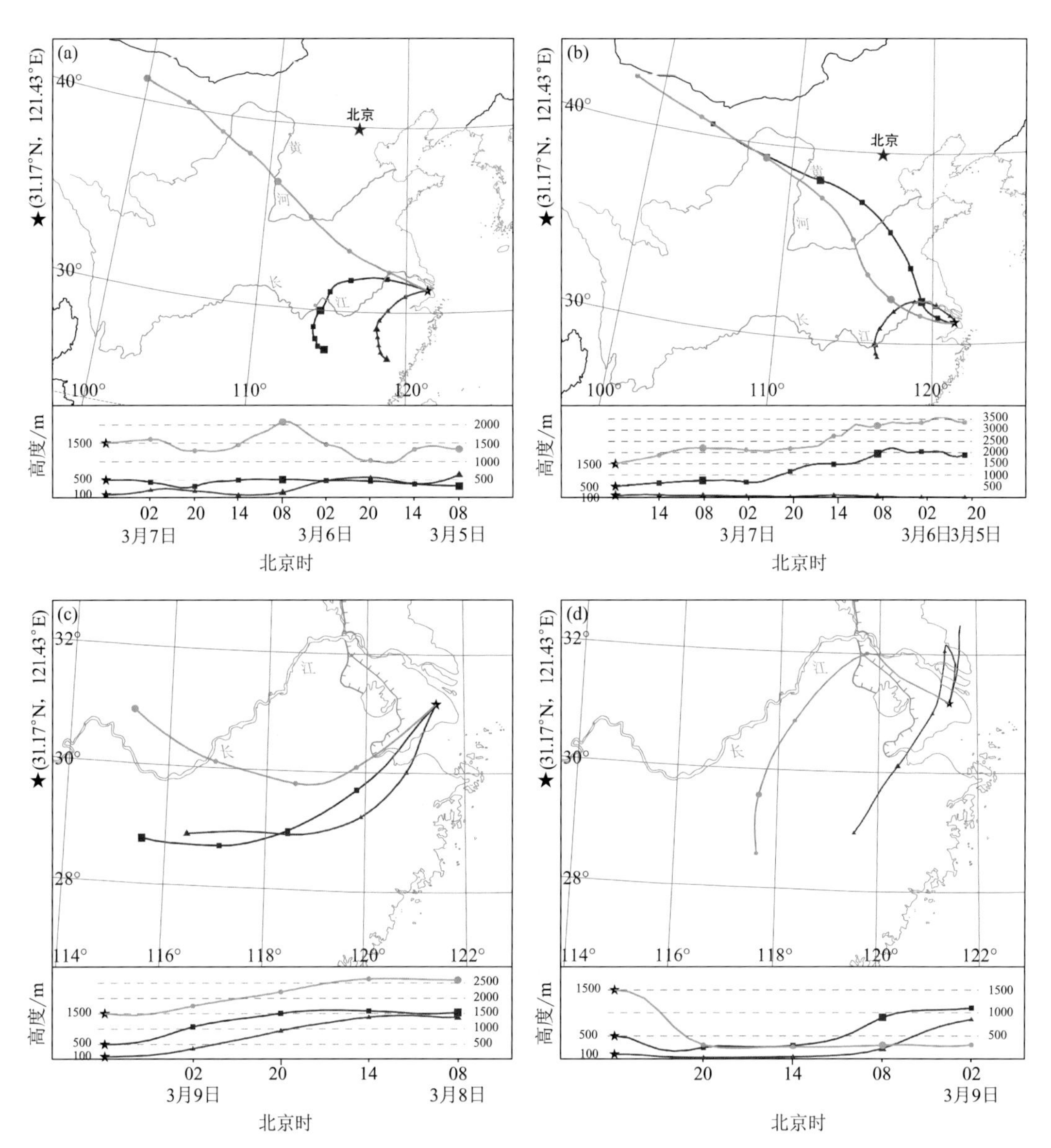

图 5.1.9　2013 年 3 月 7—10 日不同高度气团到达上海市的后向轨迹图

(a)7 日 08 时；(b)7 日 20 时；(c)9 日 08 时；(d)10 日 02 时

100 m 和 500 m 的气团主要来自上海市西南部，而 1500 m 的气团则来自上海市西北部——出现沙尘的内蒙古西部地区，到 20 时(图 5.1.9b)500 m 的气团来向也转为上海市西北部的内蒙古西部地区，但 100 m 的气团仍来自上海市西南部；同时还可以看到，在 7 日不同高度上的气团均出现下沉现象，后向轨迹图进一步说明 7 日 500 m 及以上到达上海市的气团主要来自上海市西北部几千千米之外的内蒙古。图 5.1.9c 给出了 9 日 08 时不同高度的气团到达上海市的轨迹，可以看到 9 日中低空的气团来向已由上海市西北部转为西南部，从近地层到中低空的气团均来自上海市西南部的江西省北部地区和安徽省南部地区，经浙江省西北部地区到达上海市，且不同高度上的气团均出现下沉现象；到

10 日 02 时(图 5.1.9d)可以看到,由于受到冷空气影响,虽然 9 日白天气团仍然来自上海市西南部,但 9 日夜间气团来向均转为上海市北部的江苏省南部地区。后向轨迹图进一步说明 9 日白天上海市 $PM_{2.5}$ 污染来自江西省和浙江省,而 9 日夜间则来自江苏省。

5.1.8 小结

(1)2013 年 3 月 7—9 日上海市出现了连续 3 d 的 $PM_{2.5}$ 污染过程,其中 7—8 日达到了重度污染级别。此次污染过程成因较复杂,7—8 日主要由本地污染物积聚叠加上游污染物输送造成,属于混合型污染,而 9 日主要受上游污染物输送影响,为输送型污染。从 $PM_{2.5}$ 浓度变化来看,$PM_{2.5}$ 浓度有 3 个迅速上升期,分别出现在 7 日、8 日夜间和 9 日夜间,污染过程中出现了 3 个峰值,污染持续时间长,污染程度重。

(2)此次污染过程与天气形势的高低空配置有密切关系。根据地面天气形势分型,此次污染过程 7—8 日属于高压顶部型,9 日白天为低压型(低压底部),9 日夜间为冷空气型。高低空配置不利于大强度的降水产生,同时垂直层结稳定,为污染的发生、发展提供了有利条件。诊断分析污染时段的气象要素发现,7 日—8 日夜间上海市在水平方向上风速较小,在垂直方向上 9 日上午以前上海市的垂直运动弱,有下沉运动,同时 7—8 日均出现了较强逆温,因此,水平和垂直方向上的气象条件都有利于 $PM_{2.5}$ 在地面堆积。另外,分析污染时段的风向发现,来自陆地的风有利于上游 $PM_{2.5}$ 输送至本地,而来自海上的洁净空气则有利于 $PM_{2.5}$ 浓度的稀释下降。

(3)分析垂直环流发现,7 日上海市主要受到来自中低空污染物的输送沉降影响,而 9 日白天则是中低空的沉降叠加地面输送影响,9 日夜间主要受到地面输送的影响,没有来自中低空的沉降输送。后向轨迹分析则进一步证明 7 日上海市 $PM_{2.5}$ 污染主要来源于上海市西北部几千千米之外的内蒙古,9 日则来源于距离上海市较近的周边省份(江西省、浙江省、安徽省和江苏省)。内蒙古西部地区是沙尘发生区,颗粒物以粗颗粒为主,但在输送过程中粗颗粒会出现较明显的沉降,而细颗粒相对来说沉降较少,因此,上游输送到上海市的颗粒物造成了 7 日短时成分以 PM_{10} 为主的现象。

(4)此次污染过程区别于以往外源输送型重污染天气的特点。7 日虽然地面没有明显西北气流,但中低空西北气流仍然可以将上游污染物输送至上海市,并由下沉气流输送至近地面,此类过程由于地面实况及环流场很难提前判别,因此,在预报中容易出现漏报。

5.2 2013 年 12 月 1—9 日污染过程

5.2.1 污染过程概述

2013 年 12 月 1—9 日上海市出现了长达 9 d 的 $PM_{2.5}$ 污染过程(图 5.2.1a),其中有 2 d 达到了严重污染、4 d 重度污染和 3 d 中度污染,6 日是污染最严重的一天,IAQI 达

465。图 5.2.1b 给出了 11 月 30 日 12 时—12 月 10 日 12 时 $PM_{2.5}$ 小时浓度时序，从图上可以看到，11 月 30 日下午开始 $PM_{2.5}$ 浓度是一个振荡上升的过程，18 时达到轻度污染，20 时达到中度污染，12 月 1 日 01 时达到重度污染，19 时达到严重污染，2 日 03 时出现第一个峰值，浓度达 299.6 $\mu g/m^3$，之后 $PM_{2.5}$ 浓度振荡下降，但仍维持在污染水平，4 日中午以后 $PM_{2.5}$ 浓度再次出现快速上升过程，到 6 日 13 时出现第二个峰值，也是此次污染过程的小时浓度最大值，达 602.3 $\mu g/m^3$，为严重污染级别，之后 $PM_{2.5}$ 浓度出现快速下降过程，7 日中午—8 日夜间浓度值维持在 100～190 $\mu g/m^3$，9 日早晨 $PM_{2.5}$ 浓度再次出现快速上升过程，到 08 时出现第三个峰值，浓度为 370 $\mu g/m^3$，也达到了严重污染级别，之后浓度振荡下降，于 10 日 01 时降回良等级，持续 9 d 的污染过程结束。污染时段为 11 月 30 日 18 时—12 月 10 日 00 时，共 223 h，其中出现了 61 h 严重污染、76 h 重度污染和 50 h 中度污染，污染持续时间很长，污染程度很重。

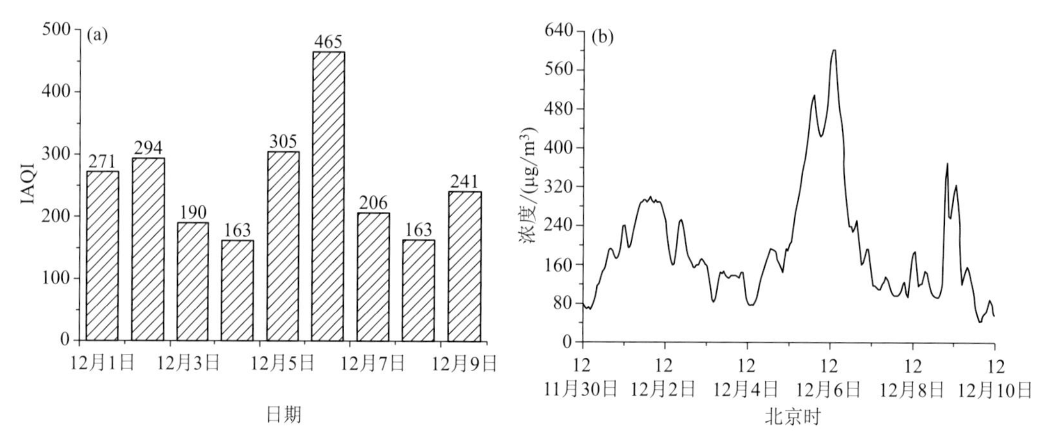

图 5.2.1　2013 年 12 月 1—9 日上海市 $PM_{2.5}$ IAQI(a)和 11 月 30 日 12 时—12 月 10 日 12 时 $PM_{2.5}$ 小时浓度(b)时间序列

5.2.2　天气形势分析

分析 2013 年 12 月 1—9 日低空到高空的高度场发现，1—8 日(图 5.2.2a、d、g，因为 1—8 日的高空形势基本一致，所以这里使用 2 日的高空形势图作为代表图)，上海市多位于槽后或脊上，受西北气流或偏西气流控制，高低空环流配置不利于大强度降水的出现，对 $PM_{2.5}$ 不会造成湿沉降作用，为污染的发生、发展提供了有利的气象条件；9 日 08 时(图 5.2.2b、e、h)上海市从低空到高空均转为槽前西南气流控制，高低空形势有利于降水的出现，但从当日降水实况来看(图略)，上海市仅在 9 日早晨出现了微量降水，对 $PM_{2.5}$ 的湿沉降作用有限，到 20 时(图 5.2.2c、f、i)，上海市上空 500～850 hPa 已由槽前转为槽后，受西北气流影响，高低空形势不再有利于降水的出现。850 hPa 温度场显示(图 5.2.2j)，1—8 日上海市多位于暖脊前部或暖脊上，受暖平流影响，低层增温明显，为大气产生稳定层结创造了良好的条件，不利于 $PM_{2.5}$ 在垂直方向上扩散，有利于 $PM_{2.5}$ 积聚；9 日(图 5.2.2k)，上海市转受冷槽影响，垂直方向上不再有利于 $PM_{2.5}$ 积聚。

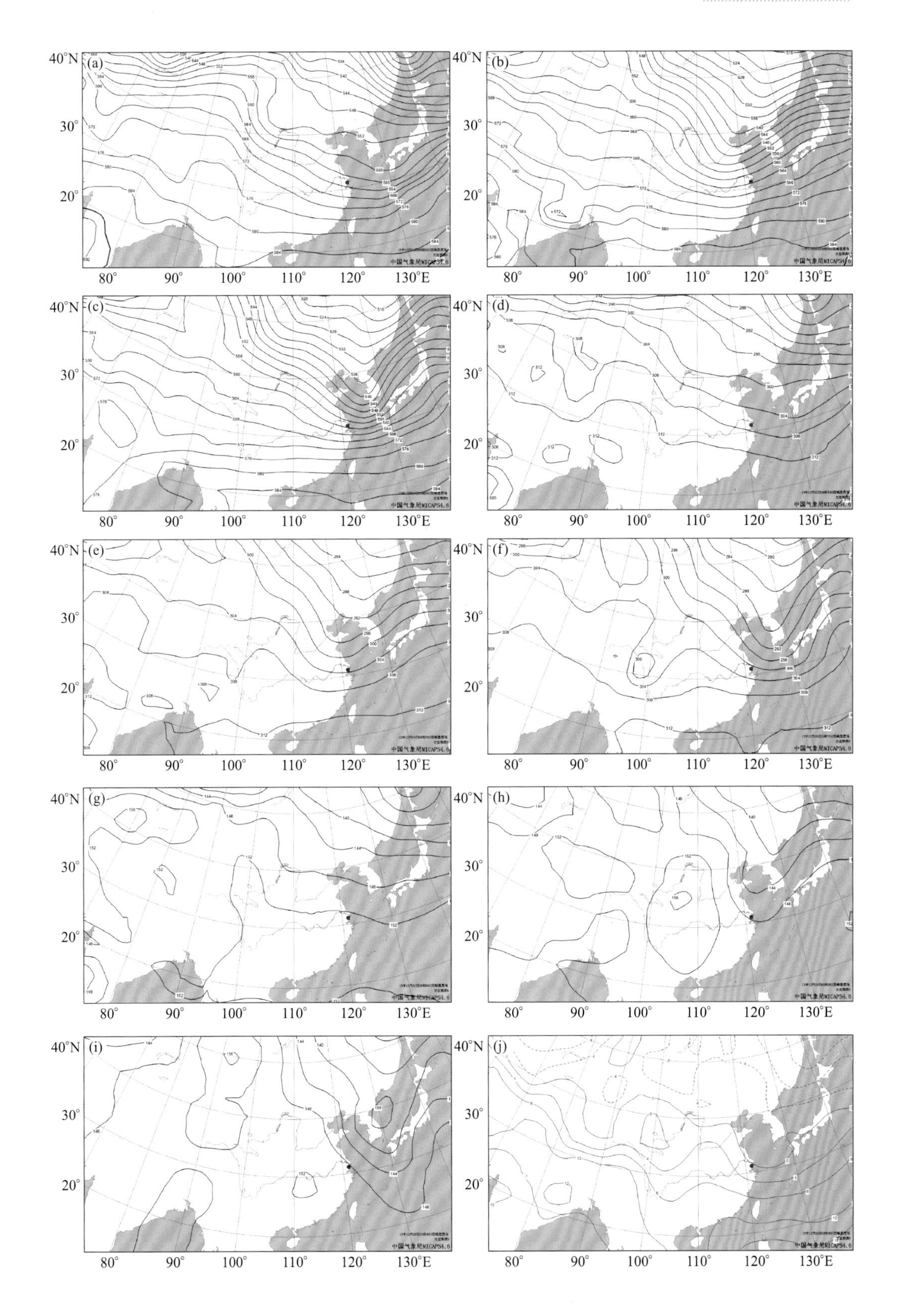
(a)
(b)
(c)
(d)
(e)
(f)
(g)
(h)
(i)
(j)
40°N
30°
20°
80°
90°
100°
110°
120°
130°E

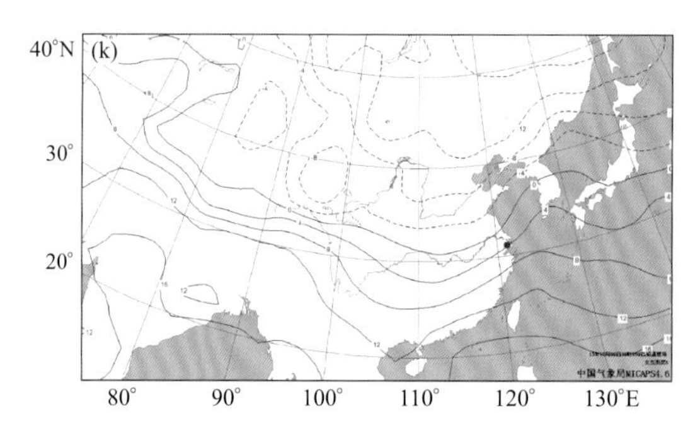

图 5.2.2　2013 年 12 月 2 日 08 时 500 hPa(a)、700 hPa(d)、850 hPa(g)高度场及 850 hPa 温度场(j)；9 日 08 时 500 hPa(b)、700 hPa(e)、850 hPa(h)高度场及 850 hPa 温度场(k)；9 日 20 时 500 hPa(c)、700 hPa(f)、850 hPa(i)高度场(高度场单位：dagpm；温度场单位：℃；•：上海市位置)

研究此次连续污染过程的海平面气压场和地面风场发现，12 月 1 日至 7 日上午上海市主要受高压环流的影响，高压中心型(图 5.2.3a)和 L 型高压型(图 5.2.3b)交替出现，气压场较弱，地面风速较小，水平扩散条件较差，同时在高压控制下，近地层为下沉气流，大气层结比较稳定，污染物在垂直方向上也得不到扩散，如果高压长期存在，容易造成长时间的污染。另外，在 L 型高压控制下，上海市主导风向多为西向风(西北风、偏西风或西南风)，来自陆地的风有利于将上游污染物输送至本地造成污染，在高压中心的控制下，上海市则主要受到本地污染物积聚的影响，从图上可以看到，1—7 日中国中东部地区大部分省份都出现了霾区，污染范围非常广，较差的扩散条件叠加上游污染物输送是造成这次长时间高浓度污染过程的重要原因。图 5.2.3c 为 8 日 14 时海平面气压场和地面风场，从图上可以看到，7 日下午至 8 日上海市逐渐转受低压倒槽影响，虽然主导风向转为东南风，来自海上的洁净空气有利于污染物浓度的稀释下降，但由于前期 $PM_{2.5}$ 浓度长时间维持在较高水平，短时的东南风带来了 $PM_{2.5}$ 浓度的下降(图 5.2.1b)，并没有让其降至良水平。9 日(图 5.2.3d)上海市受北方冷空气影响，位于高压底前部，为冷空气型，主导风向由东南风转为西到西北风，风向由海上转为内陆，有利于将上游污染物输送至上海市，同时从图上可以看到，受冷空气影响，中国东部地区的气压梯度明显增大，地面风速较 1—8 日明显增大，水平扩散条件转好，有利于污染气团的快速过境，受其影响，河北省、河南省、山东省及江苏省和安徽省北部地区的霾天气已结束，上海市 $PM_{2.5}$ 浓度也在 9 日早晨出现第三个峰值后开始下降，于 10 日 01 时降回良等级(图 5.2.1b)，冷空气的影响虽然带来了污染，但也结束了上海市长达 9 d 的污染过程。

5.2.3　气象要素分析

图 5.2.4 给出了 12 月 1—9 日上海市地面风向风速变化时序，分析地面风速变化可知，1—8 日上海市地面风速较小，绝大部分时段风速都在 3 m/s 以下，夜间都出现了

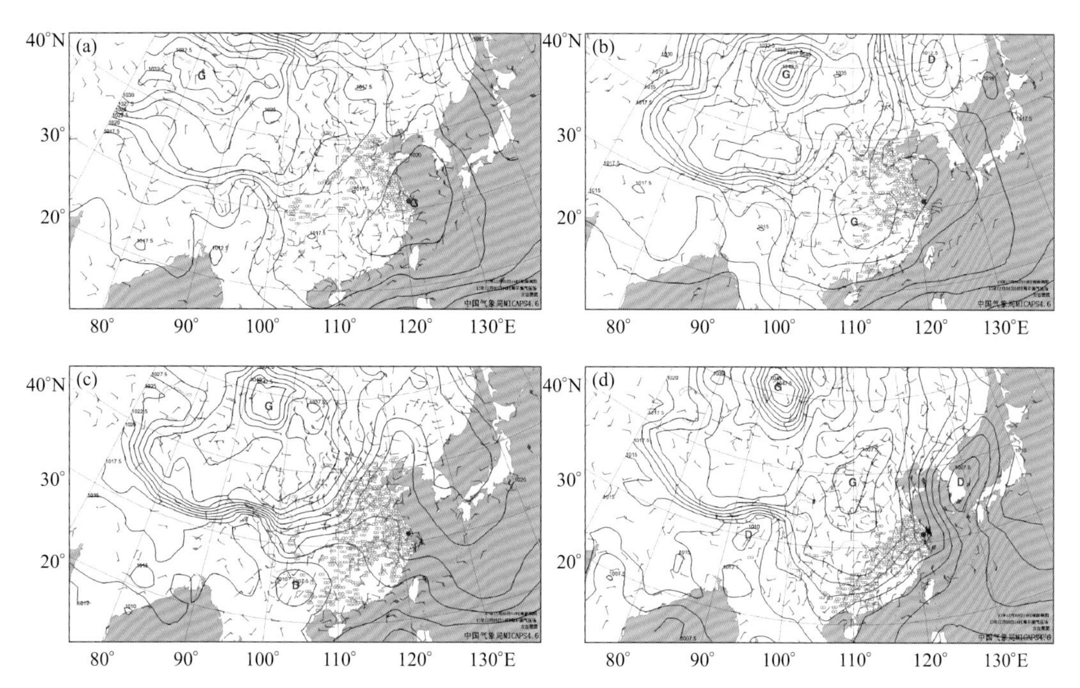

图 5.2.3 2013 年 12 月 2 日 14 时(a)、4 日 08 时(b)、8 日 14 时(c)和 9 日 14 时(d)海平面气压场(单位：hPa)和地面风场(单位：m/s)(∞：霾区；•：上海市位置)

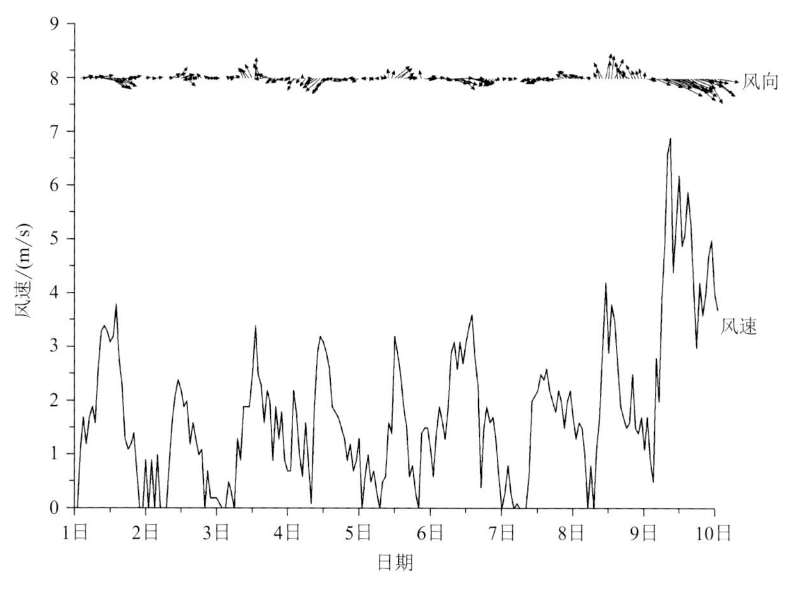

图 5.2.4 2013 年 12 月 1—9 日上海市地面风向风速变化时序

静风，其中 2 m/s 及以下风速时段占 1—8 日总时段的 73.4%，静风时段占 15.1%，小的风速使得污染物在水平方向上不易扩散出去，为污染物积聚创造了十分有利的条件；9 日开始随着冷空气影响上海市，地面风速有一个明显增大的过程，白天大部分时段风速都在 5 m/s 以上，最大风速达 6.9 m/s，水平扩散条件较 1—8 日明显转好，有利于污染气团的快速过境。从风向变化来看，1 日至 7 日上午上海市主导风向以西向风为主（偏西风、西南风或西北风），其中 3—4 日由于高压中心位置的变化，上海市出现了东向风（东南风或东北风），7 日下午至 8 日上海市转受低压倒槽的影响，主导风向转为东南风，9 日随着冷空气的影响，主导风向再次转为西到西北风，来自陆地的风（西向风）有利于将上游污染物输送至上海市造成污染，而来自海上的洁净空气（东向风）则有利于污染物浓度的稀释下降。对照图 5.2.1b 可以看到，3—4 日和 8 日在东向风的作用下，上海市 $PM_{2.5}$ 浓度相对较低，日均浓度仅为中度污染水平，但是由于前期 $PM_{2.5}$ 浓度很高，且水平和垂直扩散条件较差，即使是来自海上的风也没有将上海市 $PM_{2.5}$ 浓度降至良水平，其余时段在来自陆地的风的作用下，$PM_{2.5}$ 浓度都出现了明显的上升过程，但 9 日由于受到冷空气影响，风速明显增大，虽然风向条件不利，但较大的风速有利于污染气团的快速过境，因此，上海市 $PM_{2.5}$ 浓度在较大风速的作用下降回了良等级。

污染物在垂直方向上扩散，受到垂直方向上温度分布状况控制，当出现逆温时，大气状况变得稳定，污染物的垂直扩散受到抑制，地面污染物容易积累。12 月 1—5 日和 7—8 日上海市近地面在夜间和早晨均出现了辐射逆温，逆温层顶高和逆温强度详见表 5.2.1，除 1 日 08 时以外，其余时次逆温层顶高都在 350 m 以下，其中 2 日 08 时、3 日 08 时和 4 日 20 时逆温强度强（图 5.2.5a～c），均达到了 3 ℃/(100 m)及以上。可见，此次污染过程在冷空气影响前（1—8 日）逆温时间长，逆温强度较强，因此，十分有利于 $PM_{2.5}$ 积聚，容易造成长时间高浓度的污染过程。

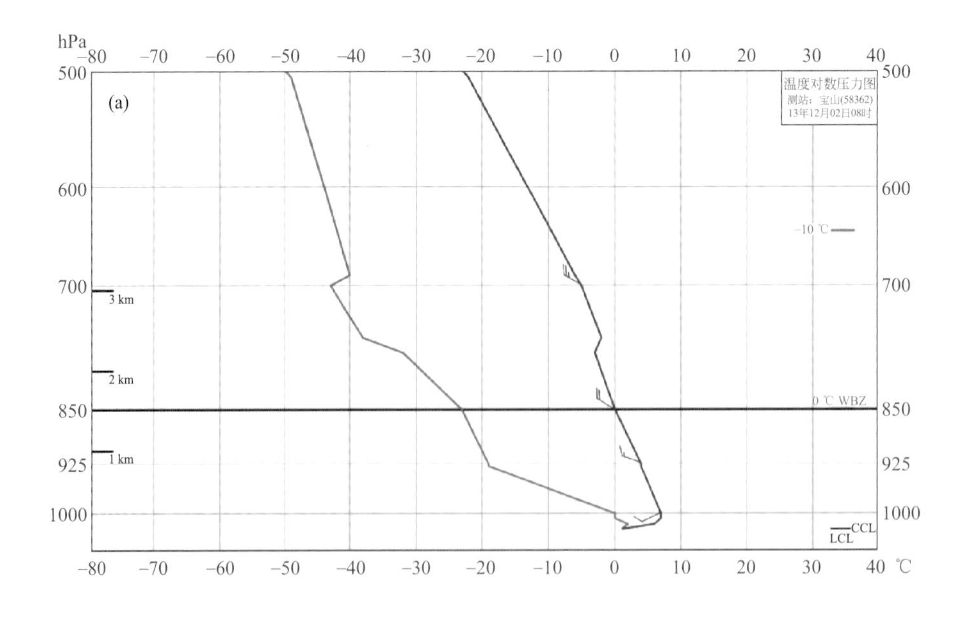

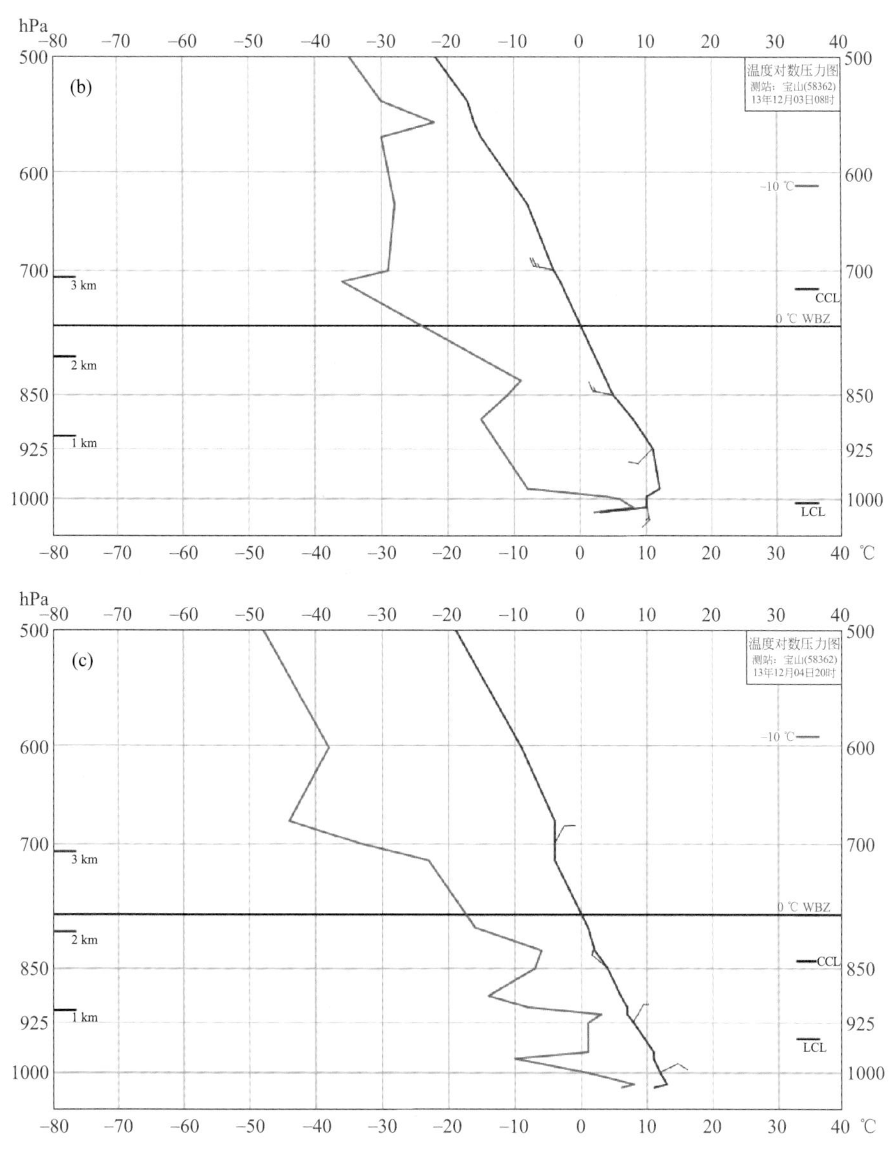

图 5.2.5 2013 年 12 月 2 日 08 时(a)、3 日 08 时(b)和 4 日 20 时(c)上海市探空曲线，图中蓝线为温度曲线(单位：℃)

表 5.2.1 2013 年 12 月 1—8 日上海市逆温层顶高和逆温强度

时间	逆温层顶高/m	逆温强度/(℃/(100 m))
1 日 08 时	498	1
1 日 20 时	210	1
2 日 08 时	210	3
2 日 20 时	189	2
3 日 08 时	324	3
3 日 20 时	160	1

续表

时间	逆温层顶高/m	逆温强度/(℃/(100 m))
4 日 08 时	289	1
4 日 20 时	45	4
5 日 08 时	120	1
5 日 20 时	170	2
7 日 08 时	190	2
8 日 08 时	270	1
8 日 20 时	150	1

5.2.4 物理量诊断分析

利用 12 月 1 日 02 时—10 日 02 时 NCEP 每 6 h 一次的 FNL 1°×1°再分析资料对上海市(121°—122°E,31°—32°N)做区域平均的速度和散度垂直剖面图。从垂直速度图(图 5.2.6a)可以看到,1—8 日 700 hPa 以下垂直速度的绝对值大部分时段都在 0.1 Pa/s 及以下,说明这段时间上下层垂直交换弱,不利于污染物在垂直方向扩散,且 850 hPa 以下基本为弱的下沉气流,对污染物的垂直扩散进一步起到抑制作用,8 日夜间至 9 日随着冷空气逐渐向南扩散,上海市上空的垂直运动明显增强,8 日夜间出现了短时的上升运动,9 日再次转为下沉运动。从散度垂直剖面图(图 5.2.6b)也可以看到,1—8 日上海市 700 hPa 以下辐合辐散都弱,8 日夜间至 9 日辐合辐散增强,进一步验证了上述结论。

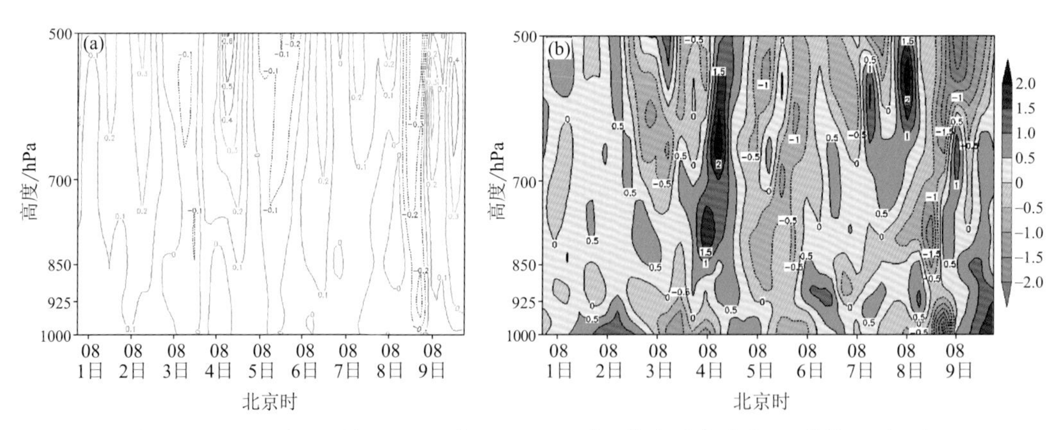

图 5.2.6 2013 年 12 月 1 日 02 时—10 日 02 时上海市垂直速度(a,单位:Pa/s)和散度(b,单位:10^{-6}/s)区域平均时序

5.2.5 垂直环流分析

由前文分析可知,在受输送影响的各个阶段,12 月 1—2 日,上海市主导风向为偏西风或西北风,5 日至 7 日上午上海市主导风向以偏西风或西南风为主,9 日由于受到冷空

气影响，上海市主导风向再次转到西北向，因此，利用12月1—9日NCEP每6 h一次的FNL 1°×1°再分析资料，分别从安徽省西北部地区（阜阳市，图5.2.7a）、安徽省南部地区（黄山市，图5.2.7b）及山东省西部地区（菏泽市，图5.2.7c）至上海市做垂直环流剖面图（该图中制作垂直环流时将垂直速度扩大了100倍）。从图上可以看到，上海市上空850 hPa以下基本以下沉运动为主，而在其上游地区850 hPa以下均出现了上升运动，其中1—2日上升运动出现在118°E以西（安徽省中北部地区），5日至7日上午则出现在120°E以西（安徽省南部地区—浙江省北部地区），9日出现在119°—121°E（江苏省中南部地区），受污染输送影响期间垂直方向上均存在这样一条输送通道，污染物先通过上游地区的上升运动到达中低空，然后随着中低空气流到达上海市上空，最后再通过下沉运动沉降至近地面。

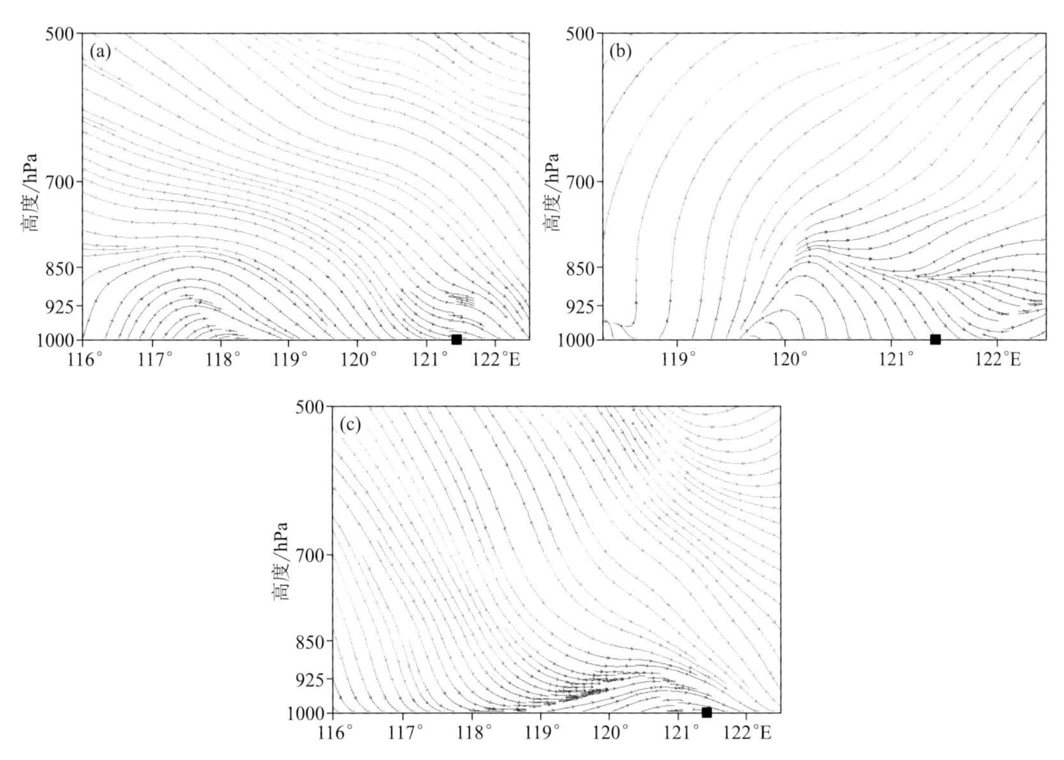

图5.2.7　2013年12月1日14时(a)、5日20时(b)安徽—上海及9日14时山东—上海(c)垂直环流剖面图(■:上海市位置)

5.2.6　后向轨迹分析

为了进一步验证$PM_{2.5}$的来源，选取上海市作为气团后向轨迹的终点，研究此次污染过程。图5.2.8给出了受输送影响期间不同高度的气团到达上海市的轨迹，图5.2.8a显示12月1—2日不同高度的气团来向一致，均来自上海市西北部的山东省、安徽省和江苏省，同时不同高度的气团均出现了下沉现象；5日至7日上午（图5.2.8b）不同高度的气团来向转自上海市西南部的安徽省和浙江省，其中100 m和

500 m 的气团出现了下沉运动；9 日(图 5.2.8c)气团来向再次转向上海市西北部，但较 1—2 日更偏北，主要来自山东省和江苏省，其中 1500 m 和 500 m 的气团均出现下沉现象。后向轨迹图进一步说明 1—9 日江苏省、安徽省、浙江省和山东省对上海市均有输送贡献。

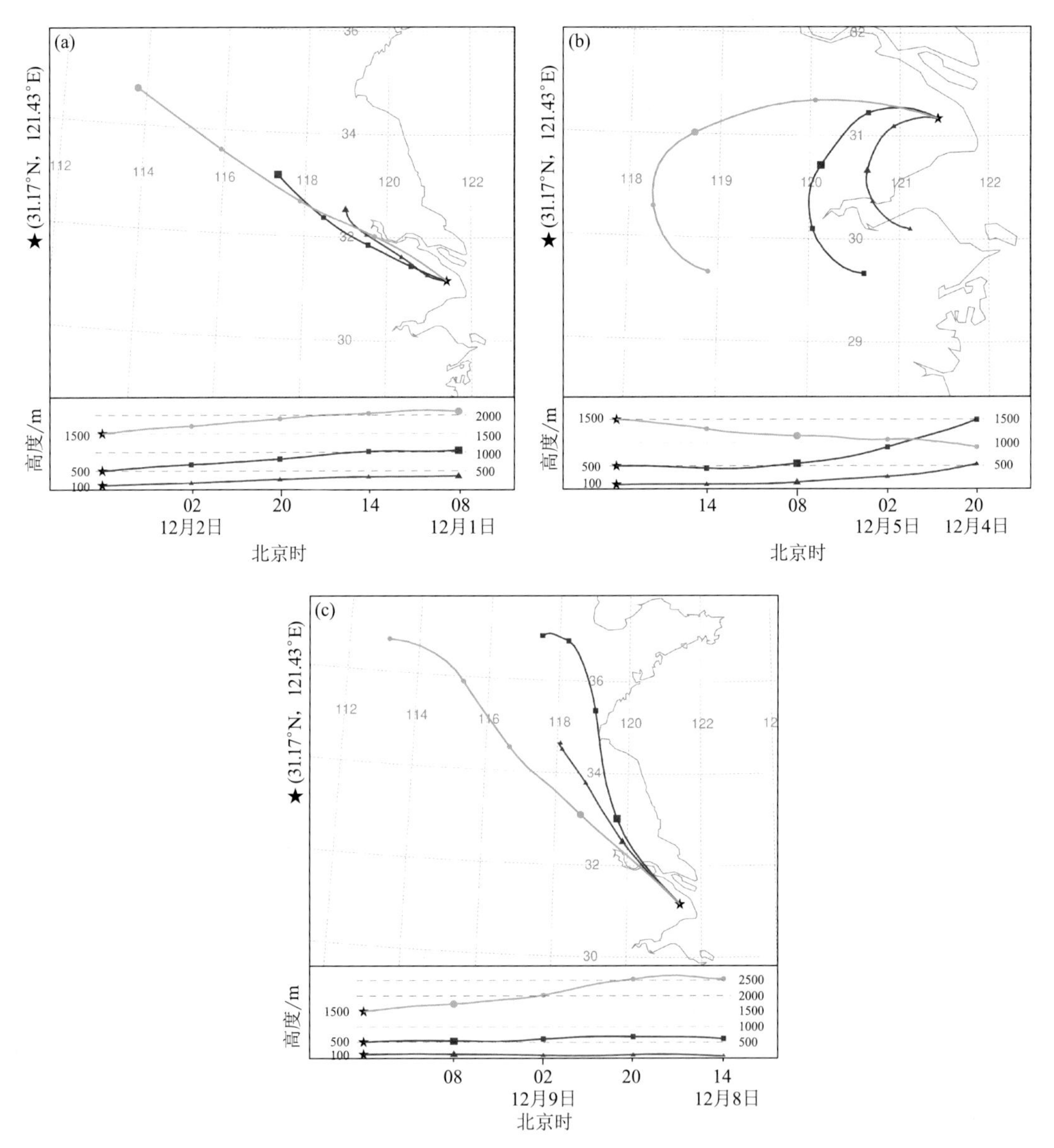

图 5.2.8 2013 年 12 月 2 日 08 时(a)、5 日 20 时(b)和 9 日 14 时(c)
不同高度气团到达上海市的后向轨迹图

5.2.7 小结

(1)2013 年 12 月 1—9 日上海市出现了连续 9 d 的 PM$_{2.5}$ 污染过程，其中 2 d 达到了严重污染、4 d 重度污染和 3 d 中度污染。此次污染过程成因复杂，1 日至 7 日上午主要由本地污染物积聚叠加上游污染物输送造成，混合型污染和积累型污染交替出现，9日主要受上游污染物输送影响，为输送型污染。从 $PM_{2.5}$ 浓度变化来看，$PM_{2.5}$ 浓度有3个快速上升期，出现了3个峰值，污染时长达223 h，其中出现了61 h严重污染和76 h重度污染，污染持续时间很长，污染程度很重。

(2)此次污染过程与天气形势的高低空配置有密切关系。1—8日上海市高空为西北气流或偏西气流控制，且垂直方向上层结稳定，为污染的发生、发展提供了有利条件。从地面天气形势来看，1日至7日上午上海市主要受到高压环流影响，其中4 d为L型高压型，其余为高压中心型，7日下午至8日上海市受低压倒槽影响，9日为冷空气型，1—8日上海市地面气压场总体较弱，且污染期间风向多以西向风为主，因此，地面天气形势有利于 $PM_{2.5}$ 的积聚和上游的输送。

(3)诊断分析污染时段的气象要素发现，1—8日上海市在水平方向上风速较小，夜间出现了静风，在垂直方向上垂直运动弱，且基本以下沉运动为主，大部分时段都出现了逆温，因此水平和垂直方向上的扩散条件都十分有利于 $PM_{2.5}$ 在地面堆积；9日随着冷空气影响上海市，地面风速明显增大，有利于污染气团的快速过境。另外，分析污染时段的风向发现，来自陆地的风有利于上游 $PM_{2.5}$ 输送至本地，而来自海上的洁净空气则有利于 $PM_{2.5}$ 浓度的下降。

(4)分析垂直环流发现，受输送影响期间垂直方向上均存在一条输送通道，污染物先通过上游地区的上升运动到达中低空，然后随着中低空气流到达上海市上空，最后再通过下沉运动沉降至近地面。后向轨迹分析则进一步证明1—9日江苏省、安徽省、浙江省和山东省对上海市均有输送贡献。

5.3 2013年12月28日—2014年1月4日污染过程

5.3.1 污染过程概述

2013年12月28日—2014年1月4日上海市出现了连续8 d的 $PM_{2.5}$ 污染过程(图5.3.1a)，其中有4 d中度污染、4 d轻度污染，12月29日是污染最严重的一天，IAQI达196。图5.3.1b给出了2013年12月27日12时—2014年1月5日12时 $PM_{2.5}$ 小时浓度时序，从图上可以看到，2013年12月27日下午开始 $PM_{2.5}$ 浓度是一个振荡上升的过程，上升速度较慢，于21时达到轻度污染，28日20时达到中度污染，29日07时达到重度污染，11时 $PM_{2.5}$ 浓度达到200.8 $\mu g/m^3$ 之后开始振荡回落，于31日16时降回良等级，在维持了3 h的良等级后 $PM_{2.5}$ 浓度在19时再次上升至轻度污染级别，之后 $PM_{2.5}$ 浓度出现了2次骤升骤降的过程，在2014年1月2日14时再次降回良等级，$PM_{2.5}$ 浓度在良等级维持了5 h，于19时升回轻度污染级别，之后浓度继续振荡上升，于4日03时出现此次污染过程小时浓度最大值，为265.1 $\mu g/m^3$，达到严重污染级别，之后浓度快速下降，13时降回良等级，污染过程结束。此次污染过程污染出现了不连续现象，污染时段分别为

2013 年 12 月 27 日 21 时—31 日 15 时、2013 年 12 月 31 日 19 时—2014 年 1 月 2 日 13 时和 2014 年 1 月 2 日 19 时—4 日 12 时，共 3 个时段 176 h，其中出现了 2 h 严重污染、51 h 重度污染和 52 h 中度污染，污染持续时间很长，短时污染程度很重。

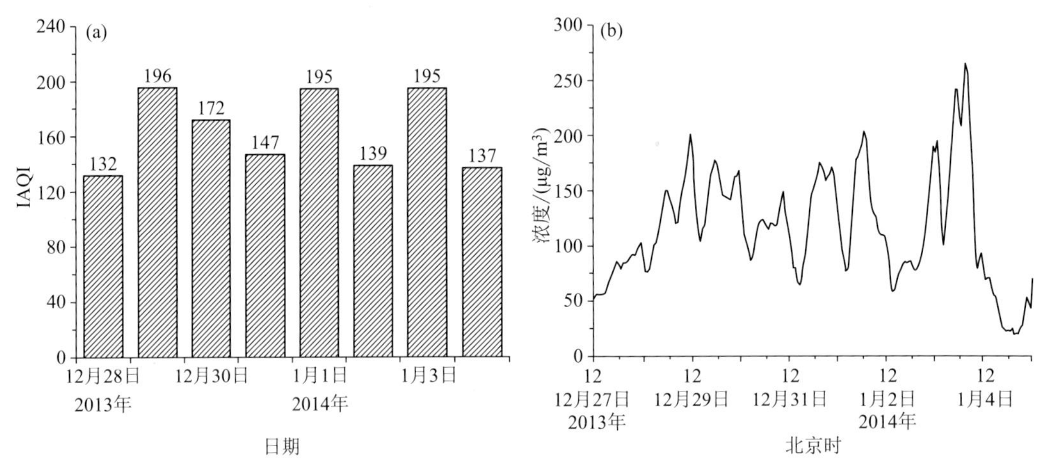

图 5.3.1　2013 年 12 月 28 日—2014 年 1 月 4 日上海市 $PM_{2.5}$ IAQI(a)和 2013 年 12 月 27 日 12 时—2014 年 1 月 5 日 12 时 $PM_{2.5}$ 小时浓度(b)时间序列

5.3.2　天气形势分析

分析 2013 年 12 月 28 日—2014 年 1 月 4 日低空到高空的高度场发现，2013 年 12 月 28 日—2014 年 1 月 2 日(图 5.3.2a、d、g)上海市多位于槽后或脊上，受西北气流或偏西气流控制，高低空环流配置不利于大强度降水的出现，对 $PM_{2.5}$ 不会造成湿沉降作用，为污染的发生、发展提供了有利的气象条件；1 月 3 日 08 时(图 5.3.2b、e、h)，上海市从低空到高空均转为槽前西南气流控制，高低空形势有利于降水的出现，但从当日降水实况来看(图略)，上海市没有出现降水，对 $PM_{2.5}$ 没有湿沉降作用，到 4 日 08 时(图 5.3.2c、f、i)，上海市上空 500～850 hPa 已由槽前转为槽后，受西北气流影响，高低空形势不再有利于降水的出现。850 hPa 温度场显示，2013 年 12 月 30 日—2014 年 1 月 2 日上海市位于暖脊前部或暖脊上(图 5.3.2j)，受暖平流影响，低层增温明显，为大气产生稳定层结创造了良好的条件，不利于 $PM_{2.5}$ 在垂直方向上扩散。

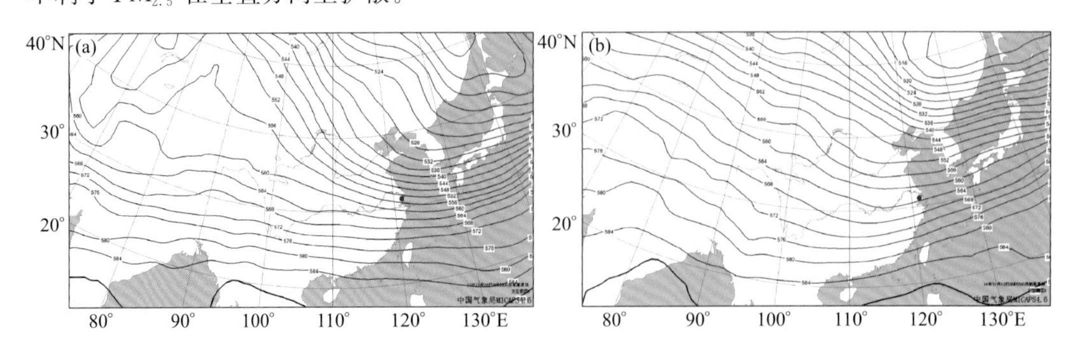

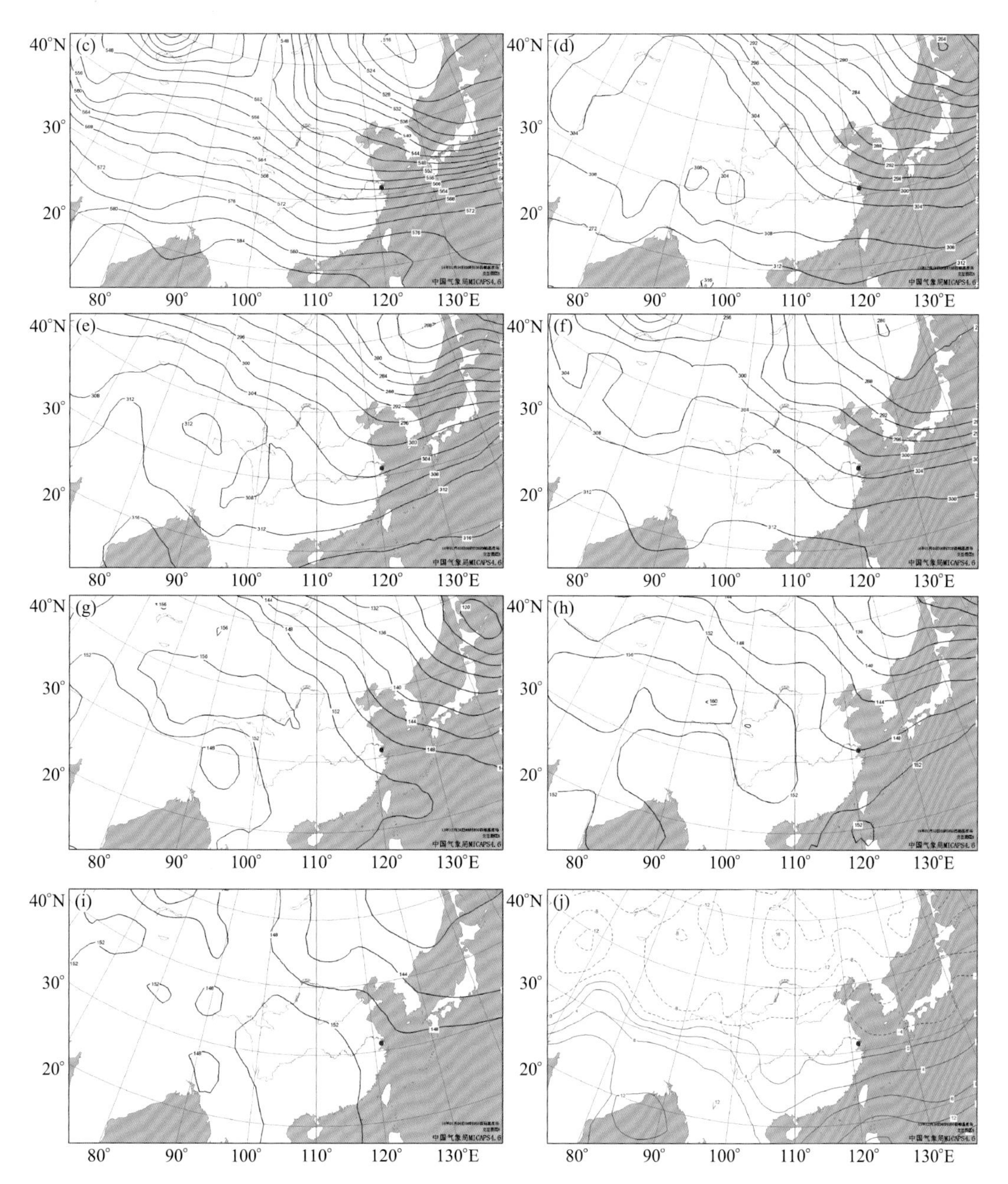

图 5.3.2 2013 年 12 月 28 日 08 时 500 hPa(a)、700 hPa(d)、850 hPa(g)高度场和 30 日 08 时 850 hPa 温度场(j);2014 年 1 月 3 日 08 时 500 hPa(b)、700 hPa(e)、850 hPa(h)高度场和 4 日 08 时 500 hPa(c)、700 hPa(f)、850 hPa(i)高度场(高度场单位:dagpm;温度场单位:℃;•:上海市位置)

研究此次连续污染过程的海平面气压场和地面风场发现,2013 年 12 月 28 日—2014 年 1 月 1 日上海市主要受 L 型高压(图 5.3.3a)控制,为 L 型高压型,气压场较弱,地面风速较小,水平扩散条件较差,同时在高压控制下,近地层为下沉气流,大气层结比较稳定,污染物在垂直方向上也得不到扩散,如果高压长期存在,那么污染物会不易扩散,容易造成长时间的污染。另外，在L型高压控制下，上海市主导风向多为西向风（西北风、偏西风或西南风），来自陆地的风有利于将上游污染物输送至本地造成污染，从图上可以看到，华东中北部地区出现了大片霾区，污染范围较广，上游污染物的输送也是造成这次长时间高浓度污染过程的重要原因。图5.3.3b为1月2日14时海平面气压场和地面风场，从图上可以看到，2日上海市逐渐转为高压后部，主导风向转为东向风（东北风、偏东风或东南风），来自海上的洁净空气有利于污染物浓度的稀释下降，因此，对照图5.3.1b可以看到，2日 $PM_{2.5}$ 浓度出现下降过程，并且短时下降至良等级，但由于前期 $PM_{2.5}$ 浓度高，2日 $PM_{2.5}$ 浓度日均值仍然达到了轻度污染级别。3日（图5.3.3c）开始上海市受到北方冷空气影响，天气类型转为冷空气型，主导风向逐渐转为西北风，风向由海上转为陆地，从图上可以看到，华东中北部地区仍然存在大片霾区，冷空气可以将上游污染物输送至上海市造成污染，对照图5.3.1b可以看到，3日开始 $PM_{2.5}$ 有一个明显的上升过程。4日（图5.3.3d）随着冷空气进一步向南扩散，上海市主导风向逐渐转向东北风，同时风速也在增大，海上的洁净空气有利于污染物浓度的稀释下降，较大的风速也有利于污染气团的快速过境，4日白天 $PM_{2.5}$ 出现了迅速下降的过程，于13时降回良等级（图5.3.1b），污染过程结束。冷空气的影响虽然带来了污染，但也结束了上海市持续8 d的污染过程。

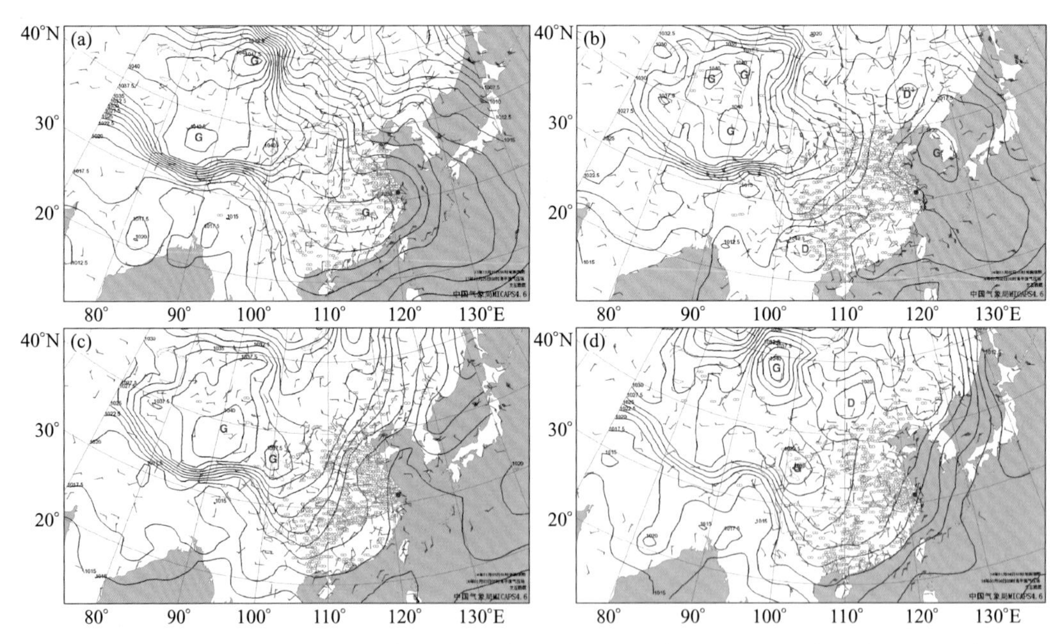

图5.3.3　2013年12月29日08时(a)；2014年1月2日14时(b)、3日08时(c)和4日08时(d)海平面气压场(单位：hPa)和地面风场(单位：m/s)(∞：霾区；•：上海市位置)

5.3.3　气象要素分析

图5.3.4给出了2013年12月28日—2014年1月4日上海市地面风向风速变化时序，分析地面风速变化可知，2013年12月28日—2014年1月2日上海市地面风速白天

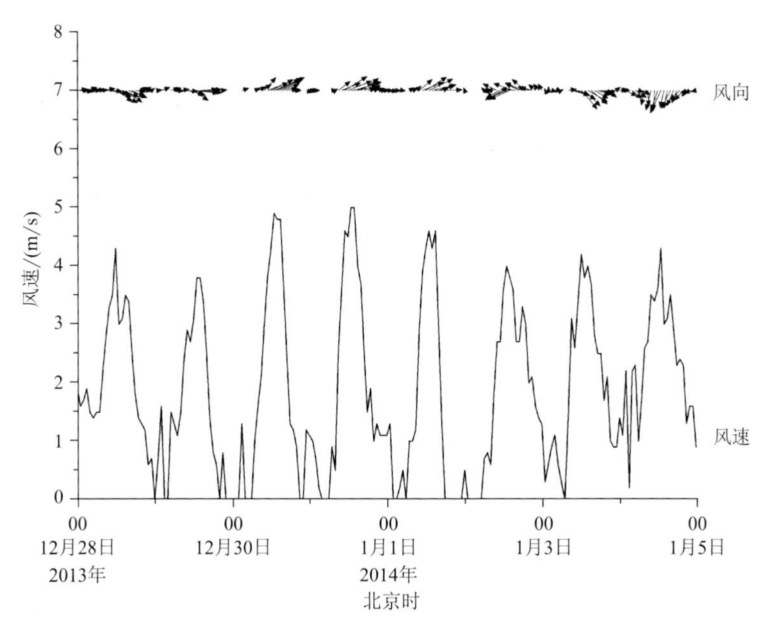

图 5.3.4 2013 年 12 月 28 日—2014 年 1 月 4 日上海市地面风向风速变化时序

都出现了短时增大的过程，而夜间风速则减小明显，均出现了静风时段，尤其是 1 月 1 日夜间静风时段较长，2013 年 12 月 28 日—2014 年 1 月 2 日 2 m/s 及以下的风速时段占 62.5%，静风时段占 23.6%，可以看到大部分时段风速都较小，小的风速使得污染物在水平方向上不易扩散出去，为污染物的积聚创造了十分有利的条件；1 月 3—4 日随着冷空气影响上海市，白天地面风速都较大，夜间虽然也出现了风速减小的过程，但基本没有静风出现，夜间的水平扩散条件明显好于前 6 d。从风向变化来看，1 月 2 日以前上海市主导风向以西向风为主（偏西风、西南风或西北风），2 日上海市出现了东向风（东南风、偏东风或东北风），3—4 日随着冷空气影响上海市，主导风向有一个由西北风顺转为东北风的过程，来自陆地的风（西向风）有利于将上游污染物输送至上海市造成污染，来自海上的洁净空气（东向风）则有利于污染物浓度的稀释下降。对照图 5.3.1b 可以看到，风速风向的变化与 $PM_{2.5}$ 浓度的变化相对应，较大的风速和来自海上的风均有利于 $PM_{2.5}$ 浓度的下降，小的风速和来自陆地风则有利于 $PM_{2.5}$ 浓度的上升，甚至出现污染，因此，风速风向的变化对 $PM_{2.5}$ 浓度的变化起到非常重要的作用。

污染物在垂直方向上扩散，受到垂直方向上温度分布状况控制，当出现逆温时，大气状况变得稳定，污染物的垂直扩散受到抑制，地面污染物容易积累。2013 年 12 月 28 日—2014 年 1 月 2 日上海市近地面均出现了辐射逆温，逆温层顶高和逆温强度详见表 5.3.1，逆温层顶高均在 300 m 以下，且大部分时次逆温强度强，在 3 ℃/(100 m)及以上，其中 1 月 2 日 08 时逆温强度达到了 7 ℃/(100 m)(图 5.3.5)。综上，此次污染过程在冷空气影响前逆温时间长，逆温强度强，十分有利于 $PM_{2.5}$ 在本地积聚，容易造成长时间高浓度的污染过程。

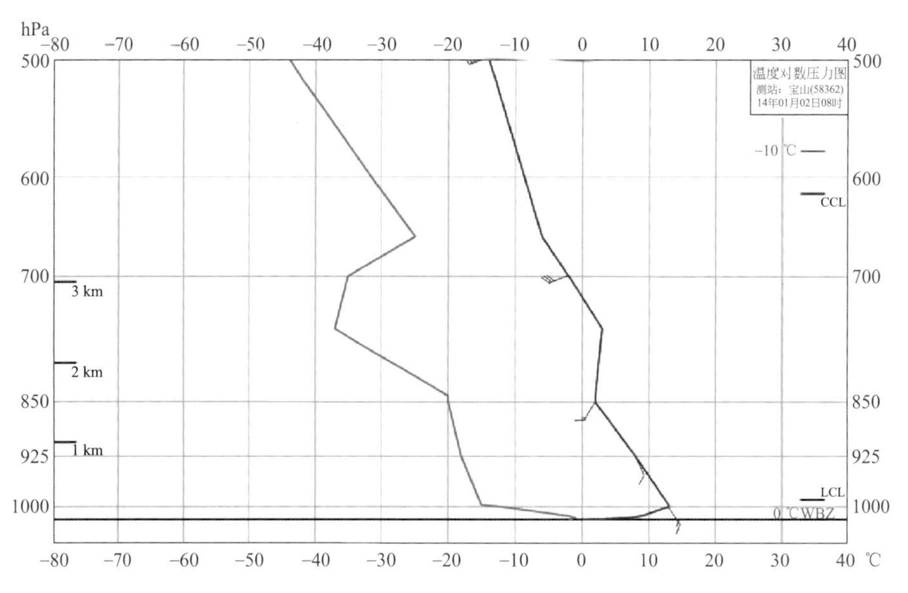

图 5.3.5　2014 年 1 月 2 日 08 时上海市探空曲线，图中蓝线为温度曲线(单位：℃)

表 5.3.1　2013 年 12 月 28 日—2014 年 1 月 2 日上海市逆温层顶高和逆温强度

时间	逆温层顶高/m	逆温强度/(℃/(100 m))
28 日 08 时	230	1
28 日 20 时	54	4
29 日 08 时	212	1
29 日 20 时	99	4
30 日 08 时	263	3
30 日 20 时	180	2
31 日 08 时	252	4
31 日 20 时	160	3
1 日 08 时	296	3
1 日 20 时	170	4
2 日 08 时	197	7

5.3.4　物理量诊断分析

利用 2013 年 12 月 28 日 02 时—2014 年 1 月 4 日 20 时 NCEP 每 6 h 一次的 FNL 1°×1°再分析资料对上海市(121°—122°E，31°—32°N)做区域平均的速度和散度垂直剖面图。从垂直速度图(图 5.3.6a)可以看到，700 hPa 以下垂直速度的绝对值都在 0.2 Pa/s 及以下，说明这段时间上下层垂直交换弱，不利于污染物在垂直方向上扩散，同时除 1 月 2 日外，上海市上空基本为下沉气流，对污染物的垂直扩散进一步起到抑制作用。从散度垂直剖面图(图 5.3.6b)也可以看到,2013 年 12 月 28 日—2014 年 1 月 4 日上海市 700 hPa 以下辐合辐散都弱,进一步验证了上述结论。

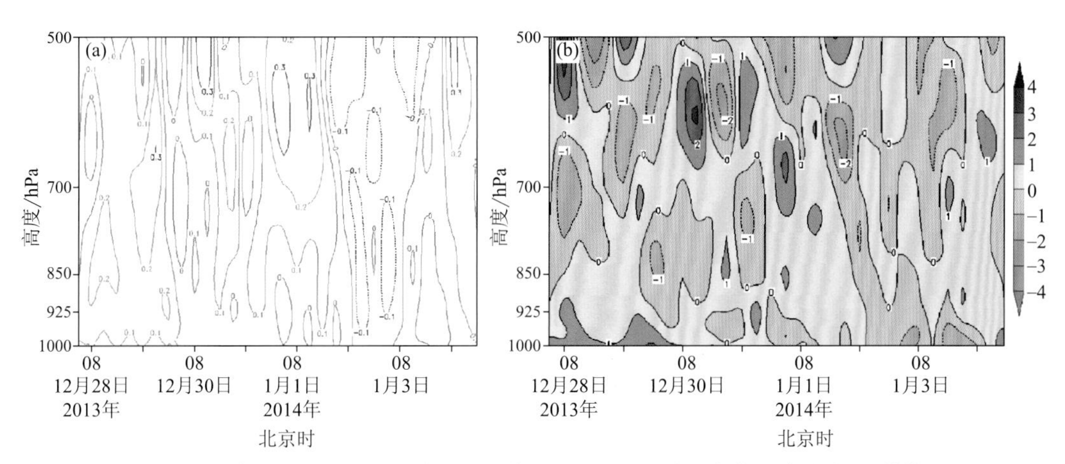

图 5.3.6 2013 年 12 月 28 日 02 时—2014 年 1 月 4 日 20 时上海市垂直速度(a,单位:Pa/s)和散度(b,单位:10^{-6}/s)区域平均时序

5.3.5 垂直环流分析

从图 5.3.4 可以看到,2013 年 12 月 28—29 日上海市主导风向为偏西风或西北风,2013 年 12 月 30 日—2014 年 1 月 1 日上海市主导风向以偏西风或西南风为主,1 月 3—4 日由于受到冷空气影响,上海市主导风向再次转到西北向,因此利用污染期间 NCEP 每 6 h 一次的 FNL 1°×1°再分析资料,分别从安徽省北部地区(亳州市,图 5.3.7a)、安徽省南部地区(黄山市,图 5.3.7b)及江苏省中北部地区(淮安市,图 5.3.7c)至上海市做垂直环流剖面图(该图中制作垂直环流时将垂直速度扩大了 100 倍)。从图中可以看到,污染期间垂直方向上一直存在一条输送通道,上海市上游地区 850 hPa 以下均为上升气流,可以将当地污染物输送至中低空,其中 2013 年 12 月 28—29 日上升运动出现在 117°E 以西(安徽省北部地区),2013 年 12 月 30 日—2014 年 1 月 1 日则出现在 118°—119.5°E(安徽省南部地区),1 月 3—4 日出现在 121°E 以西(江苏省),中低空气流再将污染物输送至上海市上空,而上海市上空 850 hPa 以下基本以下沉运动为主,污染物最后通过下沉运动沉降至近地面。

5.3.6 后向轨迹分析

为了进一步验证 $PM_{2.5}$ 的来源,选取上海市作为气团后向轨迹的终点,研究此次污染过程。图 5.3.8 给出了不同高度的气团到达上海市的轨迹,图 5.3.8a 显示了 2013 年 12 月 28—29 日不同高度的气团来向一致,均来自上海市西北部的山东省、安徽省和江苏省,同时不同高度的气团均出现了下沉现象;2013 年 12 月 30 日—2014 年 1 月 1 日(图 5.3.8b),500 m 和 100 m 的气团来向转向上海市西部和西南部,1500 m 的气团来向也较

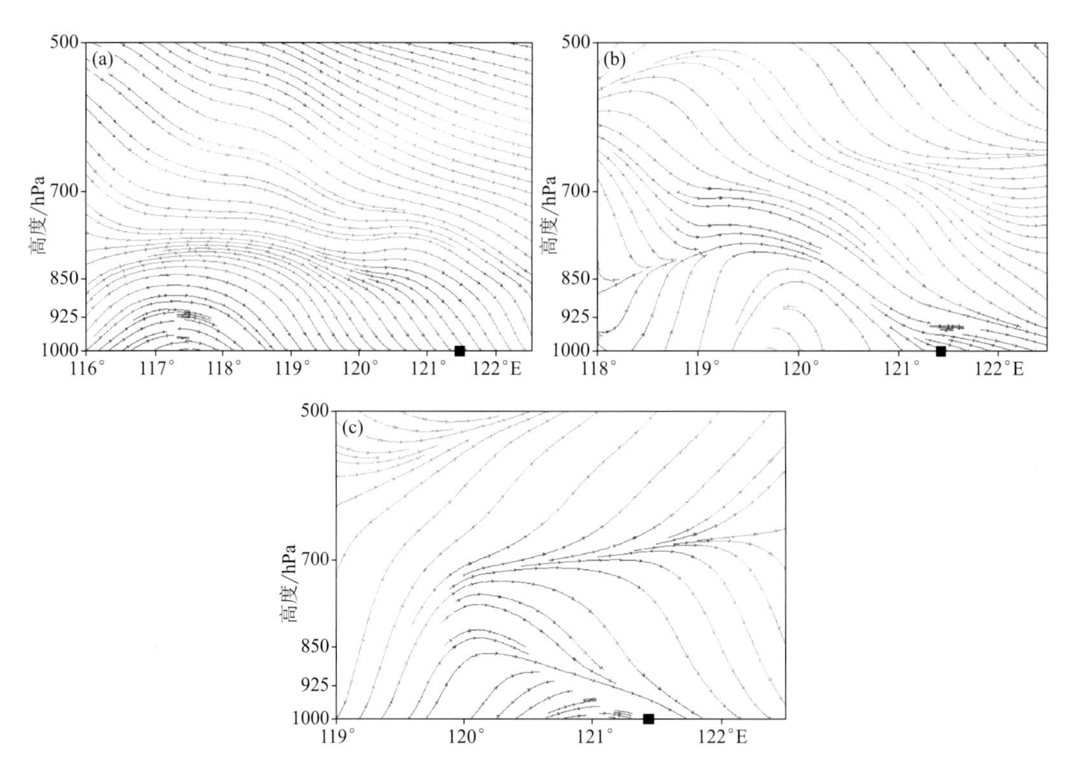

图 5.3.7 2013 年 12 月 28 日 02 时(a)和 30 日 14 时(b)安徽—上海及 2014 年 1 月 3 日 14 时江苏—上海(c)垂直环流剖面图(■:上海市位置)

2013 年 12 月 28—29 日更偏西,气团主要来自浙江省、安徽省和江苏省,同时不同高度的气团仍然有下沉现象出现;2014 年 1 月 3—4 日(图 5.3.8c),气团来向再次转向上海市西北部,但较 2013 年 12 月 28—29 日方向更偏北,气团主要来自江苏省,气团没有出现下沉现象。后向轨迹图进一步说明江苏省、安徽省、浙江省和山东省对上海市均有输送贡献。

5.3.7 小结

(1)2013 年 12 月 28 日—2014 年 1 月 4 日上海市出现了连续 8 d 的 $PM_{2.5}$ 污染过程,其中有 4 d 中度污染、4 d 轻度污染。此次污染过程前 5 d 主要由本地污染物积聚叠加上游污染物输送造成,属于混合型污染,而 1 月 3—4 日则主要受上游污染物输送影响,属于输送型污染。从 $PM_{2.5}$ 浓度变化来看,$PM_{2.5}$ 污染出现了不连续现象,3 个污染时段共 176 h,其中出现了 2 h 严重污染、51 h 重度污染、52 h 中度污染,污染持续时间很长,短时污染程度很重。

(2)此次污染过程与天气形势的高低空配置有密切关系。2013 年 12 月 28 日—2014 年 1 月 2 日上海市高空为西北气流或偏西气流控制,且大部分时段垂直方向上层结都较稳定,为污染的发生、发展提供了有利条件。从地面天气形势来看,2013 年 12 月 28 日—2014 年 1 月 1 日上海市主要受到 L 型高压控制,为 L 型高压型,1 月 3—4 日为冷空气型,2013 年 12 月 28 日—2014 年 1 月 2 日上海市地面气压场较弱,且污染期间风向多以

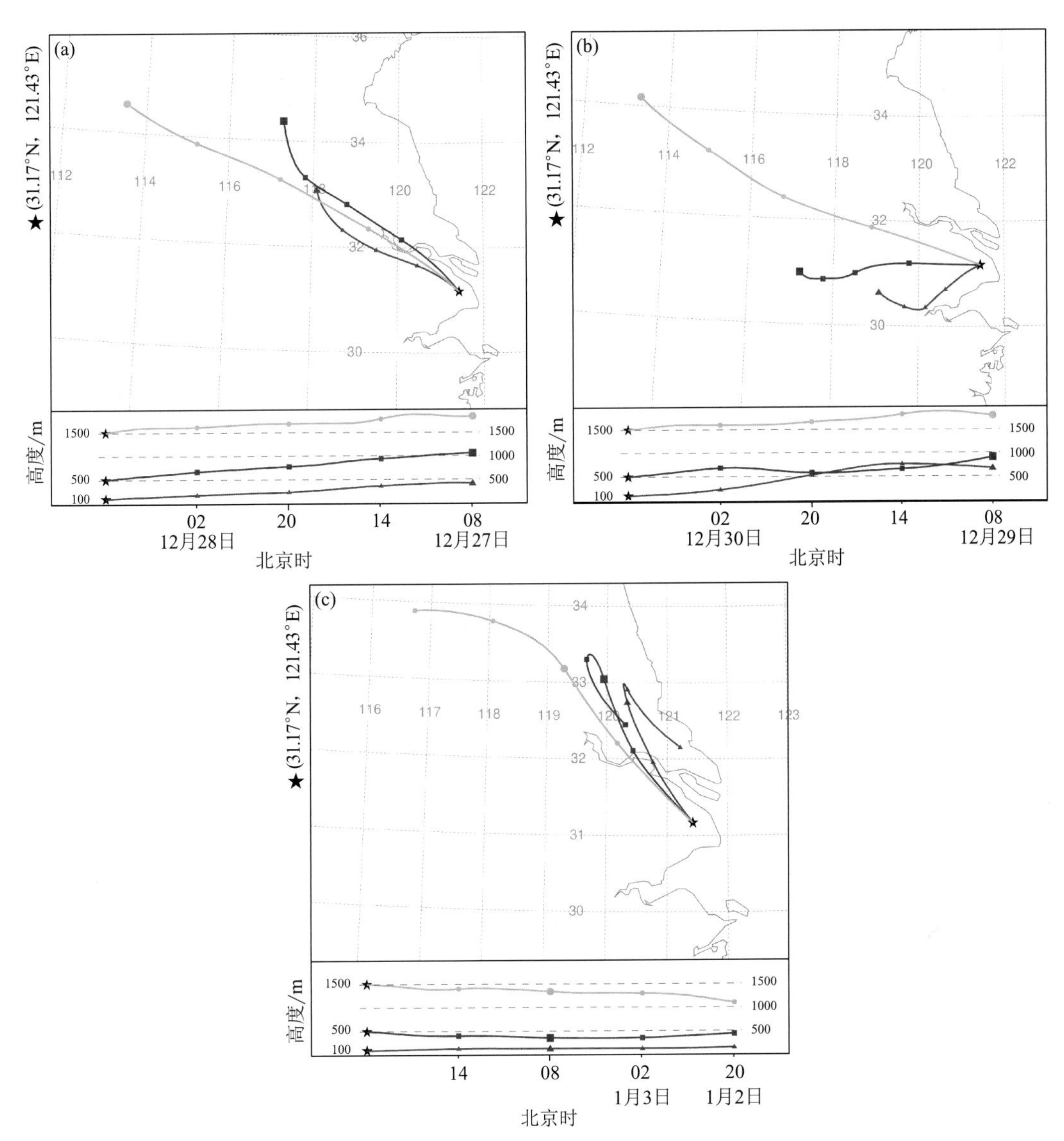

图 5.3.8 2013 年 12 月 28 日 08 时(a)、30 日 08 时(b)和 2014 年 1 月 3 日 20 时(c)不同高度气团到达上海市的后向轨迹图

西向风为主,因此,地面天气形势有利于 $PM_{2.5}$ 的积聚和上游的输送。

(3)诊断分析污染时段的气象要素发现,2013 年 12 月 28 日—2014 年 1 月 2 日上海市地面风速不大,夜间均出现了静风时段,同时垂直方向上垂直运动弱,大部分时段以下沉运动为主,且都出现了逆温,因此,水平和垂直方向上的扩散条件都十分有利于 $PM_{2.5}$ 在地面堆积;1 月 3—4 日随着冷空气影响上海市,夜间不再出现静风时段,水平扩散条件总体优于前 6 d,有利于污染物扩散。另外,分析污染时段的风向发现,来自陆地的风有利于上游 $PM_{2.5}$ 输送至本地,而来自海上的洁净空气则有利于 $PM_{2.5}$ 浓度的稀释下降。

(4)分析垂直环流发现,污染期间垂直方向上均存在一条输送通道,污染物先通过上游地区的上升运动到达中低空,然后随着中低空气流到达上海市上空,最后再通过下沉运动沉降至近地面。后向轨迹分析则进一步证明污染期间江苏省、安徽省、浙江省和山东省对上海市均有输送贡献。

5.4 2014年7月10—11日污染过程

5.4.1 污染过程概述

2014年7月10—11日上海市出现了连续2 d的 $PM_{2.5}$ 污染过程(图5.4.1a),分别达到了轻度和中度污染级别。图5.4.1b给出了10—11日 $PM_{2.5}$ 小时浓度时序,从图上可以看到,10日00时开始 $PM_{2.5}$ 出现了上升过程,08—09时出现了2 h的轻度污染,10时略有下降,11时再次达到轻度污染级别,13时以前 $PM_{2.5}$ 浓度上升速度相对较慢,13时开始则出现了迅速上升的过程,17时达到中度污染,20时达到重度污染,21时出现第一个峰值,也是此次污染过程小时浓度最大值,达203.8 μg/m³,之后浓度开始回落,但仍然维持在中度及以上污染水平,11日早晨 $PM_{2.5}$ 又开始出现了上升,浓度值在10时达到第二个峰值后,一直到12时变化幅度不大,中午以后 $PM_{2.5}$ 开始出现下降过程,但14时降至轻度污染以后,下降速度明显变慢,19—20时 $PM_{2.5}$ 浓度出现小幅上升,之后再次出现较明显的下降过程,到22时降回至良等级,污染过程结束。污染时段为10日08—09时、10日11时—11日21时,共37 h,其中出现了11 h重度污染和10 h中度污染,污染时间较长,短时污染程度重。

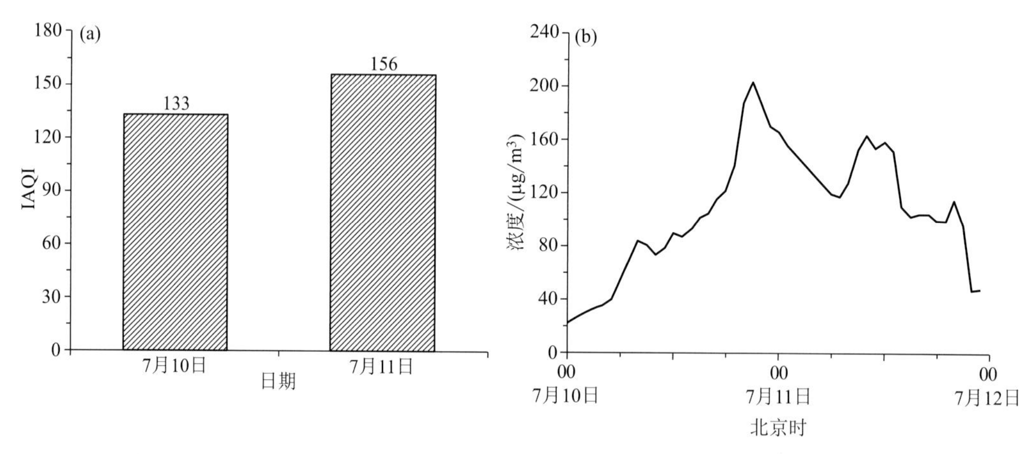

图5.4.1 2014年7月10—11日上海市 $PM_{2.5}$ IAQI(a)和小时浓度(b)时间序列

5.4.2 天气形势分析

分析7月10日08时低空到高空的高度场(图5.4.2a、c、e)发现,10日上海市受到槽后西北气流控制,高低空环流配置不利于大强度降水的出现,对 $PM_{2.5}$ 不会造成湿沉降作用,为污染的发生、发展提供了有利的气象条件。11日08时(图5.4.2b、d、f)西太平洋副热带高压较10日08时有所北抬，逐渐靠近上海市，上海市在其北缘，西太平洋副热带高压脊西北侧的西南气流是输送水汽的重要通道，在此种天气形势下，上海市容易发生强对流天气，对 $PM_{2.5}$ 会造成湿沉降作用，不利于污染的持续。

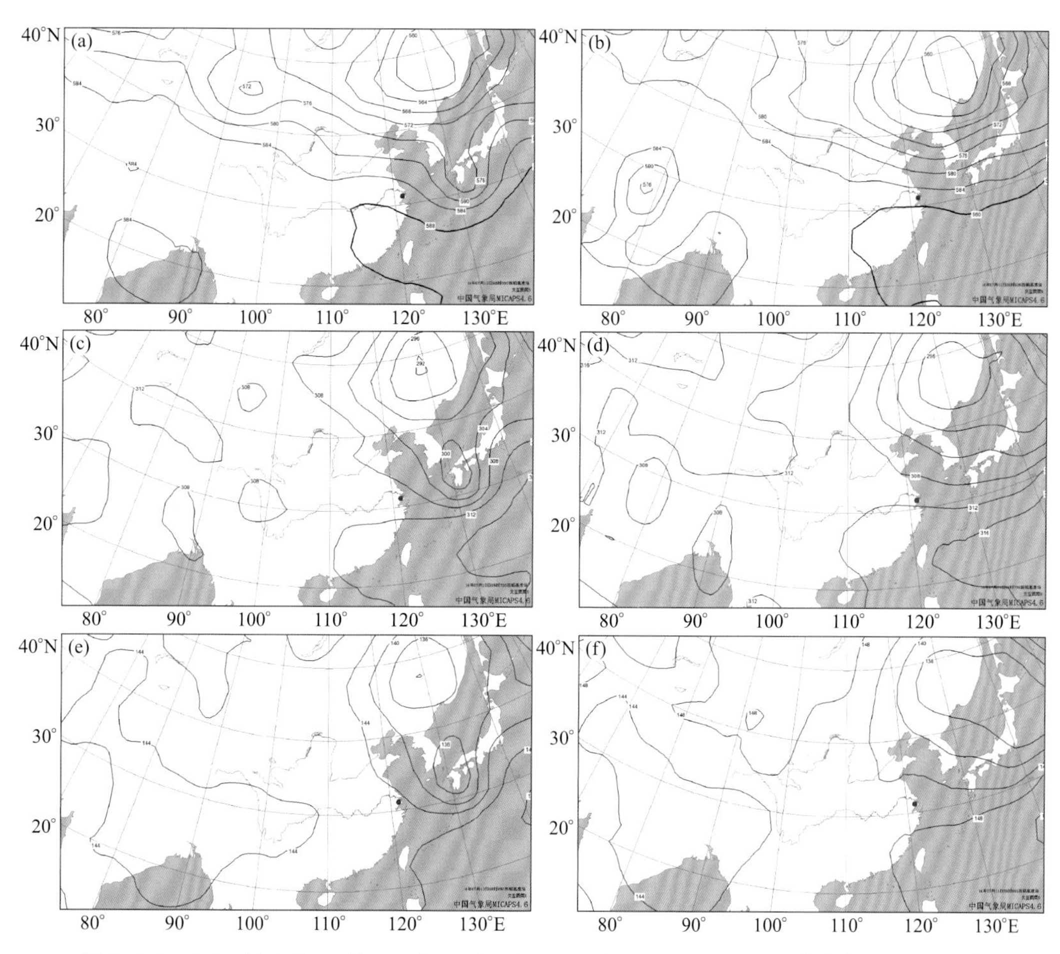

图5.4.2 2014年7月10日08时500 hPa(a)、700 hPa(c)、850 hPa(e)高度场；11日08时500 hPa(b)、700 hPa(d)、850 hPa(f)高度场(单位：dagpm；•：上海市位置)

图5.4.3a给出了7月10日14时海平面气压场和地面风场，从图上可以看到，上海市位于一条东北—西南向的低压带中，属于低压型，气压场较弱，水平扩散条件较差，不利于污染物扩散，此种形势一直维持到11日前期(图略)，同时从图上还可以看到，江苏省、安徽省及浙江省北部地区都有霾区存在，而上海市主导风向为西向风(西北风和偏西风)，有利于将上述地区的污染物输送至上海市造成污染。11日14时(图5.4.3b)上海市东南侧洋面上的高压有所西伸，受其影响，上海市主导风向转向偏东风，来自海上的洁净空气有利于 $PM_{2.5}$ 浓度的稀释下降。到20时(图5.4.3c)上海市西南侧的低压倒槽西伸北顶，有所发展，同时配合高空西太平洋副热带高压边缘的影响，此种天气形势有利于出现系统性的强降水，对 $PM_{2.5}$ 浓度有湿沉降作用，有利于 $PM_{2.5}$ 浓度的稀释下降。

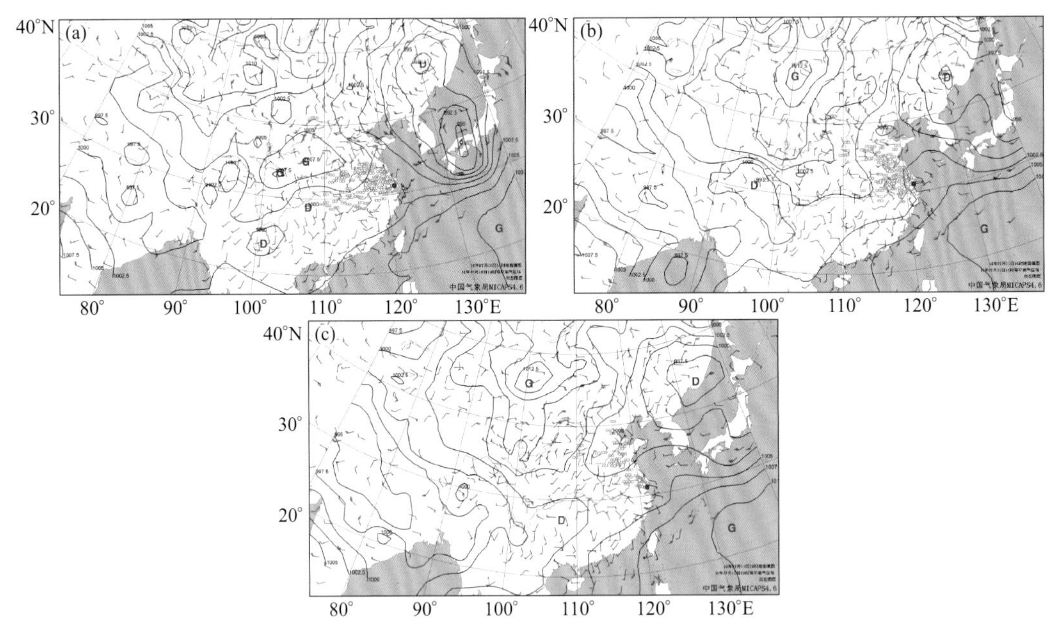

图 5.4.3 2014 年 7 月 10 日 14 时(a)、11 日 14 时(b)和 20 时(c)海平面气压场(单位：hPa)和地面风场(单位：m/s)(∞：霾区；•：上海市位置)

5.4.3 气象要素分析

分析 7 月 10—11 日上海市地面风速(图 5.4.4)发现，10 日 08 时以前风速较小，除个别时段风速均在 1 m/s 以下，08 时开始风速有所增大，夜间风速减小，且出现了静风，11 日上午风速再次增大，10—11 日除个别时段外，地面风速均在 3 m/s 以内。污染时段内(10 日 08—09 时、10 日 11 时—11 日 21 时)，2 m/s 及以下的风速时段占 59.5%，静风时段占 3%，小的风速不利于污染物在水平方向上扩散，为污染物的积聚创造了十分有利的条件。

$PM_{2.5}$ 浓度的变化不仅与风速有关，风向对其也有重要的影响，海陆风是典型的因海陆热力差异所引起的大气低层中尺度局地环流，对污染物的输送和扩散有较大的影响，与空气污染密切相关。图 5.4.5a、b 给出了 7 月 10 日上海市各区地面风场分布，可以看到 10 日中午后(图 5.4.5a)随着陆地气温的迅速上升，由海陆热力差异造成上海市东部靠海的地区风向转为东向风(即海风)，但其余地区仍然以偏西风为主，因此，在风向转变的分界线上形成了一条风向的辐合线，这种局地的辐合有利于将污染物从周边向辐合中心(上海市)积聚，对照图 5.4.1b 可以看到，10 日中午以后上海市 $PM_{2.5}$ 浓度出现了明显的上升过程，正好对应了辐合线的出现，由海陆风形成的辐合线一直维持到傍晚(图略)；之后，随着海风的继续深入，上海市所有地区转为一致的东向风(图 5.4.5b)，因此，20 时以后 $PM_{2.5}$ 浓度不再出现上升过程，并且出现了缓慢的下降(图 5.4.1b)。此外，由 10 日上海市降水量实况可知(图略)，虽然上海市地面上出现了风向辐合线，但是并没有明显的强对流产生，当天仅浦东新区傍晚后出现了 4.8 mm 的降水，因此，对 $PM_{2.5}$ 没有明显的湿沉降作用。

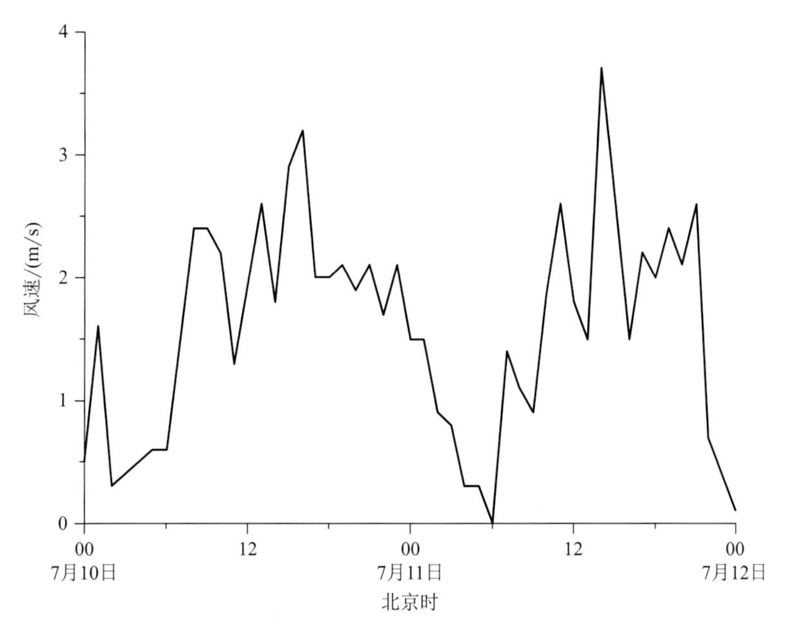

图 5.4.4 2014 年 7 月 10—11 日上海市地面风速变化时序

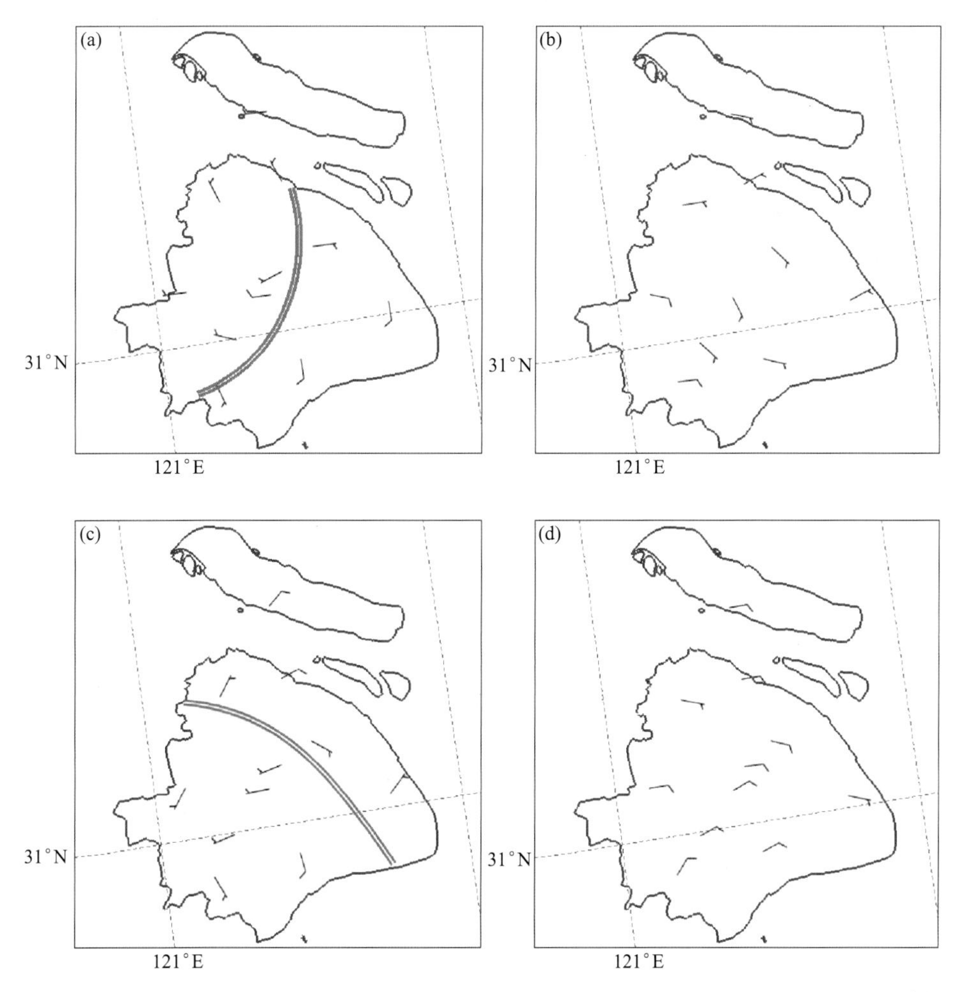

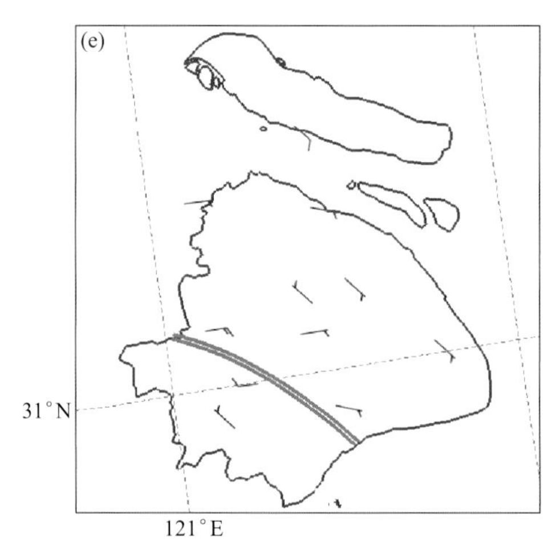

图 5.4.5 2014 年 7 月 10—11 日上海市各区地面风场分布(单位:m/s,图中“//”表示风向辐合线)
(a)10 日 14 时;(b)10 日 20 时;(c)11 日 11 时;(d)11 日 14 时;(e)11 日 20 时

图 5.4.5c~e 为 11 日上海市各区地面风场分布图,可以看到 11 日上海市海风发展较早,11 时(图 5.4.5c)在上海市东部地区已经出现了风向辐合线,有利于污染物向上海市积聚,由前文分析可知,11 日上海市位于西太平洋副热带高压的边缘,再配合地面局地辐合,容易出现午后强对流天气过程,而当天中午前后上海市大部分地区都出现了不同程度的降水(图 5.4.6),对 $PM_{2.5}$ 有一定程度的湿沉降作用。到 14 时(图 5.4.5d),受到海上高压西伸的影响,上海市所有地区都转为一致的偏东风,不利于污染物的输送和积聚,因此,14 时之后 $PM_{2.5}$ 浓度不再出现上升过程(图 5.4.1b)。到 20 时(图 5.4.5e)可以看到,在上海市西南部地区又发展出了辐合线,20 时前后上海市大部分地区再次出现不同程度的降水过

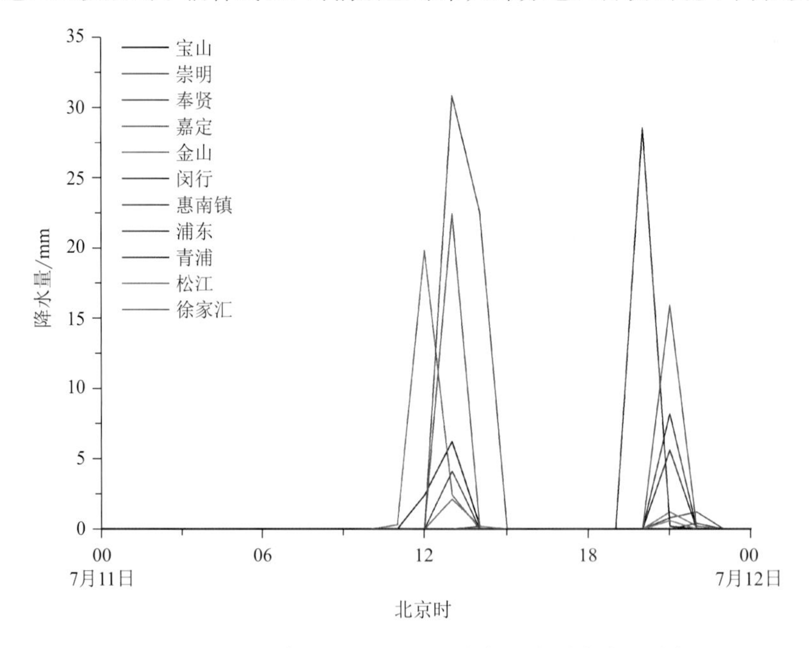

图 5.4.6 2014 年 7 月 11 日上海市各区小时降水量时序

程(图 5.4.6),且 20 时上海市周边地区也出现了阵雨或雷阵雨天气(图略),这种较大范围的降水天气对于 $PM_{2.5}$ 的湿沉降作用较明显,因此,20 时后上海市 $PM_{2.5}$ 浓度再次出现下降,并降至良等级(图 5.4.1b),降水结束了上海市连续 2 d 的污染过程。

5.4.4 物理量诊断分析

由前文分析可知,7 月 10—11 日在江苏省、安徽省和浙江省北部地区都存在霾区,且 10 日和 11 日上海市主导风向分别为西北风和偏西风,因此,利用 NCEP 每 6 h 一次的 FNL 1°×1°再分析资料,7 月 10 日从安徽省东北部地区(宿州市)到上海市做西北—东南向散度垂直剖面图,11 日沿上海市做东西向垂直剖面图。从图 5.4.7a 可以看到,10 日 02 时从安徽省东北部地区到上海市一线辐合辐散都较弱,且上海市上空 900 hPa 及以下基本以辐散为主,上海市垂直交换较弱,不利于污染物的扩散;到 14 时(图 5.4.7b)上海市从底层到中层均为辐合场,且辐合较强,这也与前文分析 10 日下午上海市出现局地风向辐合线的结果一致,这种强的局地辐合可以将上海市周边污染物迅速向上海市集中,有利于 $PM_{2.5}$ 浓度的迅速上升。从 11 日 02 时的散度垂直剖面图可以看到(图 5.4.7c),此时上海市上空的辐合辐散已变弱,不利于污染物在垂直方向上扩散;到 14 时(图 5.4.7d)可以看到,上海市上空的辐合辐散并不强,较强的辐合中心在上海市西侧 120°E 附近,虽然上海市上空仍以辐合为主,但其辐合的强度明显要弱于 10 日 14 时,并不利于污染物向上海市的迅速集中。因此,11 日中午后上海市 $PM_{2.5}$ 浓度不再出现上升过程(图 5.4.1b)。

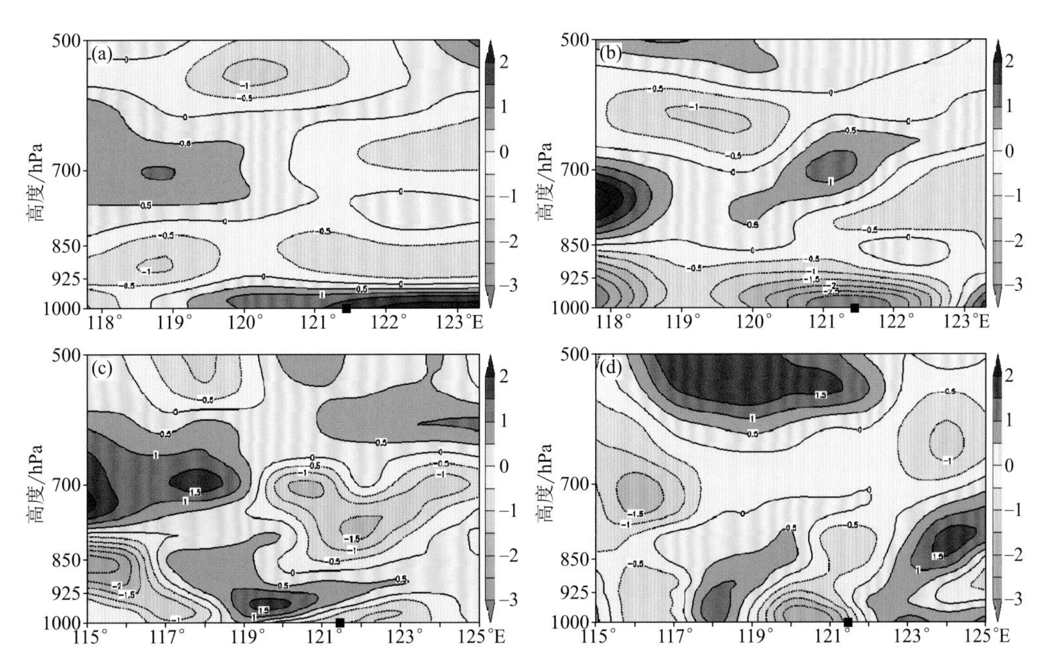

图 5.4.7 2014 年 7 月 10 日和 11 日上海市西北—东南向及东西向散度垂直剖面图

(单位:10^{-6}/s,■:上海市位置)

(a)10 日 02 时;(b)10 日 14 时;(c)11 日 02 时;(d)11 日 14 时

5.4.5 垂直环流分析

为了进一步从垂直方向上分析上海市污染物的可能来源及造成高浓度的原因，利用 NCEP 每 6 h 一次的 FNL 1°×1°再分析资料做 7 月 10—11 日垂直环流剖面图，做法与上文散度垂直剖面图一致（图中制作垂直环流时将垂直速度扩大了 100 倍）。从图 5.4.8a 可以看到，10 日 02 时安徽省东北部—江苏省西北部地区一线从底层到 700 hPa 均为上升气流，而高空基本为一致的西北气流，上海市 850 hPa 及以下则以下沉气流为主，这种垂直环流的配置为上游污染物的输送提供了一条输送通道，可以先将上游污染物输送至中低空，再由一致的西北气流输送至上海市上空，最后随着下沉气流输送至近地面；14 时的垂直环流（图 5.4.8b）可以看到，此时上海市 850 hPa 及以下已经全部转为上升气流，这也与前文散度场的分析结论一致，此时上海市从底层到中层均为辐合场，且辐合较强，这种强的局地辐合有利于将上海市周边的污染物向上海市集中，因此虽然上升运动有利于污染物在垂直方向上扩散，但较强的辐合仍然导致了 10 日下午 $PM_{2.5}$ 浓度的快速上升过程（图 5.4.1b）。11 日 02 时的垂直环流剖面图可以看到（图 5.4.8c），此时的垂直环流配置又转为 10 日 02 时的形势，输送通道再次形成，在 118°—120°E（安徽省中南部、江苏省西南部和浙江省北部地区）为上升气流，上述地区的输送造成了 11 日凌晨以后 $PM_{2.5}$ 浓度的再次上升（图 5.4.1b）；到 14 时（图 5.4.8d），前文分析的输送通道消失，上海市上空以上升运动为主，且上海市低层出现了东向气流，这种来自海上的洁净空气有利于污染物浓度的稀释下降。因此，垂直方向上不再有污染物的输送，同时叠加东向风

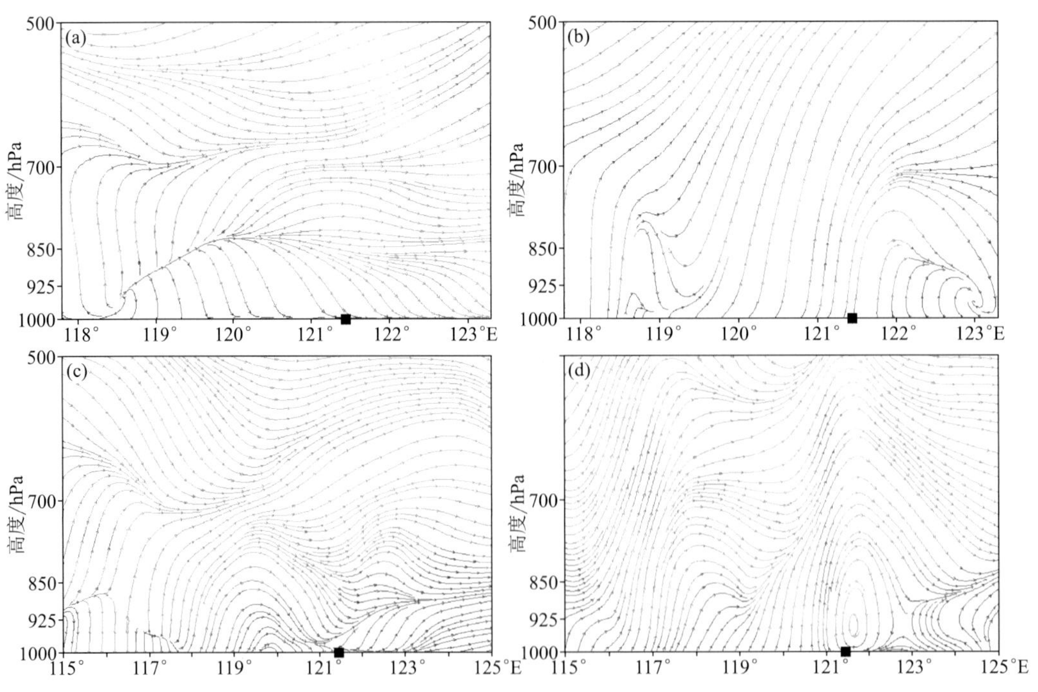

图 5.4.8 2014 年 7 月 10 日和 11 日上海市西北—东南向及东西向垂直环流剖面图（■：上海市位置）

(a)10 日 02 时；(b)10 日 14 时；(c)11 日 02 时；(d)11 日 14 时

的作用,也是11日中午后上海市$PM_{2.5}$浓度不再出现上升的原因。

5.4.6 后向轨迹分析

为了进一步验证$PM_{2.5}$的来源,选取上海市作为气团后向轨迹的终点,研究此次污染过程。图5.4.9为7月10—11日不同高度的气团到达上海市的轨迹,可以看到10日08时(图5.4.9a)到达上海市的气团主要来自上海市西北部(江苏省),且100 m和500 m的气团都有较明显的下沉现象;而11日08时(图5.4.9b)到达上海市的气团均转为上海市西部(安徽省、江苏省和浙江省),且不同高度的气团都没有下沉现象出现。后向轨迹图进一步说明10—11日江苏省、安徽省和浙江省对上海市均有输送贡献。

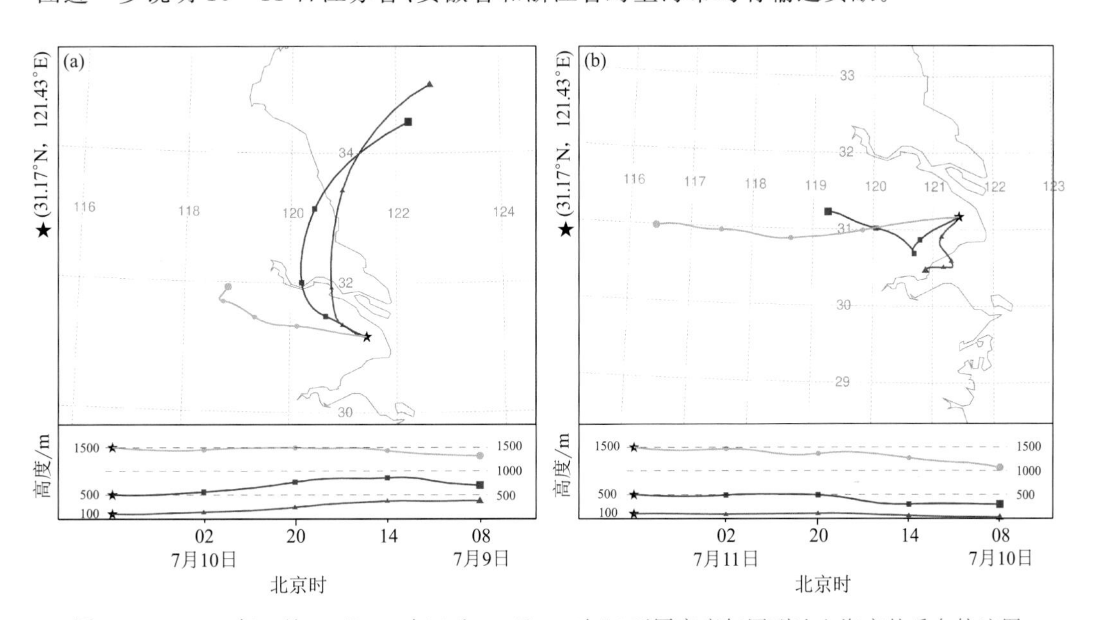

图5.4.9 2014年7月10日08时(a)和11日08时(b)不同高度气团到达上海市的后向轨迹图

5.4.7 小结

(1)2014年7月10—11日上海市出现了连续2 d的$PM_{2.5}$污染过程,其中11日出现了中度污染。此次污染过程主要由本地污染物积聚叠加上游污染物输送造成,属于混合型污染。从$PM_{2.5}$浓度随时间的变化来看,$PM_{2.5}$浓度有2个快速上升期,出现了2个峰值,污染时长为37 h,其中出现了11 h重度污染,短时污染程度重。

(2)此次污染过程与天气形势的高低空配置有密切关系。7月10日上海市高空为西北气流控制,不利于大强度降水的出现,为污染的发生、发展提供了有利的气象条件,但11日上海市位于西太平洋副热带高压边缘,高空形势更有利于强对流天气的出现,而降水对于污染物有一定的湿沉降作用,有利于$PM_{2.5}$浓度的稀释下降。从地面天气形势来看,10日至11日前期,上海市位于东北—西南向低压带内,属于低压型,气压场较弱,且主导风向为西向风,因此地面天气形势有利于$PM_{2.5}$的积聚和上游的输送。

(3)诊断分析污染时段的气象要素发现，污染时段内上海市地面风速不大，夜间出现了静风时段，水平扩散条件较差，而垂直方向上 10 日下午上海市中低层出现了较强的辐合，有利于周边污染物向上海市的快速集中，其余时段上海市的辐合辐散较弱，不利于污染物的垂直交换。另外，分析污染时段上海市各区风场分布发现，10—11 日上海市均出现了风向辐合线，有利于将周边的污染物向辐合中心快速积聚，10 日中午以后上海市 $PM_{2.5}$ 浓度的快速上升过程，正好对应了辐合线的出现，但 11 日由于高低空形势的配合，辐合线出现后上海市各区出现了降水过程，因此，$PM_{2.5}$ 浓度并没有出现上升过程。

(4)分析垂直环流发现，污染期间垂直方向上存在一条输送通道，污染物先通过上游地区的上升运动到达中低空，然后随着中低空气流到达上海市上空，最后再通过下沉运动沉降至近地面。后向轨迹分析则进一步证明上海市污染物除本地积聚外还来源于上游地区的江苏省、安徽省和浙江省。

5.5 2015 年 12 月 30—31 日污染过程

5.5.1 污染过程概述

2015 年 12 月 30—31 日上海市出现了连续 2 d 的 $PM_{2.5}$ 污染过程(图 5.5.1a)，分别达到了轻度和中度污染级别。图 5.5.1b 给出了 2015 年 12 月 30 日 00 时—2016 年 1 月 1 日 12 时 $PM_{2.5}$ 小时浓度时序，从图上可以看到，12 月 30 日早晨开始 $PM_{2.5}$ 出现了迅速上升过程，12 时达到轻度污染，17 时达到中度污染，31 日 04 时出现峰值，达 200.9 $\mu g/m^3$，之后浓度一直维持在 180 $\mu g/m^3$ 以上，09 时之后 $PM_{2.5}$ 浓度出现快速下降过程，但是在降至轻度污染后下降速度变缓，2016 年 1 月 1 日 01 时降回良等级，污染过程结束。污染时段为 2015 年 12 月 30 日 12 时—2016 年 1 月 1 日 00 时，共 37 h，其中出现了 15 h 重度污染和 6 h 中度污染，短时污染程度重。

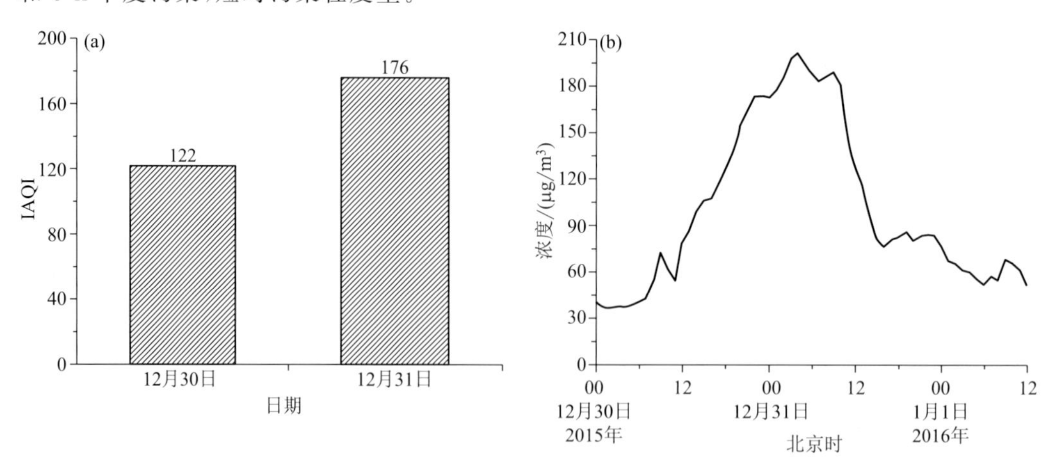

图 5.5.1 2015 年 12 月 30—31 日上海市 $PM_{2.5}$ IAQI(a)和 2015 年 12 月 30 日 00 时—2016 年 1 月 1 日 12 时 $PM_{2.5}$ 小时浓度(b)时间序列

5.5.2 天气形势分析

分析 12 月 30—31 日低空到高空的高度场发现(图 5.5.2a～c),这两日高空形势基本一致,上海市都受到槽后西北气流控制,高低空环流配置不利于大强度降水的出现,对 $PM_{2.5}$ 不会造成湿沉降作用,为污染的发生、发展提供了有利的气象条件。850 hPa 温度场显示(图 5.5.2d),30—31 日上海市位于暖脊前部,受暖平流影响,低层增温明显,为大气产生稳定层结创造了良好的条件,不利于 $PM_{2.5}$ 在垂直方向上扩散,有利于 $PM_{2.5}$ 积聚。

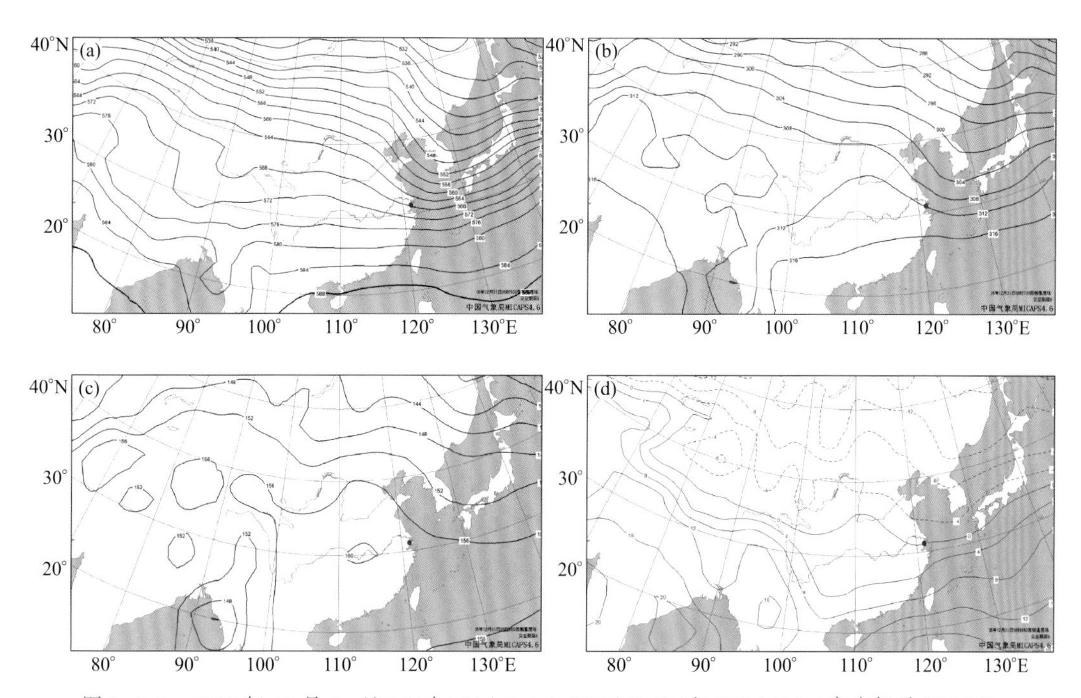

图 5.5.2 2015 年 12 月 31 日 08 时 500 hPa(a)、700 hPa(b)和 850 hPa(c)高度场及 850 hPa 温度场(d)(高度场单位:dagpm;温度场单位:℃;•:上海市位置)

图 5.5.3a 给出了 12 月 30 日 14 时海平面气压场和地面风场,从图上可以看到,上海市受高压楔控制,为高压楔型,高压中心位于内蒙古西北部地区,华东中北部地区气压场相对较弱,出现了大片霾区,上海市主导风向为偏西风,有利于将上游地区污染物输送至上海市,从而造成 $PM_{2.5}$ 污染(图 5.5.1b),此种形势一直维持至 31 日 08 时(图 5.5.3b),从图上可以看到,高压中心已南压至河北省西北部地区,华东中北部地区的气压场仍然较弱,有大片霾区存在,上海市主导风向为西北风,有利于污染物的输送。31 日白天高压中心进一步东移南压,到 17 时(图 5.5.3c)已到达江苏省中部沿海地区,上海市位于高压中心的底部,主导风向顺转为东北风,并随着高压中心的东移南压继续向偏东方向顺转,海上的洁净空气有利于 $PM_{2.5}$ 浓度的稀释下降,因此随着风向转向海上,$PM_{2.5}$ 浓度也出现了下降过程,并于 2016 年 1 月 1 日 01 时降回良等级(图 5.5.1b),污染过程结束。

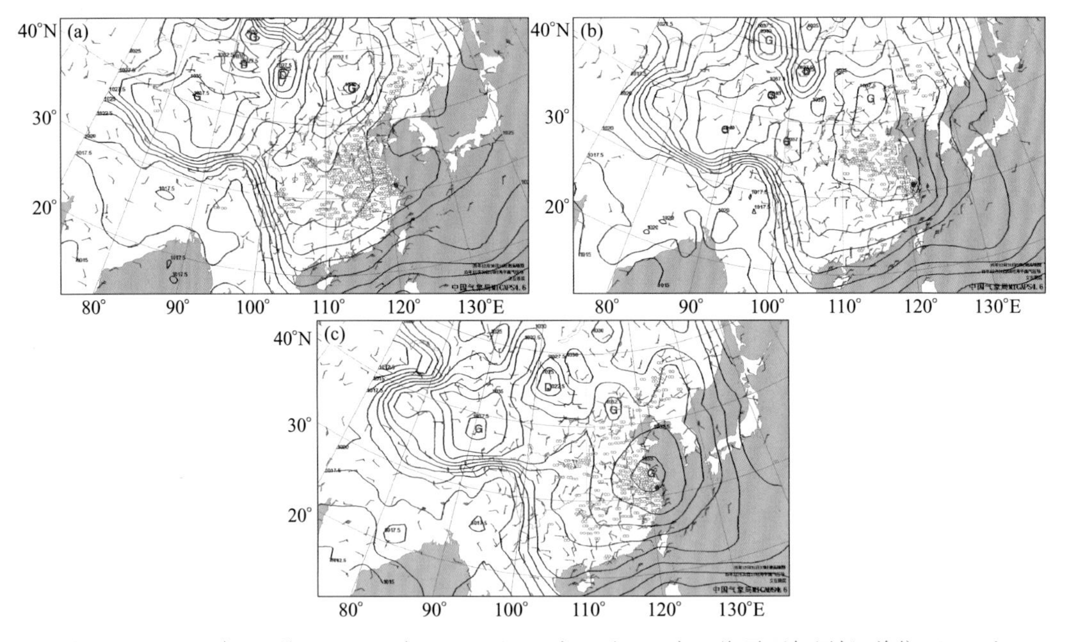

图 5.5.3 2015 年 12 月 30 日 14 时(a)、31 日 08 时(b)和 17 时(c)海平面气压场(单位：hPa)和地面风场(单位：m/s)(∞：霾区；•：上海市位置)

5.5.3 气象要素分析

分析 2015 年 12 月 30—31 日上海市地面风速(图 5.5.4)发现，30—31 日上海市地面风速除个别时段外，基本在 3 m/s 以下，并且出现了静风时段，总体来看 2 m/s 及以下的风速时段占 56.3%，静风时段占 8.3%，小的风速使得污染物在水平方向上不易扩散出

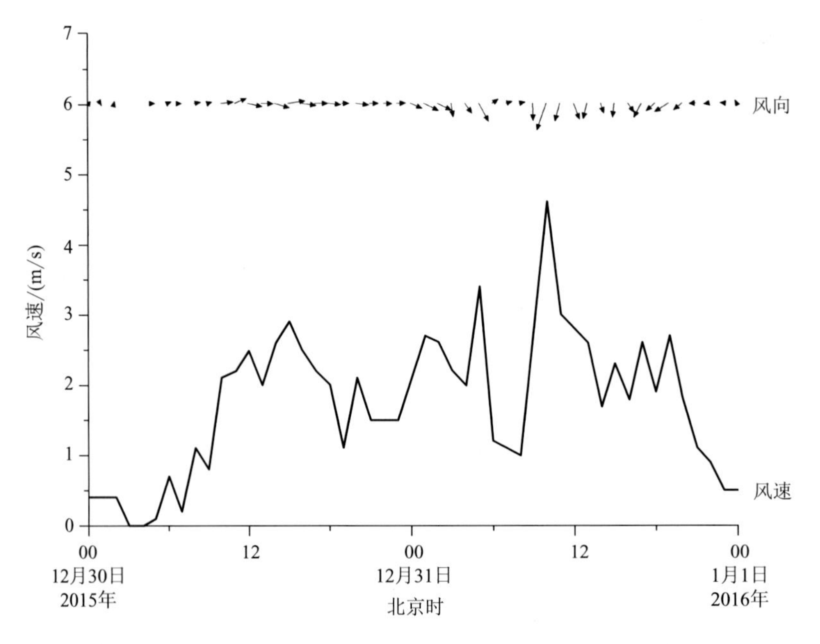

图 5.5.4 2015 年 12 月 30—31 日上海市地面风向风速变化时序

去，为污染物的积聚创造了十分有利的条件。从风向变化来看（图 5.5.4），31 日上午以前上海市主导风向以西向风为主（偏西风和西北风），31 日上午后随着高压中心的东移南压上海市风向逐渐顺转为东向风（东北风和偏东风），来自陆地的风（西向风）有利于将上游污染物输送至上海市造成污染，来自海上的洁净空气（东向风）则有利于污染物浓度的稀释下降。对照图 5.5.1b 可以看到，风速风向的变化与 $PM_{2.5}$ 浓度的变化相对应，对 $PM_{2.5}$ 浓度的变化起到非常重要的作用。

图 5.5.5 为 12 月 30 日 08 时和 20 时上海市探空曲线，可以看到 30 日早晨和夜间上海市近地面均出现了辐射逆温，逆温层顶高分别为 250 m 和 45 m，逆温强度均为 2 ℃/(100 m)，逆温导致 $PM_{2.5}$ 在低空不断积聚，容易造成污染。

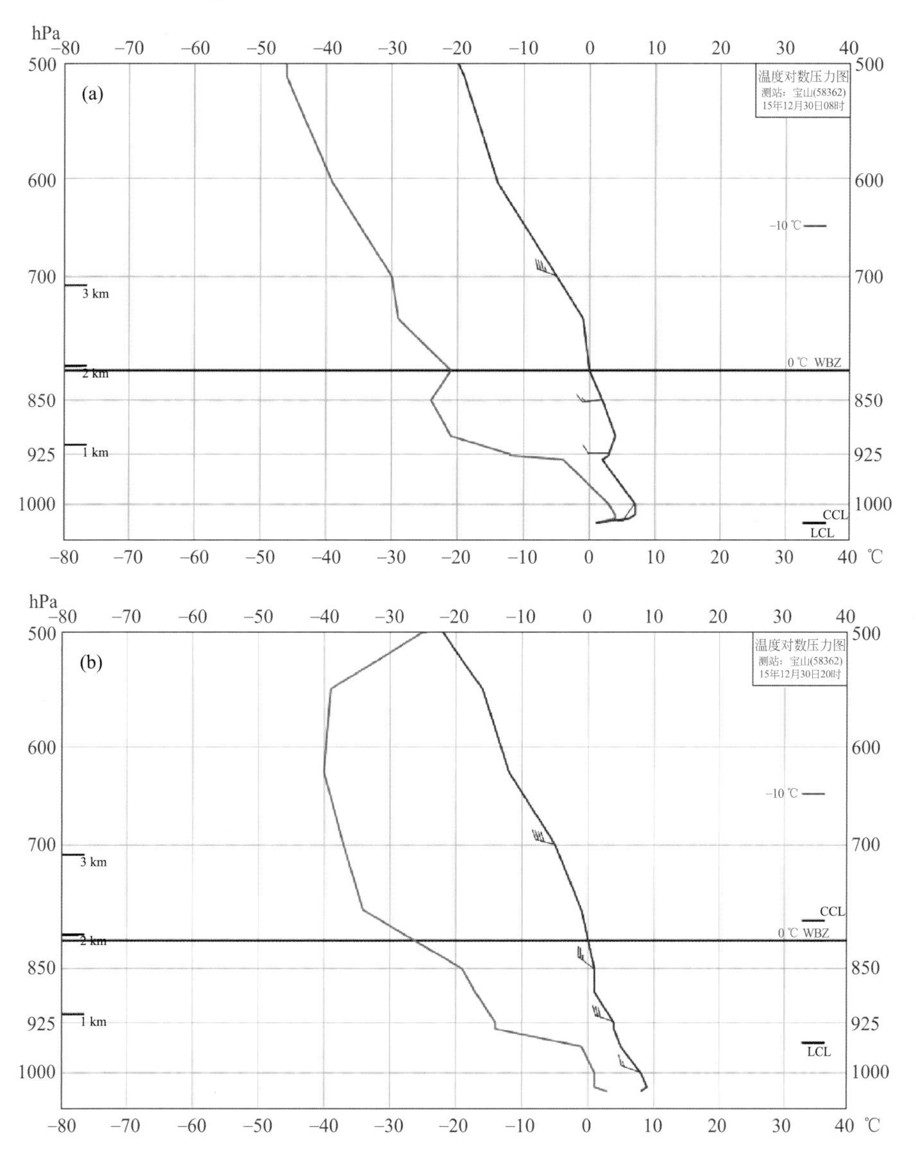

图 5.5.5 2015 年 12 月 30 日 08 时(a)和 20 时(b)上海市探空曲线，图中蓝线为温度曲线(单位：℃)

5.5.4 物理量诊断分析

利用 2015 年 12 月 30 日 02 时—2016 年 1 月 1 日 02 时 NCEP 每 6 h 一次的 FNL 1°×1°再分析资料对上海市(121°—122°E,31°—32°N)做区域平均的速度和散度垂直剖面图。从垂直速度图(图 5.5.6a)可以看到,上海市 850 hPa 以下垂直速度的绝对值基本在 0.2 Pa/s 及以下,说明这段时间上下层垂直交换弱,不利于污染物在垂直方向上扩散,同时上海市上空基本为下沉气流,对污染物的垂直扩散进一步起到抑制作用。从散度垂直剖面图(图 5.5.6b)也可以看到,上海市 850 hPa 以下辐合辐散都弱,进一步验证了上述结论。

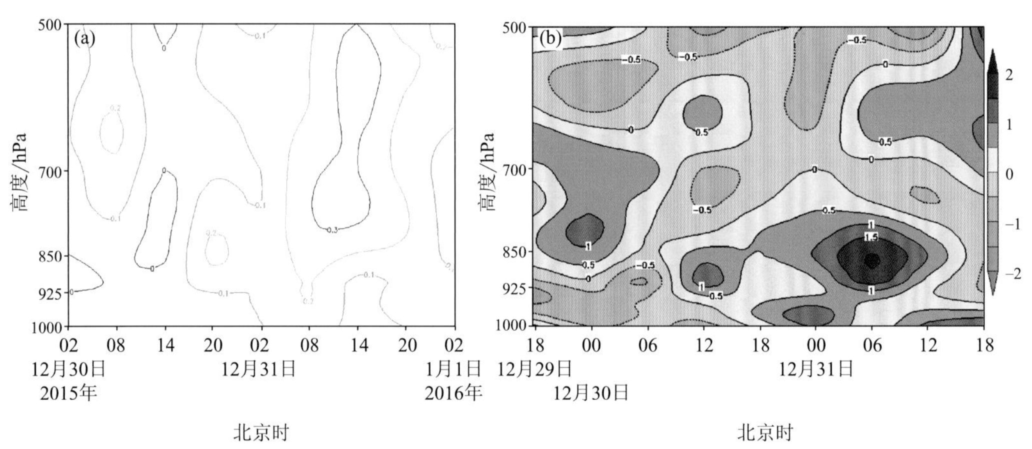

图 5.5.6 2015 年 12 月 30 日 02 时—2016 年 1 月 1 日 02 时上海市垂直速度(a,单位:Pa/s)和散度(b,单位:10^{-6}/s)区域平均时序

5.5.5 垂直环流分析

由前文分析可知,2015 年 12 月 30 日上海市主导风向为偏西风,31 日上午以前主导风向则为西北风,因此,利用 NCEP 每 6 h 一次的 FNL 1°×1°再分析资料,分别从安徽省中西部地区(六安市,图 5.5.7a)和江苏省西北部地区(宿迁市,图 5.5.7b)至上海市做垂直环

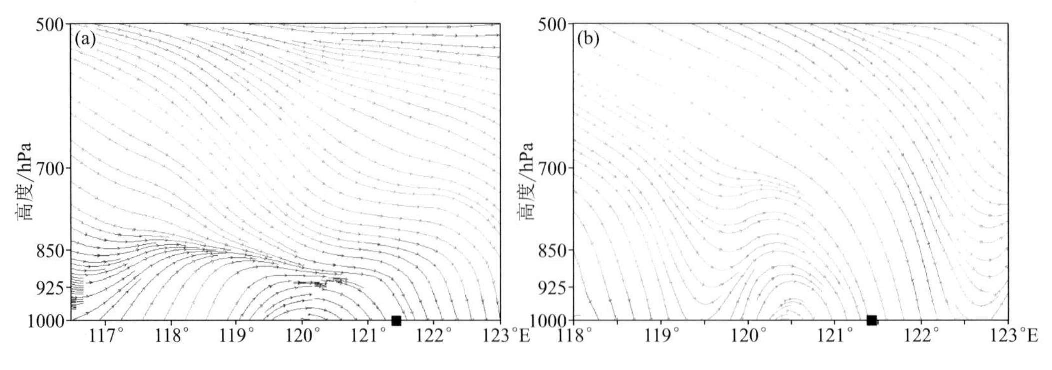

图 5.5.7 2015 年 12 月 30 日 14 时安徽—上海(a)和 31 日 02 时江苏—上海(b)垂直环流剖面图(■:上海市位置)

流剖面图(该图中制作垂直环流时将垂直速度扩大了100倍)。从图上可以看到,污染期间垂直环流形势相似,在上海市的上游地区850 hPa以下都存在上升气流,可以将当地污染物输送至中低空,其中12月30日上升运动出现在120°E以西(安徽省中部地区和江苏省西南部地区),31日则出现在119°—120.5°E(江苏省中南部地区),中低空气流将污染物输送至上海市上空,而上海市上空850 hPa以下以下沉运动为主,污染物最后通过下沉运动沉降至近地面,同时叠加地面输送,造成了30—31日$PM_{2.5}$浓度的快速上升过程(图5.5.1b)。

5.5.6 后向轨迹分析

为了进一步验证$PM_{2.5}$的来源,选取上海市作为气团后向轨迹的终点,研究此次污染过程。图5.5.8给出了不同高度的气团到达上海市的轨迹,图5.5.8a显示12月30日不同高度的气团主要来自上海市西部(安徽省和江苏省),同时不同高度的气团均出现了明显的下沉现象;31日(图5.5.8b),气团的来向均转向上海市西北部,主要来自江苏省和山东省,同时1500 m的气团仍然有下沉现象出现。后向轨迹图进一步说明江苏省、安徽省和山东省对上海市均有输送贡献。

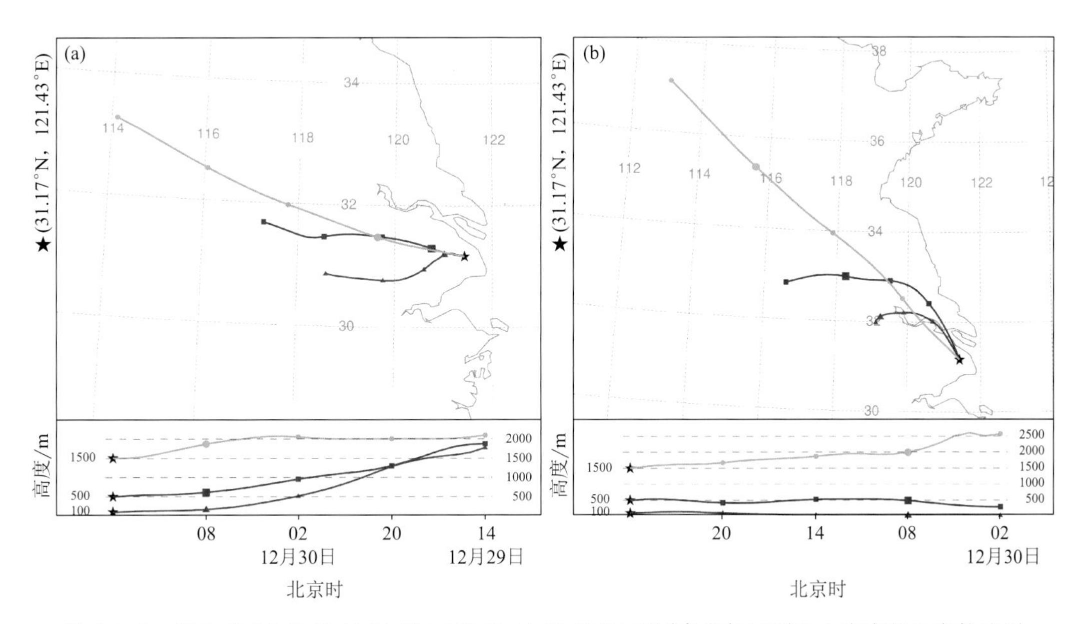

图5.5.8 2015年12月30日14时(a)和31日02时(b)不同高度气团到达上海市的后向轨迹图

5.5.7 小结

(1)2015年12月30—31日上海市出现了连续2 d的$PM_{2.5}$污染过程,其中31日出现了中度污染。此次污染过程主要由本地污染物积聚叠加上游污染物输送造成,属于混合型污染。从$PM_{2.5}$浓度变化来看,$PM_{2.5}$前期上升速度较快,出现了1个峰值,污染时长为 37 h,其中出现了 15 h 重度污染,短时污染程度重。

(2)此次污染过程与天气形势的高低空配置有密切关系。30—31 日上海市高空为槽后西北气流控制,且垂直方向上层结较稳定,为污染的发生、发展提供了有利条件。从地面天气形势来看,30—31 日上海市主要受到高压楔控制,属于高压楔型,地面气压场相对较弱,且污染期间风向为偏西风或西北风,因此,地面天气形势有利于 $PM_{2.5}$ 的积聚和上游的输送。

(3)诊断分析污染时段的气象要素发现,30—31 日上海市地面风速不大,并且出现了静风时段,同时垂直方向上垂直运动弱,以下沉运动为主,30 日早晨和夜间都出现了逆温,因此水平和垂直方向上的扩散条件都十分有利于 $PM_{2.5}$ 在地面堆积。另外,分析污染时段的风向发现,来自陆地的风有利于上游 $PM_{2.5}$ 输送至本地,而来自海上的洁净空气则有利于 $PM_{2.5}$ 浓度的稀释下降。

(4)分析垂直环流发现,污染期间垂直方向上均存在一条输送通道,污染物先通过上游地区的上升运动到达中低空,然后随着中低空气流到达上海市上空,最后再通过下沉运动沉降至近地面。后向轨迹分析则进一步证明上海市污染过程除本地积聚外还来源于上游地区的江苏省、安徽省和山东省。

5.6 2016 年 1 月 13—16 日污染过程

5.6.1 污染过程概述

2016 年 1 月 13—16 日上海市出现了连续 4 d 的 $PM_{2.5}$ 污染过程(图 5.6.1a),其中 1 月 14 日出现了重度污染,IAQI 达 213,其余 3 d 为中度污染。图 5.6.1b 给出了 13 日 00 时—17 日 12 时 $PM_{2.5}$ 小时浓度时序,从图上可以看到,13 日开始 $PM_{2.5}$ 浓度出现了振荡上升的过程,04 时达到轻度污染,11 时达到中度污染,22 时出现重度污染,之后浓度继续振荡上升,14 日 21 时达到此次污染过程小时浓度最大值,为 193.4 $\mu g/m^3$,之后浓度开始下降,但仍然处于污染水平,15 日 19 时开始浓度再次出现上升过程,16 日 10 时再次出现峰值,之后浓度开始回落,于 17 日 04 时降回良等级,污染过程结束。污染时段为 13 日 04 时—17 日 03 时,共 96 h,其中出现了 33 h 重度污染和 41 h 中度污染,污染持续时间长,短时污染程度重。

5.6.2 天气形势分析

分析 1 月 13—16 日低空到高空的高度场发现(图 5.6.2a～c,因为 13—16 日的高空形势基本一致,所以这里使用 13 日的高空形势图作为代表图),上海市主要受到槽后西北气流控制,高低空环流配置不利于大强度降水的出现,对 $PM_{2.5}$ 不会造成湿沉降作用,为污染的发生、发展提供了有利的气象条件。850 hPa 温度场显示(图 5.6.2d),13—16 日上海市多位于暖脊前部,受暖平流影响,低层增温明显,为大气产生稳定层结创造了良

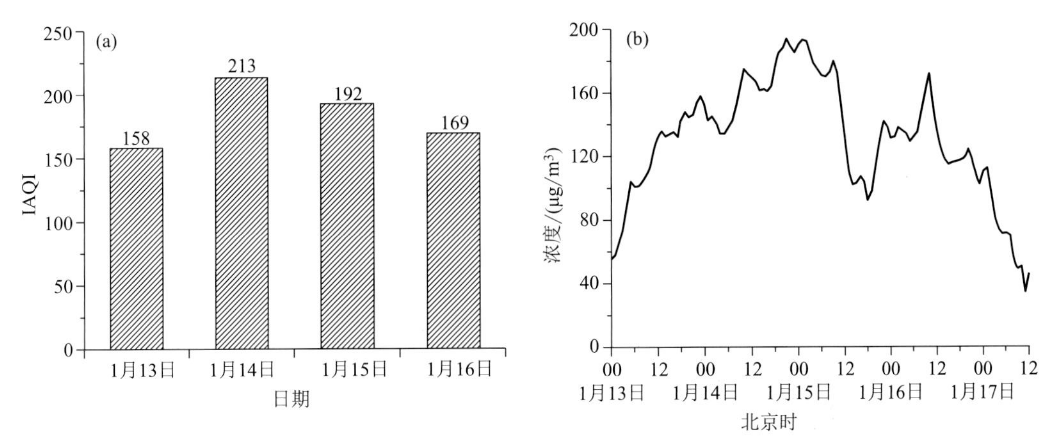

图 5.6.1 2016 年 1 月 13—16 日上海市 $PM_{2.5}$ IAQI(a)和 1 月 13 日 00 时—17 日 12 时 $PM_{2.5}$ 小时浓度(b)时间序列

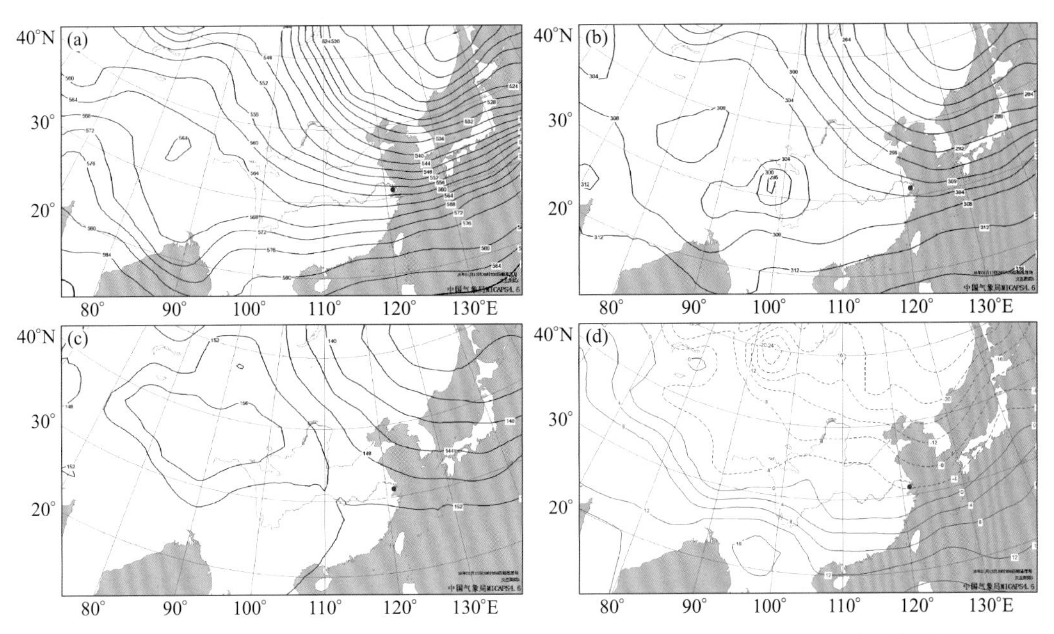

图 5.6.2 2016 年 1 月 13 日 20 时 500 hPa(a)、700 hPa(b)和 850 hPa(c)高度场及 850 hPa 温度场(d)(高度场单位:dagpm;温度场单位:℃;•:上海市位置)

好的条件,不利于 $PM_{2.5}$ 在垂直方向上扩散,有利于 $PM_{2.5}$ 积聚。

研究此次连续污染过程的海平面气压场和地面风场发现,1 月 13—14 日上海市主要受 L 型高压(图 5.6.3a)的控制,为 L 型高压型,气压场较弱,地面风速较小,水平扩散条件较差,同时在高压控制下,近地层为下沉气流,大气层结比较稳定,污染物在垂直方向上得不到扩散,如果高压长期存在,污染物将会不易扩散,容易造成长时间的污染。另外,在 L 型高压控制下,上海市出现了偏西风和西到西北风,来自陆地的风有利于将上游污染物输送至本地造成污染,从图上可以看到,华东中北部地区都出现了大片霾区,污染范围较广，上游污染物的输送也是造成这次长时间高浓度污染过程的重要原因。图5.6.3b为15日02时海平面气压场和地面风场，从图上可以看到，15日上海市位于高压中心附近，天气类型转为高压中心型，气压场进一步转弱，水平扩散条件进一步转差，不利于污染物扩散，上海市主要受到本地污染物积聚影响，之后随着高压中心逐渐东移入海，上海市主导风向开始转东向风，风速也略有增大(图略)。图5.6.3c为16日08时海平面气压场和地面风场，此时上海市位于高压中心后部，在上海市西南侧的低压倒槽西伸北顶，整个华东地区的等压线变密集，风速增大，大的风速有利于污染物扩散，同时来自海上的风有利于 $PM_{2.5}$ 浓度的稀释下降。

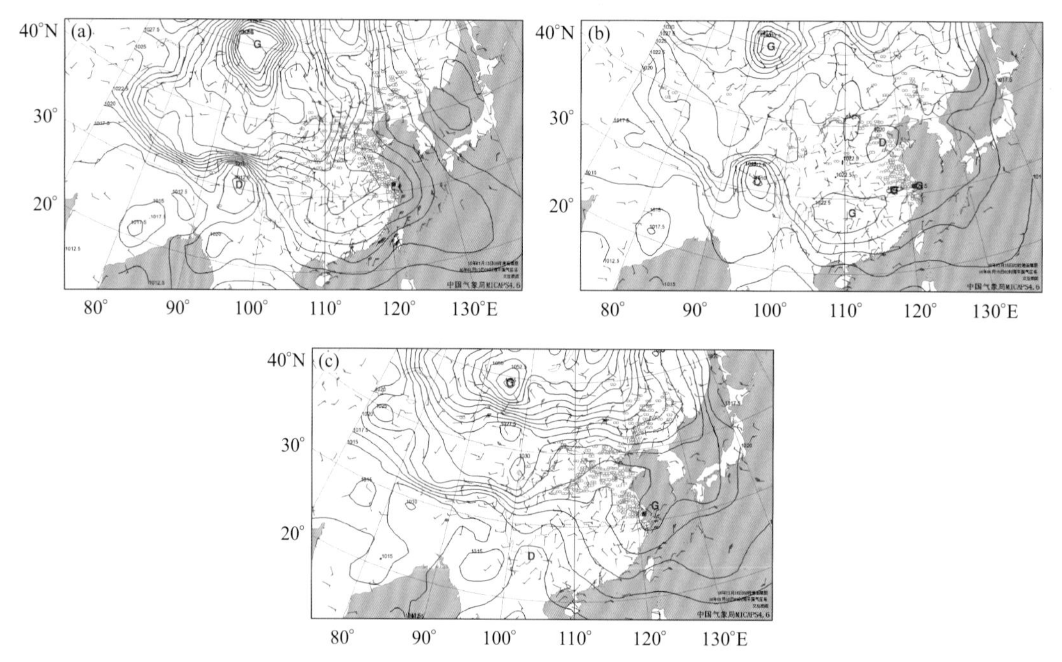

图5.6.3 2016年1月13日08时(a)、15日02时(b)和16日08时(c)海平面气压场(单位：hPa)和地面风场(单位：m/s)(∞：霾区；•：上海市位置)

5.6.3 气象要素分析

图5.6.4给出了1月13日00时—17日12时上海市地面风向风速变化时序，分析发现13日至15日早晨地面风速是一个减小的过程，13日中午后大部分时段风速都在3 m/s以下，15日早晨以后地面风速有所增大，中午前后地面风速在3 m/s以上，15日傍晚开始地面风速再次减小，14日和15日夜间都出现了静风，16日地面风速逐渐增大，水平扩散条件转好，总体来看，污染时段内(13日04时—17日03时)2 m/s及以下的风速时段占57.3%，静风时段占9.4%，小的风速使得污染物在水平方向上不易扩散出去，为污染物的积聚创造了十分有利的条件，对照 $PM_{2.5}$ 浓度变化(图5.6.1b)发现，13日至15日早晨 $PM_{2.5}$ 浓度是一个振荡上升的过程，15日白天随着风速的增大，$PM_{2.5}$ 浓度有一

个明显的下降过程，而夜间随着风速减小，$PM_{2.5}$ 浓度再次出现上升过程。从风向变化来看，13—15 日上海市主导风向为西向风(偏西风和西到西北风)，16 日开始随着高压中心逐渐东移入海，主导风向转为东向风(东北风和偏东风)，对照图 5.6.1b 发现，风向的变化与 $PM_{2.5}$ 浓度的变化相对应，西向风有利于将上游污染物输送至上海市造成污染，而东向风则有利于污染物浓度的稀释下降。由此可见，地面风速风向的变化对 $PM_{2.5}$ 浓度的变化起着非常重要的作用。

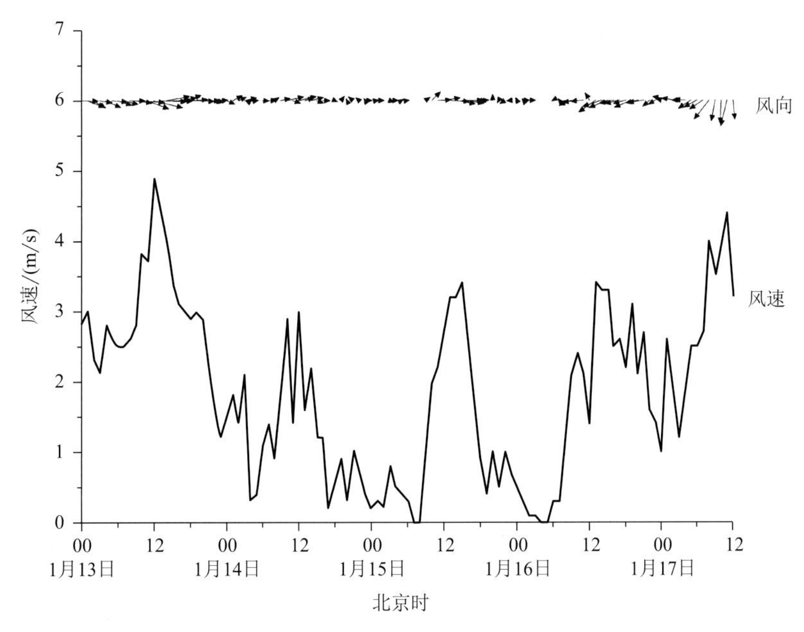

图 5.6.4 2016 年 1 月 13 日 00 时—17 日 12 时上海市地面风向风速变化时序

图 5.6.5 为 1 月 14—16 日上海市探空曲线，可以看到 14 日和 16 日早晨及 15 日早

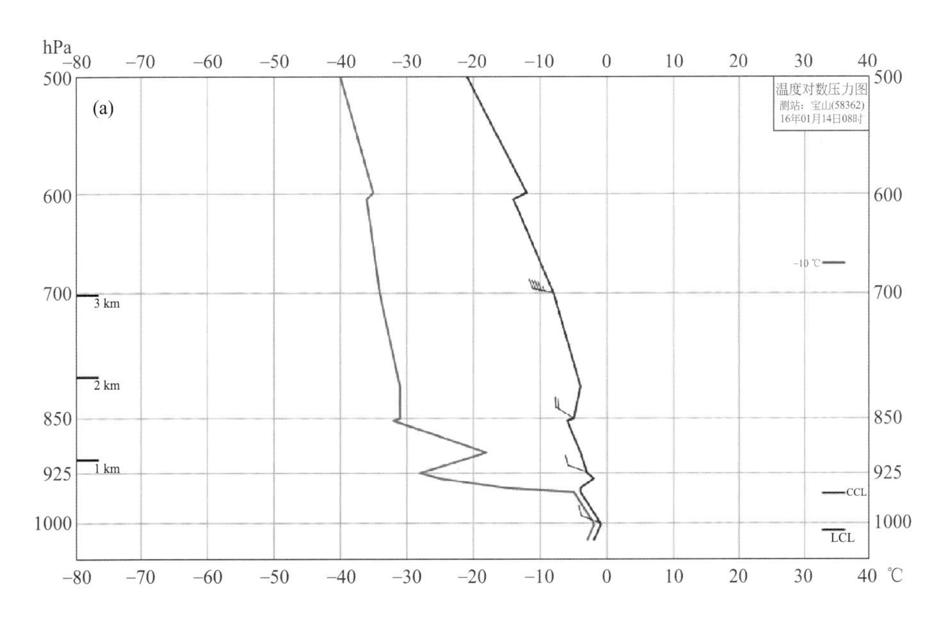

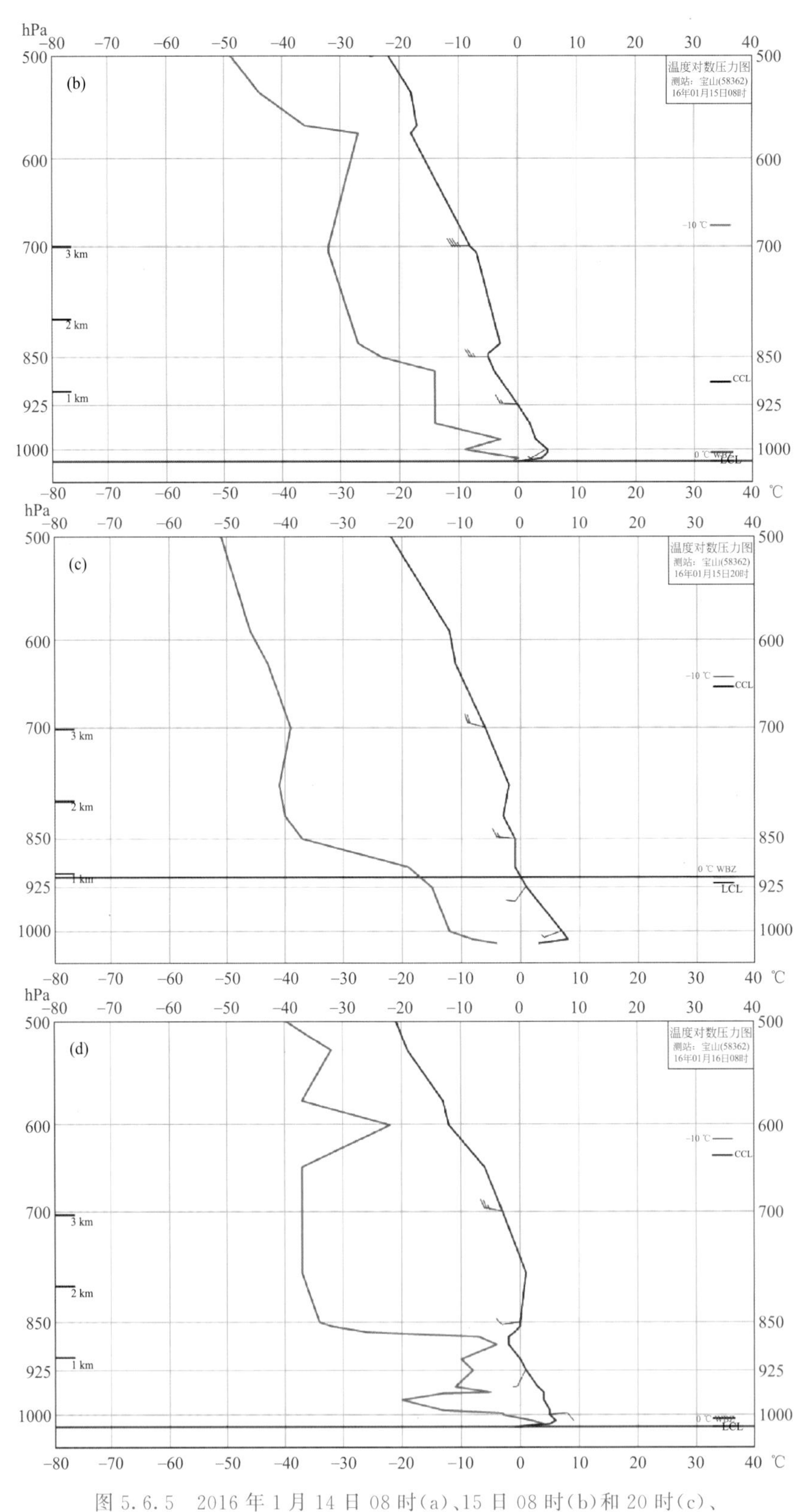

图 5.6.5　2016 年 1 月 14 日 08 时(a)、15 日 08 时(b)和 20 时(c)、16 日 08 时(d)上海市探空曲线，图中蓝线为温度曲线(单位：℃)

晨和夜间，上海市近地面都出现了辐射逆温，逆温层顶高和逆温强度详见表5.6.1，逆温层顶高均在250 m以下，大部分时段逆温强度在3 ℃/(100 m)及以上，15日夜间达到了8 ℃/(100 m)，逆温强度强，十分有利于$PM_{2.5}$积聚，容易造成长时间高浓度的污染过程。

表5.6.1 2016年1月14—16日上海市逆温层顶高和逆温强度

	14日08时	15日08时	15日20时	16日08时
逆温层顶高/m	220	180	60	100
逆温强度/(℃/(100 m)	0.5	3	8	7

5.6.4 物理量诊断分析

利用1月13日02时—17日02时NCEP每6 h一次的FNL 1°×1°再分析资料对上海市(121°—122°E，31°—32°N)做区域平均的速度和散度垂直剖面图。从垂直速度图(图5.6.6a)可以看到，16日上午以前上海市850 hPa以下垂直速度的绝对值基本在0.2 Pa/s及以下，说明这段时间上下层垂直交换弱，不利于污染物在垂直方向上扩散，同时上海市上空以下沉运动为主，对污染物的垂直扩散进一步起到抑制作用。从散度垂直剖面图(图5.6.6b)也可以看到，16日上午以前上海市850 hPa以下辐合辐散都弱，进一步验证了上述结论。

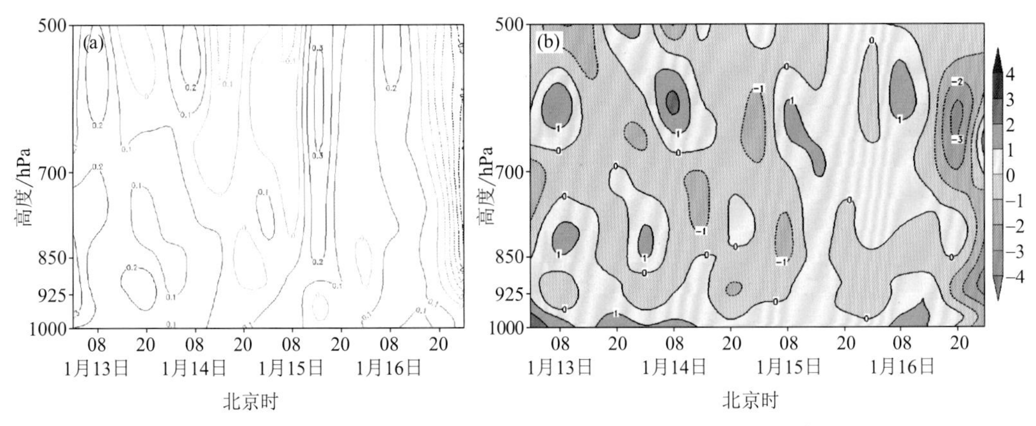

图5.6.6 2016年1月13日02时—17日02时上海市垂直速度(a，单位：Pa/s)和散度(b，单位：10^{-6}/s)区域平均时序

5.6.5 垂直环流分析

由图5.6.4可以看到，上海市受输送影响期间，1月13日主导风向为西到西北风，14日则为偏西风，因此，利用NCEP每6 h一次的FNL 1°×1°再分析资料，分别从安徽省北部地区(亳州市，图5.6.7a)和中西部地区(六安市，图5.6.7b)至上海市做垂直环流剖面图(该图中制作垂直环流时将垂直速度扩大了100倍)。从图上可以看到，1月13—14

日垂直方向上均存在一条输送通道，在上海市的上游地区 850 hPa 以下为上升气流，可以将当地污染物输送至中低空，其中 13 日上升运动出现在 118.5°E 以西(安徽省中北部地区)，14 日则出现在 117°—118.5°E(安徽省中部地区)，中低空气流再将污染物输送至上海市上空，而上海市上空 850 hPa 以下以下沉运动为主，污染物最后通过下沉运动沉降至近地面。

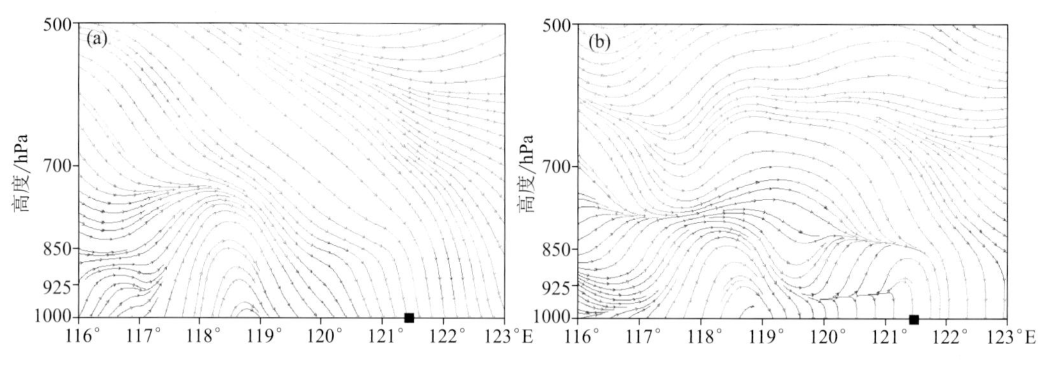

图 5.6.7 2016 年 1 月 13 日 14 时(a)和 14 日 20 时(b)安徽—上海垂直环流剖面图(■:上海市位置)

5.6.6 后向轨迹分析

为了进一步验证 $PM_{2.5}$ 的来源，选取上海市作为气团后向轨迹的终点，研究此次污染过程。图 5.6.8 给出了受输送影响期间 1 月 13—14 日不同高度的气团到达上海市的轨迹，图 5.6.8a 显示 13 日不同高度的气团主要来自上海市西北部(山东省、安徽省和江苏省)，同时 100 m 和 500 m 的气团均出现了下沉现象；14 日(图 5.6.8b)，气团来向转向

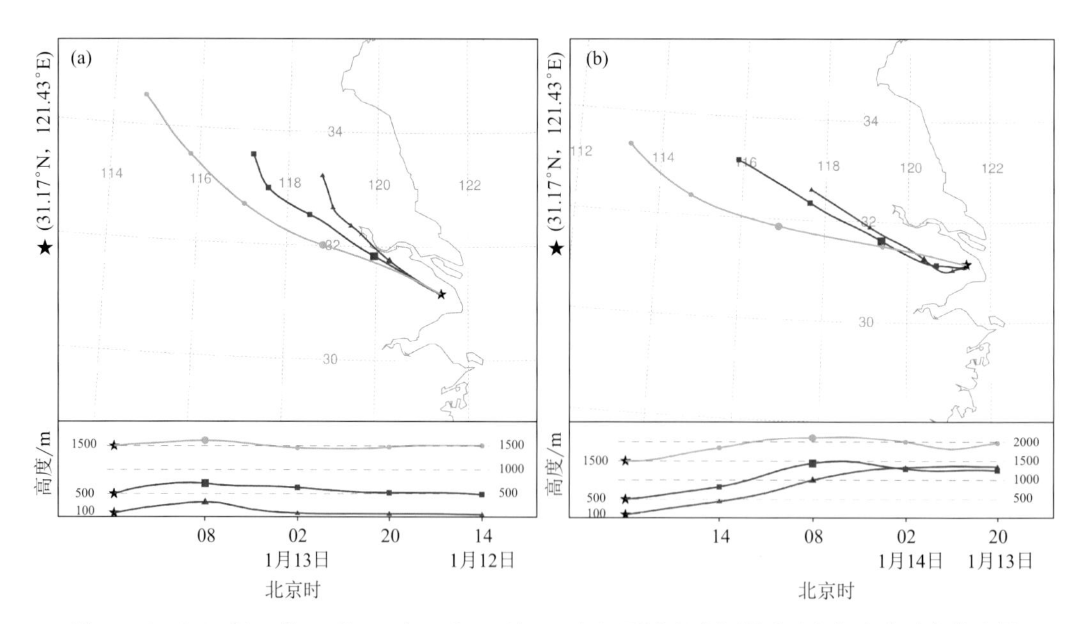

图 5.6.8 2016 年 1 月 13 日 14 时(a)和 14 日 20 时(b)不同高度气团到达上海市的后向轨迹图

上海市西部，主要来自江苏省和安徽省，同时不同高度的气团出现了明显的下沉现象。后向轨迹图进一步说明江苏省、安徽省和山东省对上海市均有输送贡献。

5.6.7 小结

(1)2016 年 1 月 13—16 日上海市出现了连续 4 d 的 $PM_{2.5}$ 污染过程，其中 1 d 重度污染、3 d 中度污染。此次污染过程中 13—14 日主要由本地污染物积聚叠加上游污染物输送造成污染，属于混合型污染，15 日主要由本地污染物积聚造成，属于积累型污染。从 $PM_{2.5}$ 浓度变化来看，污染过程中出现了 2 个峰值，污染时长为 96 h，其中出现了 33 h 重度污染和 41 h 中度污染，污染持续时间长，短时污染程度重。

(2)此次污染过程与天气形势的高低空配置有密切关系。1 月 13—16 日上海市高空为西北气流控制，且垂直方向上层结较稳定，为污染的发生、发展提供了有利条件。从地面天气形势来看，1 月 13—14 日上海市主要受到 L 型高压控制，为 L 型高压型，15 日受高压中心控制，为高压中心型，13—15 日上海市地面气压场较弱，且污染期间风向以西向风为主，因此，地面天气形势有利于 $PM_{2.5}$ 的积聚和上游的输送。

(3)诊断分析污染时段的气象要素发现，1 月 13 日至 15 日早晨及 15 日夜间上海市地面风速不大，且出现了静风时段，同时垂直方向上 16 日上午前以弱的下沉运动为主，且出现了逆温，因此水平和垂直方向上的扩散条件都较差，有利于 $PM_{2.5}$ 在地面堆积；1 月 16 日随着高压中心东移入海，上海市地面风速有所增大，水平扩散条件转好，有利于污染物扩散。另外，分析污染时段的风向发现，来自陆地的风有利于上游 $PM_{2.5}$ 输送至本地，而来自海上的洁净空气则有利于 $PM_{2.5}$ 浓度下降。

(4)分析垂直环流发现，受输送影响期间垂直方向上均存在一条输送通道，污染物先通过上游地区的上升运动到达中低空，然后随着中低空气流到达上海市上空，最后再通过下沉运动沉降至近地面。后向轨迹分析则进一步证明污染期间江苏省、安徽省和山东省对上海市均有输送贡献。

5.7 2016 年 2 月 8 日污染过程

5.7.1 污染过程概述

2016 年 2 月 8 日上海市出现了 $PM_{2.5}$ 轻度污染过程，IAQI 为 115。图 5.7.1 给出了 7 日 18 时—9 日 00 时 $PM_{2.5}$ 小时浓度时序，从图上可以看到，7 日夜间开始 $PM_{2.5}$ 浓度出现了上升过程，8 日 00 时达到轻度污染，05 时达到中度污染，08 时出现峰值，浓度为 130.1 $\mu g/m^3$，之后浓度开始迅速下降，于 14 时降回良等级，污染过程结束。污染时段为 8 日 00—13 时，共 14 h，其中出现了 5 h 中度污染和 9 h 轻度污染，污染持续时间较短，短时污染程度较重。

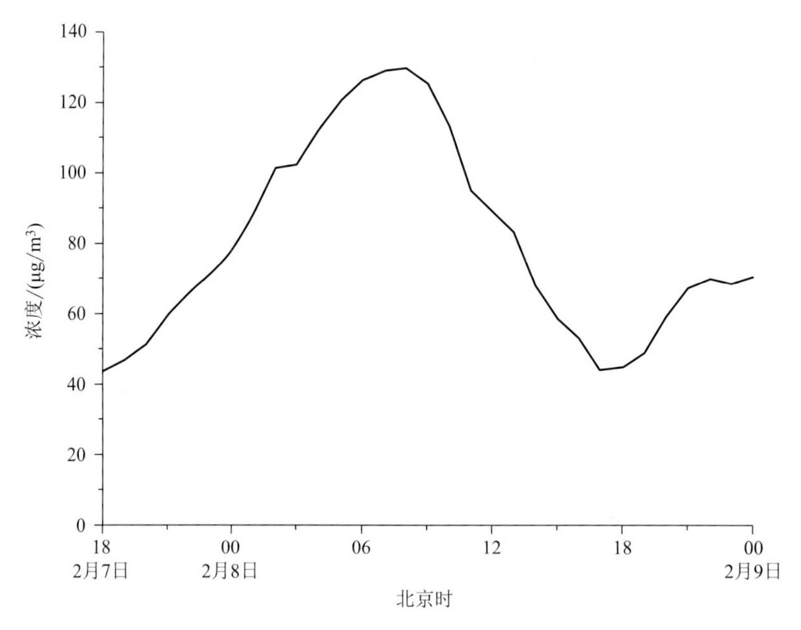

图 5.7.1　2016 年 2 月 7 日 18 时—9 日 00 时上海市 $PM_{2.5}$ 小时浓度时间序列

5.7.2　天气形势分析

分析 2 月 8 日低空到高空的高度场发现(图 5.7.2a～c),8 日上海市上空主要受到槽后西北气流控制,高低空环流配置不利于大强度降水的出现,对 $PM_{2.5}$ 不会造成湿沉降

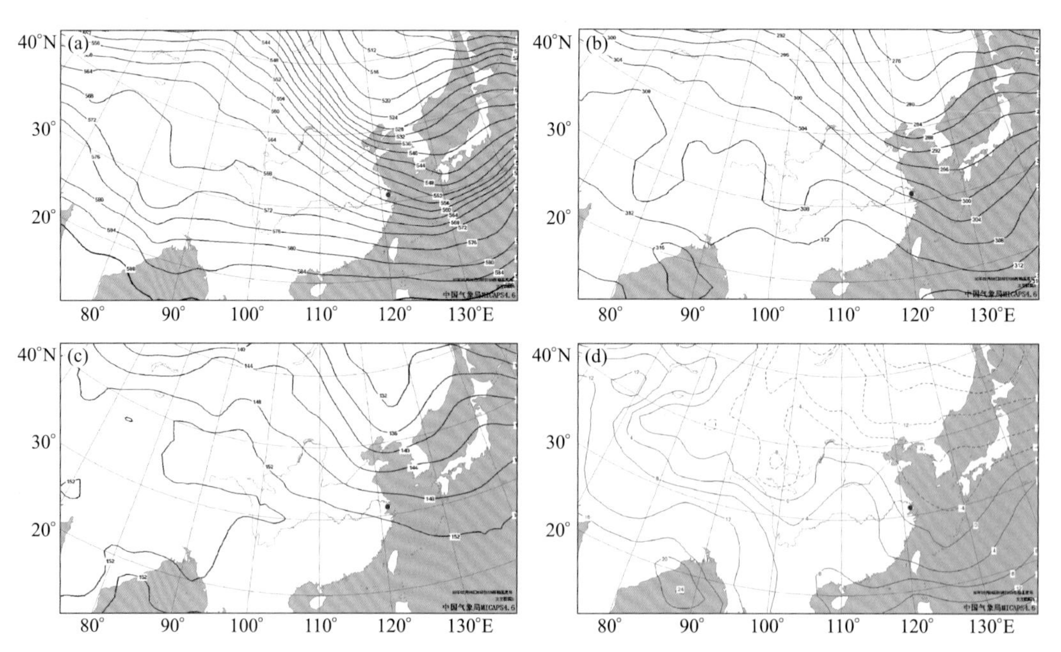

图 5.7.2　2016 年 2 月 8 日 08 时 500 hPa(a)、700 hPa(b)和 850 hPa(c)高度场及 850 hPa 温度场(d)(高度场单位:dagpm;温度场单位:℃;•:上海市位置)

作用，为污染的发生、发展提供了有利的气象条件。850 hPa 温度场显示(图 5.7.2d)，8 日上海市位于暖脊前部，受暖平流影响，低层增温明显，为大气产生稳定层结创造了良好的条件，不利于 $PM_{2.5}$ 在垂直方向上扩散，有利于 $PM_{2.5}$ 在地面积聚。

图 5.7.3 给出了 2 月 8 日海平面气压场和地面风场，由图 5.7.3a 可以看到，8 日 02 时上海市受 L 型高压的控制，属于 L 型高压型，气压场较弱，地面风速较小，水平扩散条件较差，同时在高压控制下，近地层为下沉气流，大气层结比较稳定，污染物在垂直方向上也得不到扩散。另外，在 L 型高压控制下，上海市出现了偏西风，有利于将上游污染物输送至本地造成污染，从图上可以看到，华东中北部地区出现了大片霾区，上游污染物的输送也是造成此次污染过程的重要原因。8 日白天(图 5.7.3b)随着高压环流东移南压，华东中北部地区气压梯度增大，地面风速较 02 时明显加大，上海市主导风向由偏西风逐渐转向西南风，从图上可以看到，到 14 时上海市西南侧(浙江省北部地区)没有霾区，虽然风向仍然来自内陆，但上游地区没有污染源存在，同时大的风速有利于污染物的迅速扩散，因此，8 日上午 $PM_{2.5}$ 浓度出现下降过程，下午降回良等级(图 5.7.1)，污染过程结束。

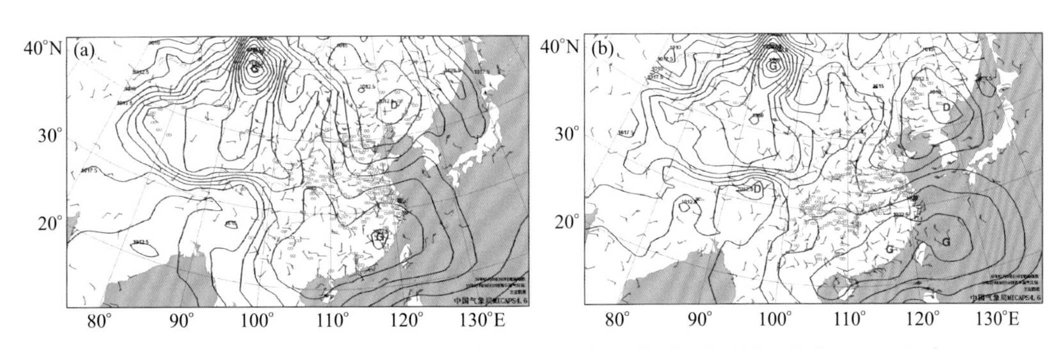

图 5.7.3　2016 年 2 月 8 日 02 时(a)和 14 时(b)海平面气压场(单位：hPa)和地面风场(单位：m/s)(∞：霾区；•：上海市位置)

5.7.3　气象要素分析

分析 2 月 7 日 18 时—9 日 00 时上海市地面风向风速变化时序(图 5.7.4)发现，8 日 09 时以前上海市地面风速较小，大部分时段风速都在 1 m/s 以下，并且出现了静风，09 时开始上海市地面风速迅速增大，最大风速达到 4.7 m/s，水平扩散条件转好，污染时段内(8 日 00—13 时)1 m/s 及以下的风速时段占 64.3%，静风时段占 21.4%，小的风速使得污染物在水平方向上不易扩散出去，为污染物的积聚创造了十分有利的条件。从风向变化来看，8 日 09 时以前上海市主导风向为偏西风，09 时开始转向西南风，偏西风和西南风均有利于将上游污染物输送至上海市，但由于上海市西南侧(浙江省北部地区)没有霾区，因此，风向转换后不再有污染物输送至上海市。对照 $PM_{2.5}$ 浓度变化来看(图 5.7.1)，上海市受较小的偏西风影响时段正好与 $PM_{2.5}$ 浓度上升时段相对应，由此可见，地面风速风向的变化对 $PM_{2.5}$ 浓度的变化起到非常重要的作用。

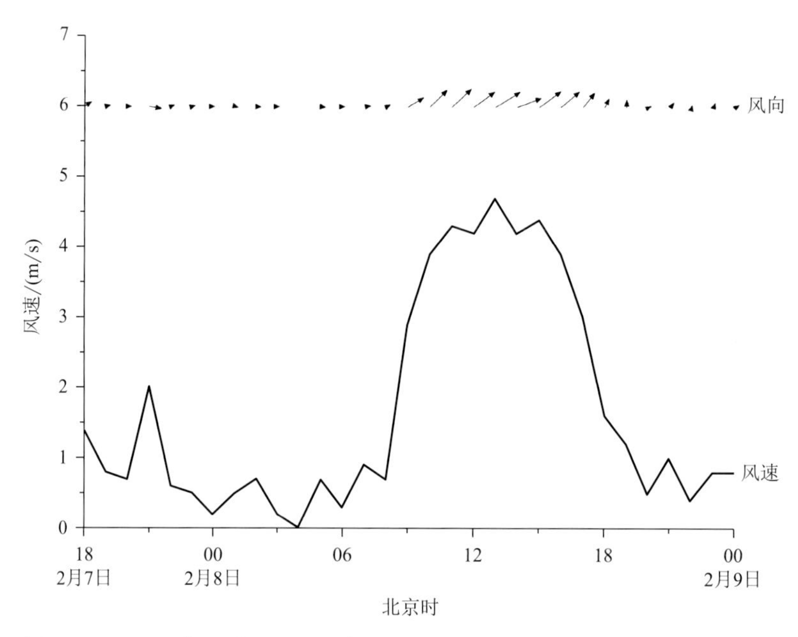

图 5.7.4　2016 年 2 月 7 日 18 时—9 日 00 时上海市地面风向风速变化时序

图 5.7.5 为 2 月 7 日 20 时和 8 日 08 时上海市探空曲线，可以看到 7 日夜间—8 日早晨上海市近地面出现了辐射逆温，逆温层顶高分别为 100 m 和 217 m，逆温强度均为 4 ℃/(100 m)，逆温强度较强，有利于 $PM_{2.5}$ 在地面堆积。

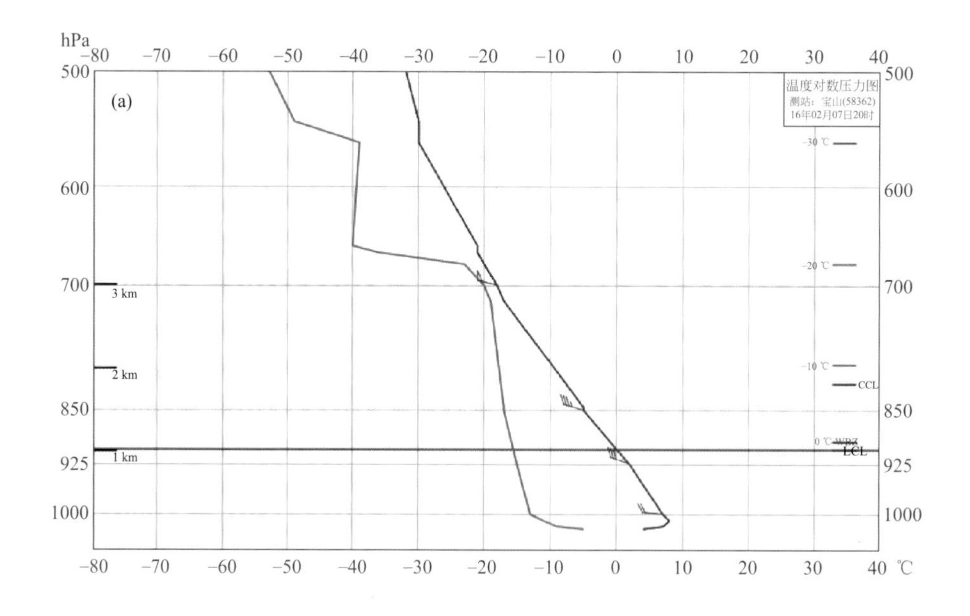

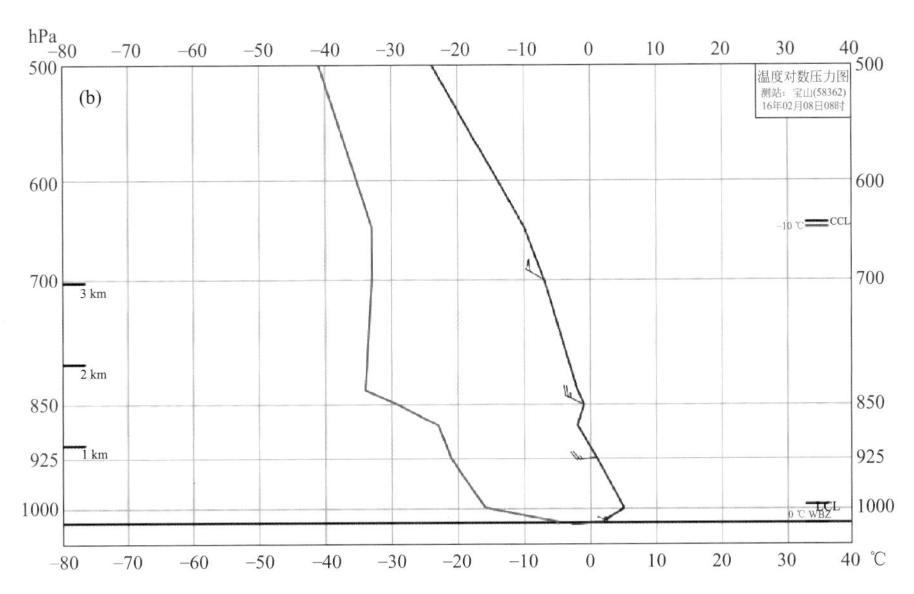

图 5.7.5 2016 年 2 月 7 日 20 时(a)和 8 日 08 时(b)上海市探空曲线，图中蓝线为温度曲线(单位：℃)

5.7.4 物理量诊断分析

利用 2 月 7 日 20 时—8 日 20 时 NCEP 每 6 h 一次的 FNL 1°×1°再分析资料对上海市(121°—122°E，31°—32°N)做区域平均的速度和散度垂直剖面图。从垂直速度图(图 5.7.6a)可以看到，上海市 850 hPa 以下垂直速度的绝对值基本在 0.2 Pa/s 及以下，说明这段时间上下层垂直交换弱，不利于污染物在垂直方向上扩散，同时上海市上空以下沉运动为主，对污染物的垂直扩散进一步起到抑制作用。从散度垂直剖面图(图 5.7.6b)也可以看到，7 日 20 时—8 日 20 时上海市 850 hPa 以下辐合辐散都弱，进一步验证了上述结论。

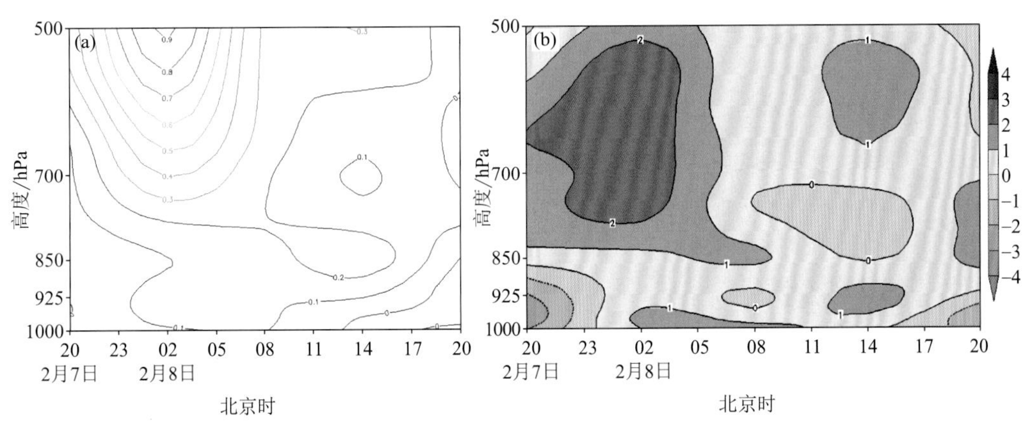

图 5.7.6 2016 年 2 月 7 日 20 时—8 日 20 时上海市垂直速度(a，单位：Pa/s)和散度(b，单位：10^{-6}/s)区域平均时序

5.7.5 垂直环流分析

由前文分析可知，2 月 8 日 08 时以前上海市主导风向为偏西风，因此，利用 NCEP 每 6 h 一次的 FNL 1°×1°再分析资料，从安徽省中西部地区（六安市）至上海市做垂直环流剖面图（图 5.7.7，该图中制作垂直环流时将垂直速度扩大了 100 倍）。从图上可以看到，在垂直方向上存在这样一条输送通道，在上海市的上游地区 117.5°E 以西（安徽省中部地区）850 hPa 以下为上升气流，可以将当地污染物输送至中低空，然后中低空气流将污染物输送至上海市上空，而上海市上空以下沉运动为主，污染物通过下沉运动再沉降至近地面。

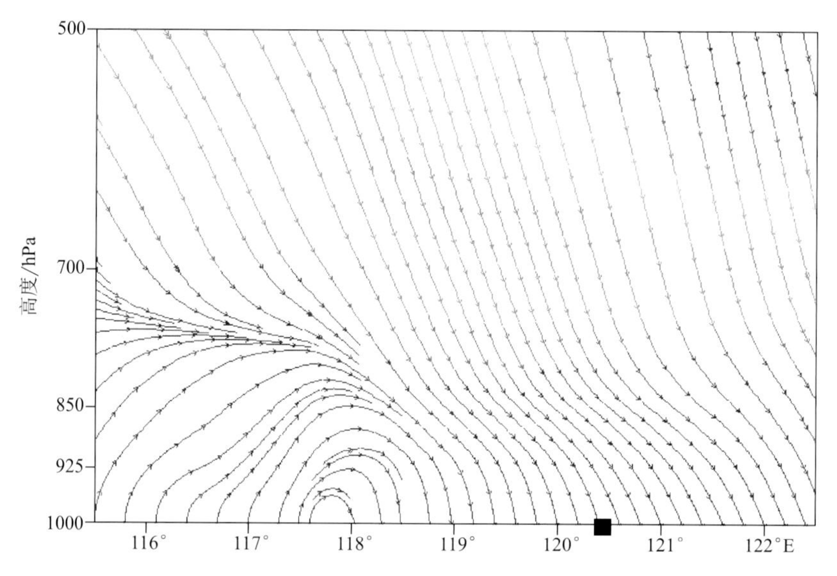

图 5.7.7 2016 年 2 月 8 日 02 时安徽—上海垂直环流剖面图（■：上海市位置）

5.7.6 后向轨迹分析

为了进一步验证 $PM_{2.5}$ 的来源，选取上海市作为气团后向轨迹的终点，研究此次污染过程。图 5.7.8 给出了 2 月 8 日不同高度的气团到达上海市的轨迹，可以看到 100 m 和 500 m 的气团主要来自上海市西部的江苏省和安徽省，而 1500 m 的气团则更偏北，除了安徽省和江苏省外，山东省对上海市也有输送影响，另外，100 m 的气团出现了明显的下沉现象。后向轨迹图进一步说明江苏省、安徽省和山东省对上海市都有输送贡献。

5.7.7 小结

（1）2016 年 2 月 8 日上海市出现了 $PM_{2.5}$ 轻度污染过程，此次污染主要由本地污染物积聚叠加上游污染物输送造成，属于混合型污染。从 $PM_{2.5}$ 浓度变化来看，污染过程

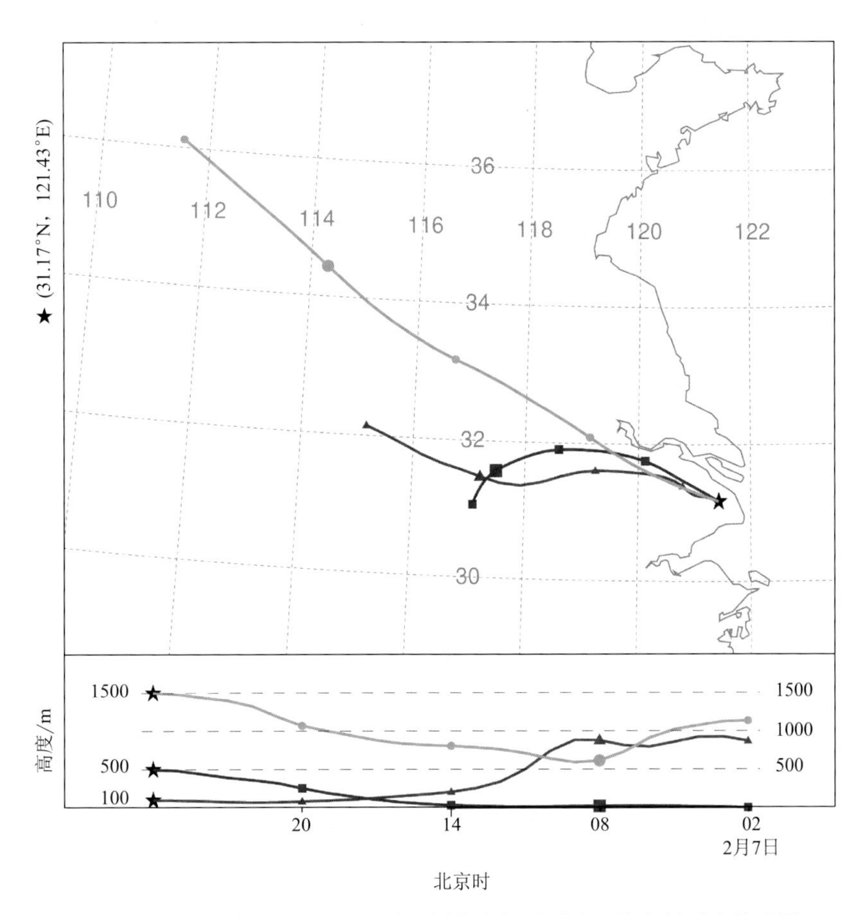

图 5.7.8 2016 年 2 月 8 日 02 时不同高度气团到达上海市的后向轨迹图

中出现了 1 个峰值,污染持续时间较短,短时污染程度较重。

(2)此次污染过程与天气形势的高低空配置有密切关系。上海市高空为西北气流控制,且垂直方向上层结较稳定,为污染的发生、发展提供了有利条件。从地面天气形势来看,上海市主要受到 L 型高压控制,为 L 型高压型,地面气压场较弱,且污染期间风向以偏西风为主,因此地面天气形势有利于 $PM_{2.5}$ 的积聚和上游的输送。

(3)诊断分析污染时段的气象要素发现,地面风速风向的变化对 $PM_{2.5}$ 浓度的变化起到非常重要的作用,上海市受较小的偏西风影响时段正好与 $PM_{2.5}$ 浓度上升时段相对应,同时垂直方向上再配合弱的下沉运动,且出现了逆温,因此,更有利于 $PM_{2.5}$ 浓度的上升,从而造成污染。

(4)分析垂直环流发现,污染期间垂直方向上存在一条输送通道,污染物先通过上游地区的上升运动到达中低空,然后随着中低空气流到达上海市上空,最后再通过下沉运动沉降至近地面。后向轨迹分析则进一步证明污染期间江苏省、安徽省和山东省对上海市均有输送贡献。

5.8 2017年12月31日—2018年1月1日污染过程

5.8.1 污染过程概述

2017年12月31日—2018年1月1日上海市出现了连续2 d的 $PM_{2.5}$ 污染过程(图5.8.1a),其中2017年12月31日出现了重度污染,IAQI达225。图5.8.1b给出了2017年12月30日12时—2018年1月2日00时 $PM_{2.5}$ 小时浓度时序,从图上可以看到,2017年12月30日下午开始 $PM_{2.5}$ 浓度出现了快速上升的过程,19时达到轻度污染,20时达到中度污染,21时出现重度污染,仅用3 h就从良等级上升至重度污染级别,小时升幅达37.5 $\mu g/m^3$,22时出现第一个峰值,之后浓度有所下降,31日05时 $PM_{2.5}$ 浓度再次出现上升过程,2018年1月1日00时出现第二个峰值,也是此次污染过程小时浓度最大值,为235.1 $\mu g/m^3$,之后浓度迅速下降,于12时降回良等级,污染过程结束。污染时段为2017年12月30日19时—2018年1月1日11时,共41 h,其中出现了26 h重度污染和11 h中度污染,短时污染程度重。

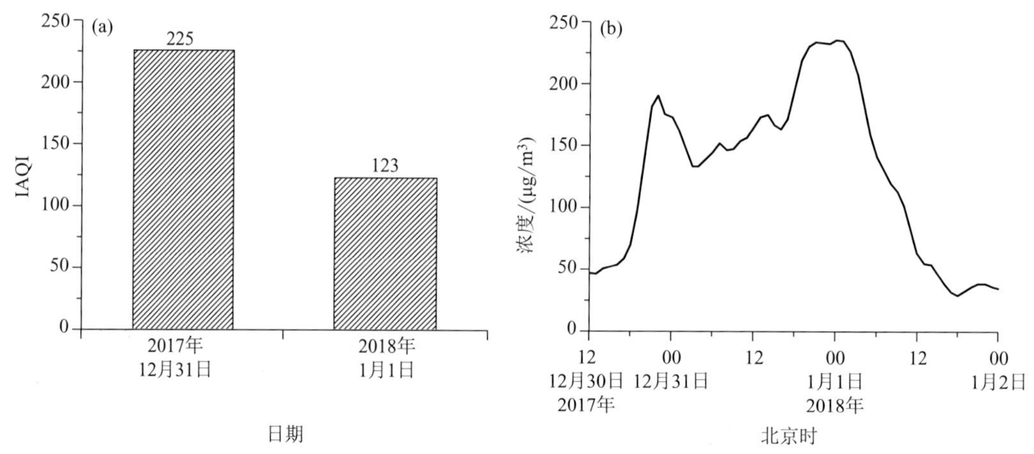

图5.8.1 2017年12月31日—2018年1月1日上海市 $PM_{2.5}$ IAQI(a)和2017年12月30日12时—2018年1月2日00时 $PM_{2.5}$ 小时浓度(b)时间序列

5.8.2 天气形势分析

分析2017年12月31日—2018年1月1日低空到高空的高度场发现(图5.8.2a~c,因为这两日的高空形势基本一致,所以这里使用31日的高空形势图作为代表图),上海市主要受到槽后西北气流的控制,高低空环流配置不利于大强度降水的出现,对 $PM_{2.5}$ 不会造成湿沉降作用,为污染的发生、发展提供了有利的气象条件。850 hPa温度场显示(图5.8.2d、e),12月31日上海市位于冷槽前部,31日白天是冷槽过境的过程,到20时上海市已经位于冷槽后部暖脊前部,因此,2017年12月31日夜间至2018年1月1日上海市主要受暖平流影响，低层增温明显，为大气产生稳定层结创造了良好的条件，不利于 $PM_{2.5}$ 在垂直方向上扩散，有利于 $PM_{2.5}$ 积聚。

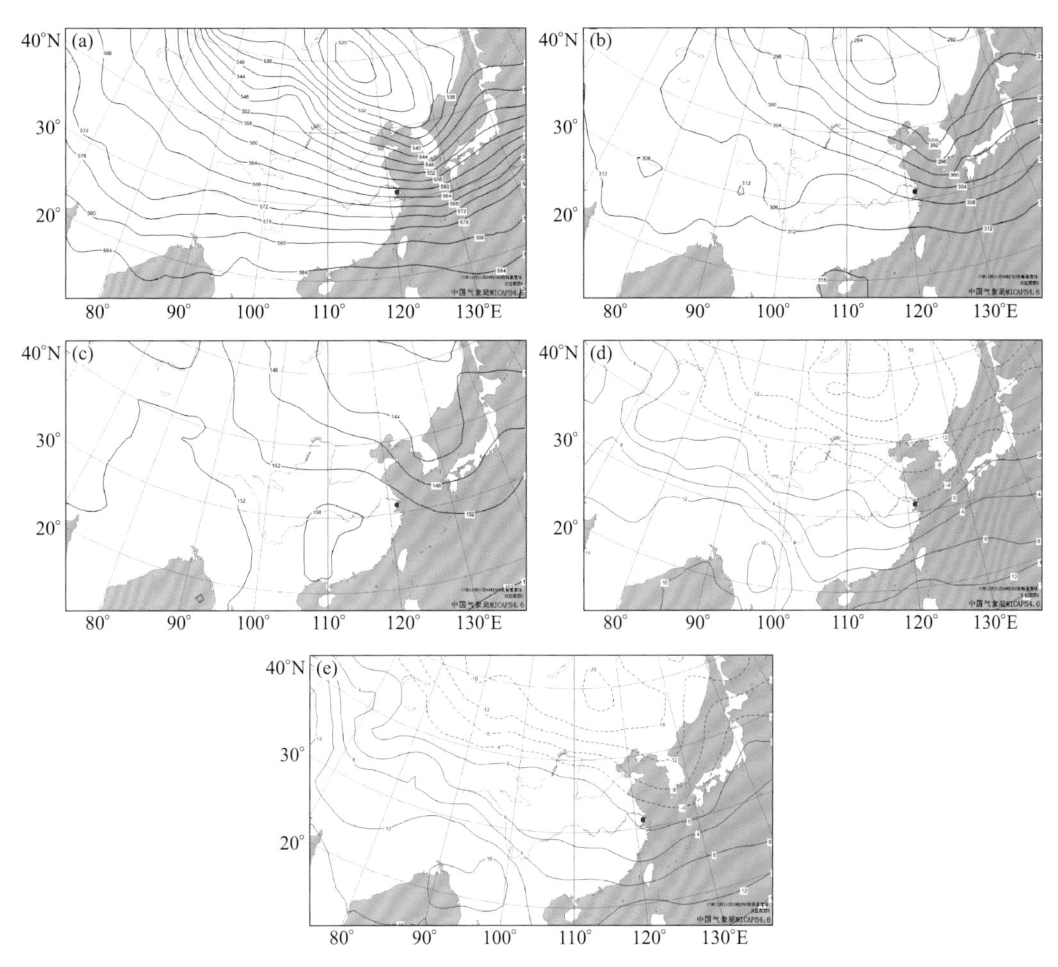

图 5.8.2　2017 年 12 月 31 日 08 时 500 hPa(a)、700 hPa(b)、850 hPa(c)高度场及 31 日 08 时(d)和 20 时(e)850 hPa 温度场(高度场单位：dagpm；温度场单位：℃；•：上海市位置)

研究此次连续污染过程的海平面气压场和地面风场发现，12 月 31 日傍晚以前(图 5.8.3a)上海市主要受 L 型高压控制，属于 L 型高压型，气压场较弱，水平扩散条件较差，上海市主导风向为西北风，上游地区的安徽省和江苏省有大片霾区存在，因此，西北风有利于将上游污染物输送至本地造成污染，另外，在高压控制下，近地层为下沉气流，大气层结比较稳定，有利于 $PM_{2.5}$ 在地面堆积。2017 年 12 月 31 日傍晚—2018 年 1 月 1 日早晨(图 5.8.3b)随着高压环流逐渐东移，上海市位于高压中心附近，天气类型转为高压中心型，气压场转弱，地面风速进一步减小，水平扩散条件进一步转差，上海市主要受到本地污染物积聚影响。1 月 1 日白天随着高压中心缓慢东移入海(图 5.8.3c)，风速逐渐增大，大的风速有利于 $PM_{2.5}$ 扩散，同时由于主导风向转向偏东风，来自海上的风有利于 $PM_{2.5}$ 浓度的稀释，在较大偏东风的作用下，$PM_{2.5}$ 降回良等级(图 5.8.1b)，污染过程结束。

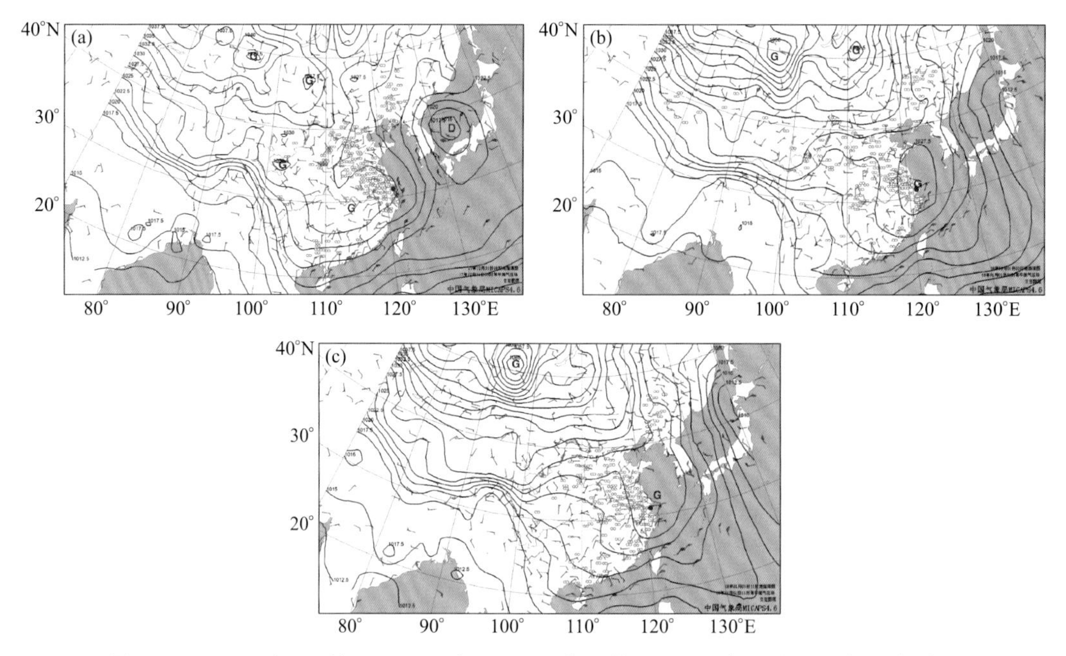

图 5.8.3　2017 年 12 月 31 日 08 时(a)、2018 年 1 月 1 日 02 时(b)和 11 时(c)海平面气压场(单位：hPa)和地面风场(单位：m/s)(∞：霾区；•：上海市位置)

5.8.3　气象要素分析

图 5.8.4 给出了 2017 年 12 月 30 日 12 时—2018 年 1 月 2 日 00 时上海市地面风向风速变化时序，分析发现 12 月 31 日地面风速是一个减小的过程，06 时以后风速基本在 3 m/s 以下，夜间出现了静风，1 月 1 日早晨开始地面风速出现明显增大过程。总体来看，污染时段内(2017 年 12 月 30 日 19 时—2018 年 1 月 1 日 11 时)2 m/s 及以下的风速时段占 43.9%，静风时段占 4.9%，小的风速使得污染物在水平方向上不易扩散出去，为污染物的积聚创造了十分有利的条件。从风向变化来看，2018 年 1 月 1 日以前上海市主导风向为西北风，有利于上游污染物的输送，1 月 1 日随着高压中心逐渐东移入海，主导风向转为偏东风，有利于污染物浓度的稀释下降。对照图 5.8.1b 发现，风速风向的变化与 $PM_{2.5}$ 浓度的变化相对应，对 $PM_{2.5}$ 浓度的变化起到非常重要的作用。

图 5.8.5 为 1 月 1 日 08 时上海市探空曲线，可以看到 1 日早晨上海市近地面出现了辐射逆温，逆温层顶高为 80 m，逆温强度为 6 ℃/(100 m)，逆温强度强，有利于 $PM_{2.5}$ 积聚。

5.8.4　物理量诊断分析

利用 2017 年 12 月 30 日 20 时—2018 年 1 月 1 日 20 时 NCEP 每 6 h 一次的 FNL 1°×1°再分析资料对上海市(121°—122°E，31°—32°N)做区域平均的速度和散度垂直剖面图。从垂直速度图(图 5.8.6a)可以看到，上海市 850 hPa 以下垂直速度的绝对值基本在 0.2 Pa/s 及以下，说明这段时间上下层垂直交换弱，不利于污染物在垂直方向上扩散，同

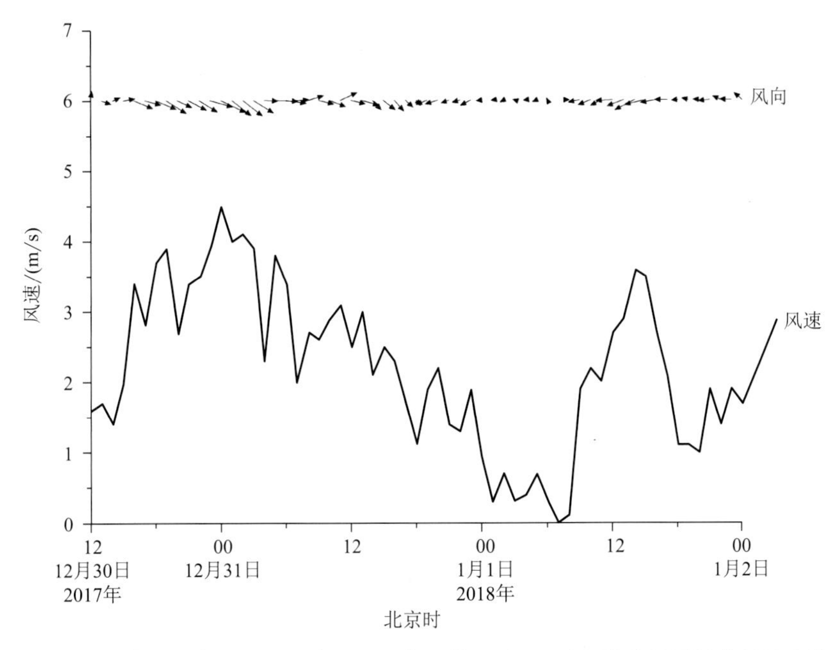

图 5.8.4 2017 年 12 月 30 日 12 时—2018 年 1 月 2 日 00 时上海市地面风向风速变化时序

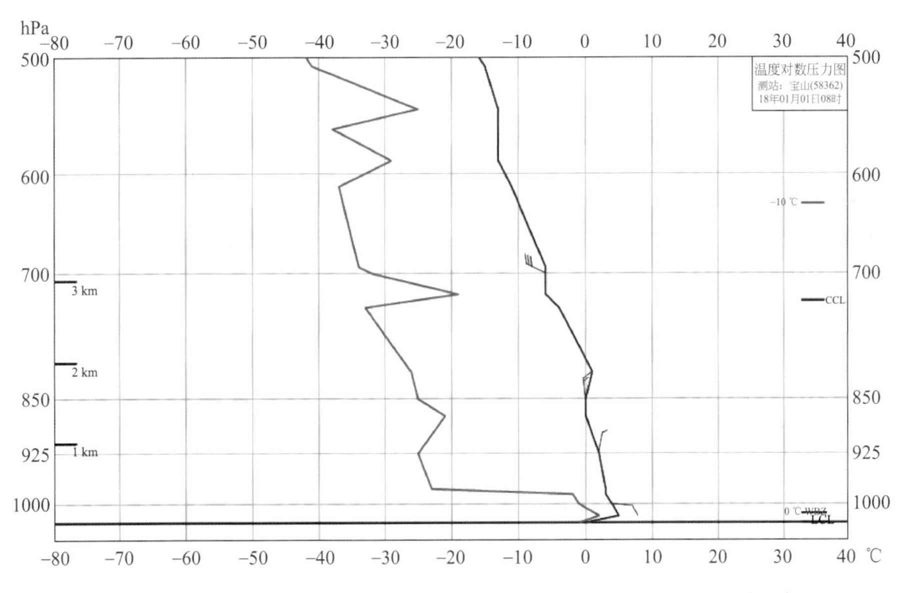

图 5.8.5 2018 年 1 月 1 日 08 时上海市探空曲线，图中蓝线为温度曲线(单位：℃)

时上海市上空以下沉运动为主，对污染物的垂直扩散进一步起到抑制作用。从散度垂直剖面图(图 5.8.6b)也可以看到，上海市 850 hPa 以下辐合辐散都弱，进一步验证了上述结论。

5.8.5 垂直环流分析

由前文分析可知，12 月 31 日傍晚以前上海市受上游污染物输送影响，主导风向为西北风，因此，利用 NCEP 每 6 h 一次的 FNL 1°×1°再分析资料，从江苏省西北部地区(徐

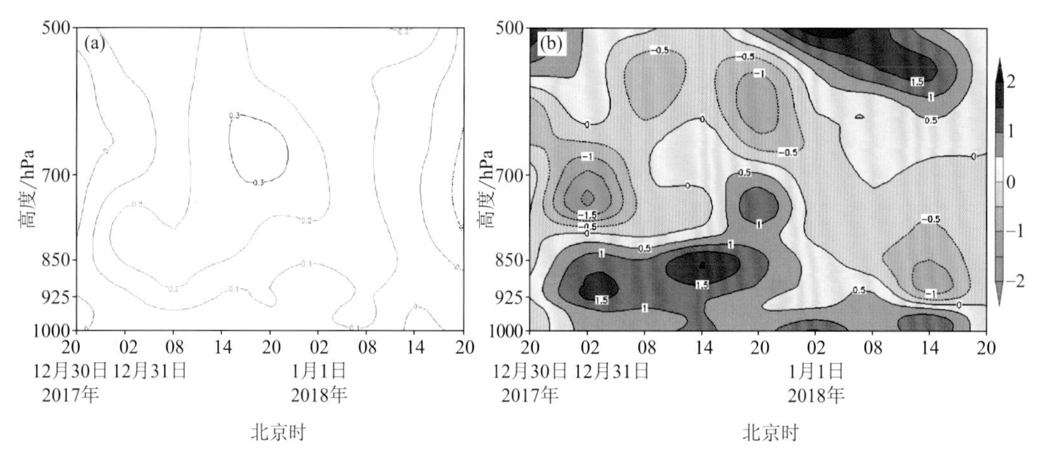

图 5.8.6　2017 年 12 月 30 日 20 时—2018 年 1 月 1 日 20 时上海市垂直速度（a,单位:Pa/s）和散度（b,单位:10^{-6}/s）区域平均时序

州市）至上海市做输送影响期间的垂直环流剖面图（图 5.8.7,该图中制作垂直环流时将垂直速度扩大了 100 倍）。从图上可以看到,污染期间垂直方向上存在这样一条输送通道,在上海市的上游地区 119.5°—120.5°E（江苏省中部地区）925 hPa 以下有上升气流,可以将当地污染物输送至中低空,之后污染物随着中低空气流到达上海市上空,而上海市上空 700 hPa 以下为下沉气流,污染物通过下沉运动沉降至近地面,同时叠加地面输送,造成了前期 $PM_{2.5}$ 的快速上升过程（图 5.8.1b）。

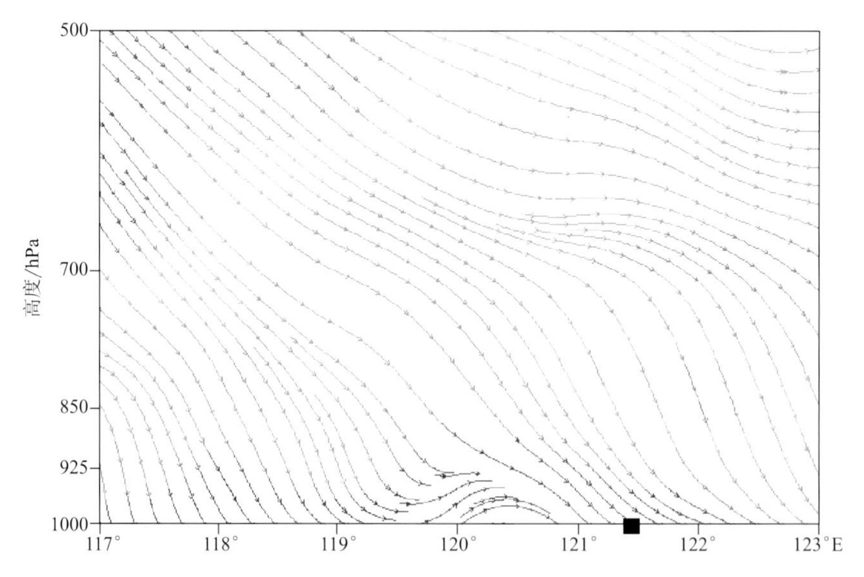

图 5.8.7　2017 年 12 月 31 日 02 时江苏—上海垂直环流剖面图（■:上海市位置）

5.8.6　后向轨迹分析

为了进一步验证 $PM_{2.5}$ 的来源,选取上海市作为气团后向轨迹的终点,研究此次污染过程。图 5.8.8 给出了上海市受输送影响期间（2017 年 12 月 31 日傍晚以前）不同高

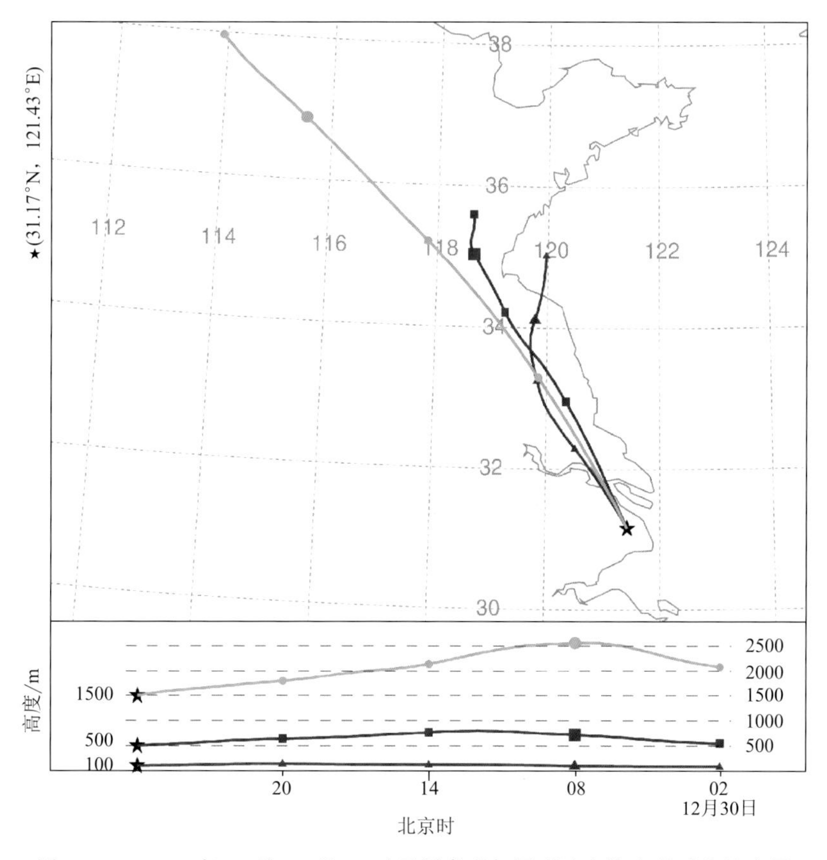

图 5.8.8 2017 年 12 月 31 日 02 时不同高度气团到达上海市的后向轨迹图

度的气团到达上海市的轨迹，从图上可以看到，不同高度的气团来向一致，均来自上海市西北部，主要从山东省西南部地区经江苏省中东部地区到达上海市，同时 500 m 和 1500 m 的气团均出现下沉现象。后向轨迹图进一步说明江苏省和山东省对上海市均有输送贡献。

5.8.7 小结

(1)2017 年 12 月 31 日—2018 年 1 月 1 日上海市出现了连续 2 d 的 $PM_{2.5}$ 污染过程，其中 12 月 31 日出现了重度污染。此次污染过程 12 月 31 日傍晚以前主要由本地污染物积聚叠加上游污染物输送造成，属于混合型污染，2017 年 12 月 31 日傍晚—2018 年 1 月 1 日早晨由本地污染物积聚造成，属于积累型污染。从 $PM_{2.5}$ 浓度变化来看，前期 $PM_{2.5}$ 上升速度很快，污染过程中出现了 2 个峰值，短时污染程度重。

(2)此次污染过程与天气形势的高低空配置有密切关系，污染期间上海市高空主要受到西北气流控制，且 2017 年 12 月 31 日夜间—2018 年 1 月 1 日垂直方向上层结较稳定，为污染的发生、发展提供了有利条件。从地面天气形势来看，12 月 31 日傍晚以前上海市主要受 L 型高压控制，为 L 型高压型，2017 年 12 月 31 日傍晚—2018 年 1 月 1 日早晨受高压中心影响，为高压中心型，同时污染期间风向以西北风为主，因此，地面天气形势有利于 $PM_{2.5}$ 的积聚和上游的输送。

(3)诊断分析污染时段的气象要素发现，地面风速风向的变化对 $PM_{2.5}$ 浓度有重要影响，小的风速和来自陆地的风有利于 $PM_{2.5}$ 浓度上升，而大的风速和来自海上的风则有利于 $PM_{2.5}$ 浓度下降，另外，垂直方向上弱的下沉运动和逆温的出现，为 $PM_{2.5}$ 污染创造了十分有利的条件。

(4)分析垂直环流发现，受输送影响期间垂直方向上存在一条输送通道，污染物先通过上游地区的上升运动到达中低空，然后随着中低空气流到达上海市上空，最后再通过下沉运动沉降至近地面。后向轨迹分析则进一步证明污染期间江苏省和山东省对上海市均有输送贡献。

5.9 2018 年 1 月 30 日—2 月 1 日污染过程

5.9.1 污染过程概述

2018 年 1 月 30 日—2 月 1 日上海市出现了连续 3 d 的 $PM_{2.5}$ 污染过程(图 5.9.1a)，其中 1 月 30—31 日达到了重度污染级别，2 月 1 日为中度污染。图 5.9.1b 给出了 1 月 29 日 15 时—2 月 1 日 15 时 $PM_{2.5}$ 小时浓度时序，从图上可以看到，1 月 29 日下午开始 $PM_{2.5}$ 浓度有一个快速上升的过程，18 时达到轻度污染，30 日 00 时达到中度污染，02 时达到重度污染，10 时出现了此次污染过程小时浓度最大值，达 224.4 $\mu g/m^3$，之后一直到 2 月 1 日 10 时浓度虽然有起伏，但是一直维持在重度污染水平，10 时之后浓度迅速下降，于 14 时降回良等级，污染过程结束。污染时段为 1 月 29 日 18 时—2 月 1 日 13 时，共 68 h，其中重度污染持续时间长，共 59 h，此次过程污染时间较长，污染程度重。

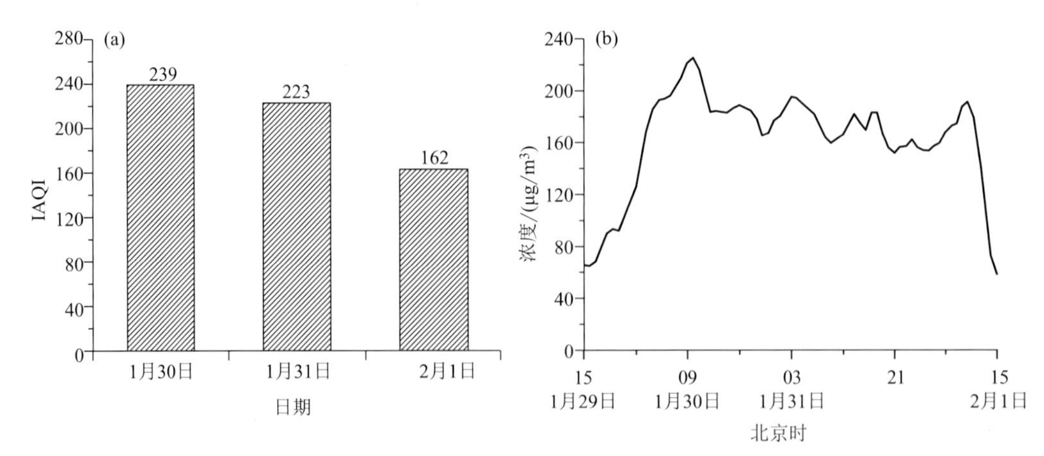

图 5.9.1 2018 年 1 月 30 日—2 月 1 日上海市 $PM_{2.5}$ IAQI(a)和 1 月 29 日 15 时—2 月 1 日 15 时 $PM_{2.5}$ 小时浓度时间序列

5.9.2 天气形势分析

图5.9.2a、c、e给出了1月30日从低空到高空的高度场，可以看到上海市高空主要

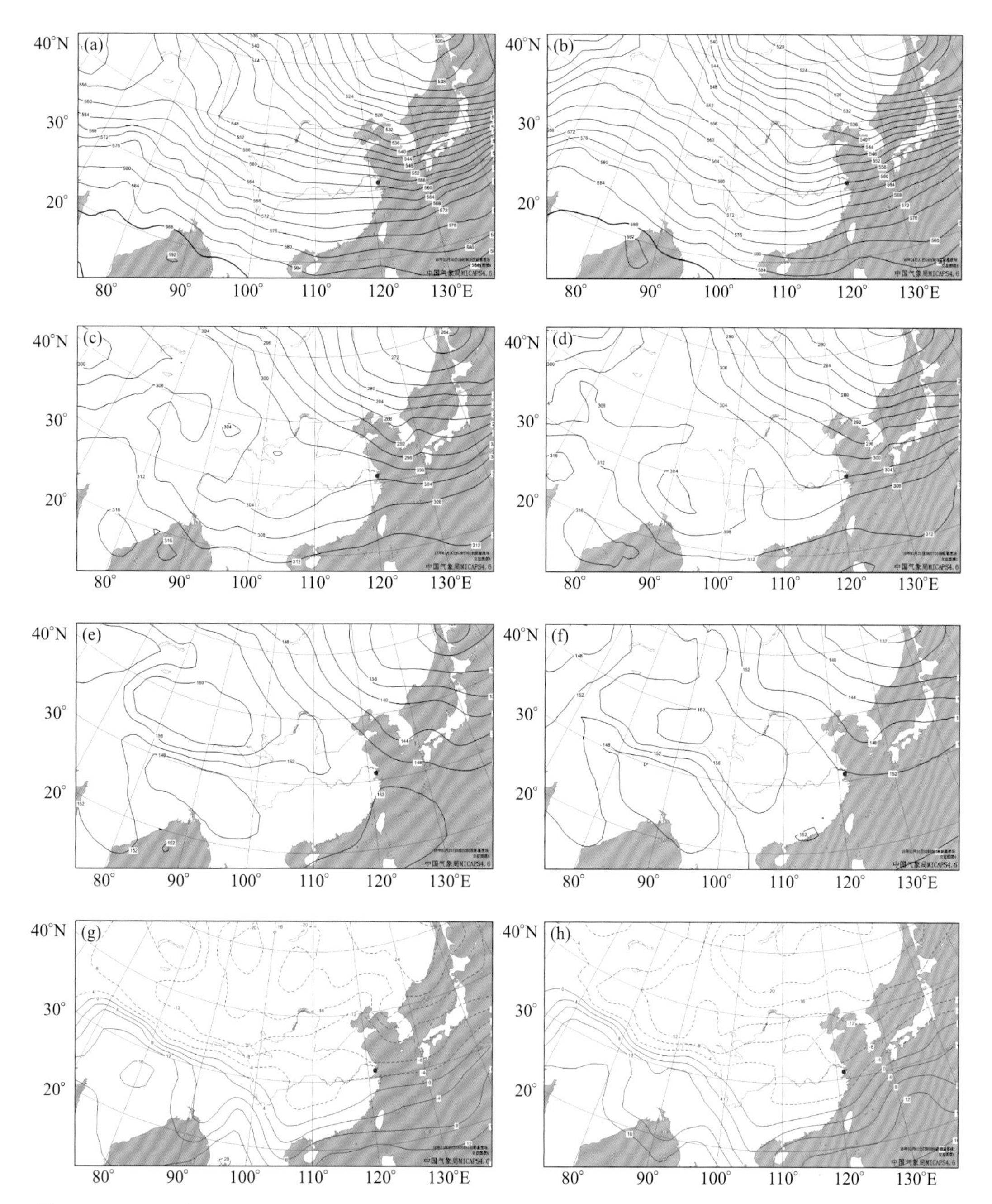

图5.9.2 2018年1月30日08时500 hPa(a)、700 hPa(c)、850 hPa(e)高度场及850 hPa温度场(g)；31日08时500 hPa(b)、700 hPa(d)、850 hPa(f)高度场；2月1日850 hPa温度场(h)（高度场单位：dagpm；温度场单位：℃；•：上海市位置）

受到槽后西北气流的控制，不利于大强度的降水产生，31 日（图 5.9.2b、d、f）虽然 500 hPa 和 700 hPa 上海市转受槽前西南气流的影响，但 850 hPa 上海市仍然位于槽后，高低空天气系统并不匹配，不利于出现大强度的降水，到 2 月 1 日上海市 500 hPa 和 700 hPa 又转为槽后西北气流控制（图略），总体来看，上海市高空形势不利于出现大强度的降水，为污染的发生、发展提供了有利的气象条件。850 hPa 温度场显示（图 5.9.2g、h），2 月 1 日以前上海市受暖脊控制，低层增温明显，为大气产生稳定层结创造了良好的条件，不利于 $PM_{2.5}$ 在垂直方向上扩散。

分析污染期间海平面气压场和地面风场，2 月 1 日以前（图 5.9.3a）上海市受 L 型高压的控制，为 L 型高压型，气压场较弱，地面风速较小，主导风向为西北风，整个华东中北部地区有大片霾区，污染范围较广，地面天气形势不利于 $PM_{2.5}$ 在水平方向上扩散，并且西北风有利于将上游污染物输送至上海市造成污染，另外，在高压控制下，上海市近地层为下沉气流，大气层结比较稳定，污染物在垂直方向上也得不到扩散，有利于 $PM_{2.5}$ 的积聚和污染的持续。2 月 1 日（图 5.9.3b）随着高压环流的东移，上海市位于高压中心的底部，主导风向转为东北风，来自海上的洁净空气有利于 $PM_{2.5}$ 浓度的稀释下降，对照图 5.9.1b 可以看到，随着风向的转换 $PM_{2.5}$ 出现了下降过程，污染过程结束。

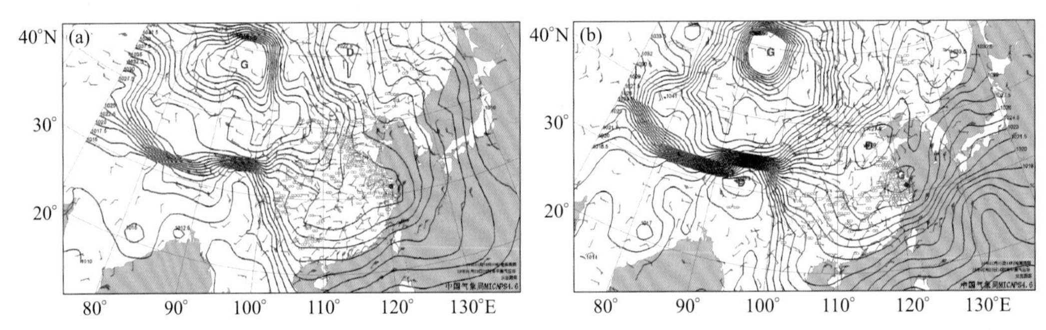

图 5.9.3　2018 年 1 月 29 日 20 时(a)、2 月 1 日 14 时(b)海平面气压场（单位：hPa）和地面风场（单位：m/s）（∞：霾区；•：上海市位置）

5.9.3　气象要素分析

图 5.9.4 给出了 2018 年 1 月 29 日 15 时—2 月 1 日 15 时上海市地面风向风速变化时序，分析地面风速变化可知，1 月 30 日风速是一个逐渐减小的过程，30 日夜间出现了静风，1 月 31 日夜间至 2 月 1 日地面风速有所增大，但总体来看污染时段（1 月 29 日 18 时—2 月 1 日 13 时）内大部分时段风速都在 3 m/s 以下，占总时段的 89.7%，静风时段占 7.4%，小的风速使得污染物在水平方向上不易扩散出去，为污染物的积聚创造了十分有利的条件。从风向变化来看，2 月 1 日 10 时以前上海市主导风向为西北风，来自陆地的风有利于上游污染物的输送，10 时以后上海市主导风向转向东北风，来自海上的洁净空气有利于污染物的稀释，对照图 5.9.1b 可以看到，$PM_{2.5}$ 浓度的变化与风向变化相对应，说明风向对 $PM_{2.5}$ 的浓度变化起到了重要的作用。

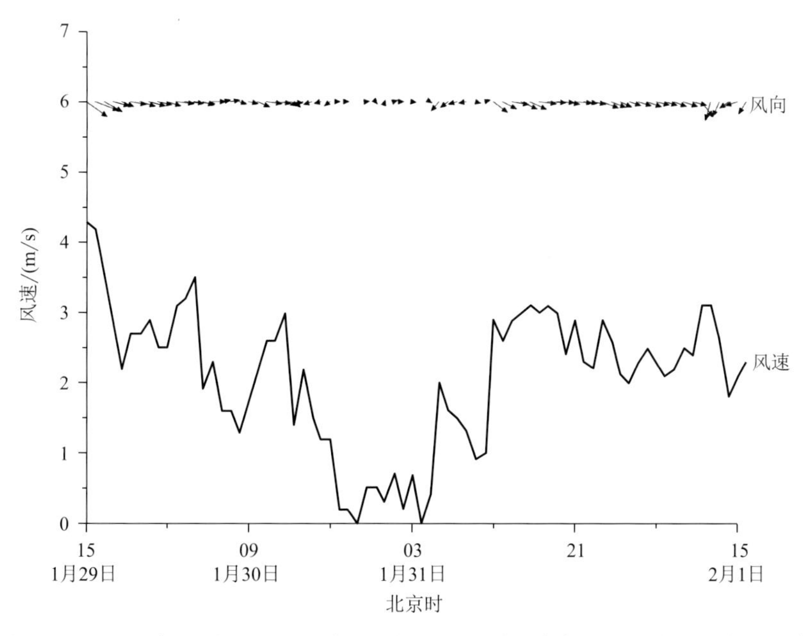

图 5.9.4 2018 年 1 月 29 日 15 时—2 月 1 日 15 时上海市地面风向风速变化时序

污染物在垂直方向上扩散受到垂直方向上温度分布状况控制，当出现逆温时，大气状况变得稳定，污染物的垂直扩散受到抑制，地面污染物容易积累。1 月 30 日夜间和 2 月 1 日早晨(图 5.9.5a、b)上海市近地面出现了辐射逆温，逆温层顶高分别为 45 m 和 250 m，逆温强度分别为 4 ℃/(100 m)和 1 ℃/(100 m)，30 日夜间逆温强度较强，因此有利于 $PM_{2.5}$ 积聚，容易造成长时间高浓度的污染过程。

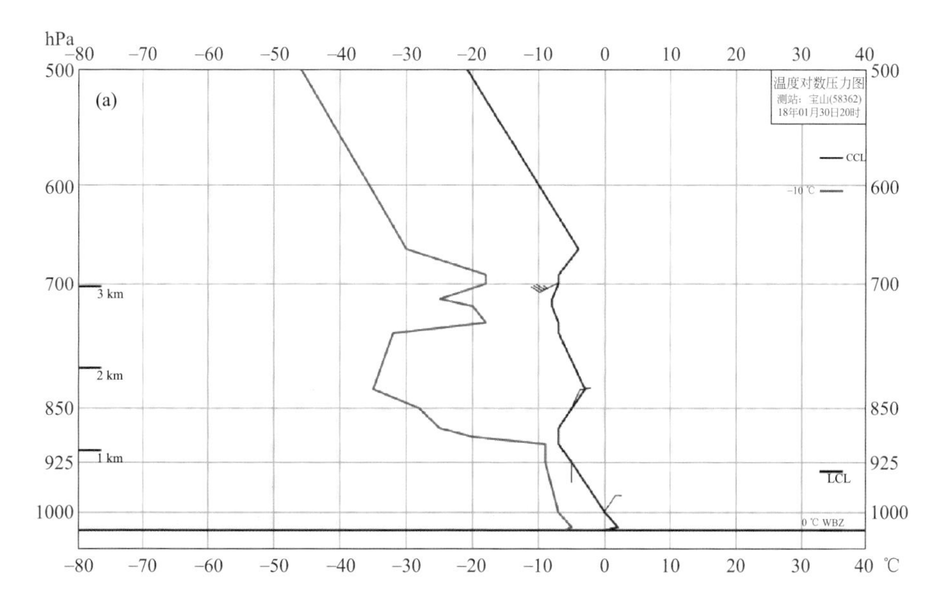

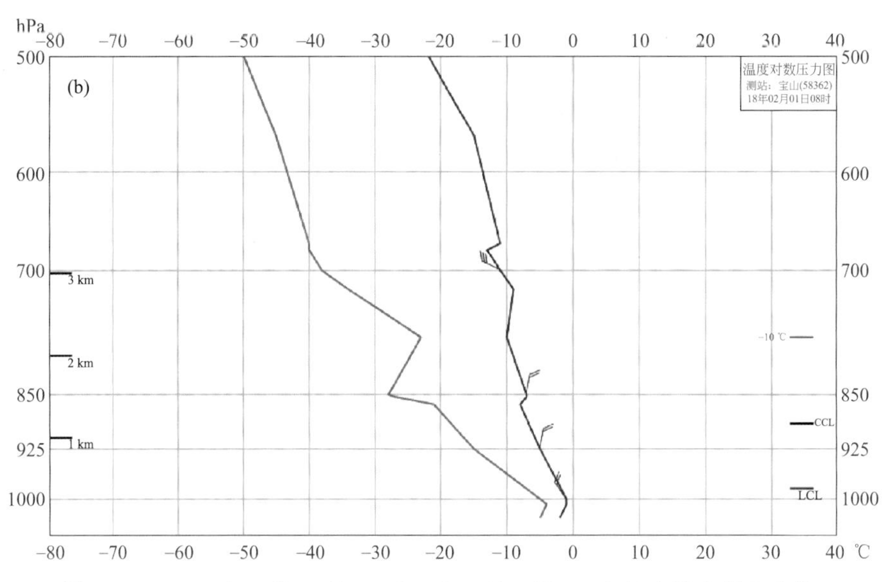

图 5.9.5 2018 年 1 月 30 日 20 时(a)和 2 月 1 日 08 时(b)上海市探空曲线，图中蓝线为温度曲线(单位：℃)

5.9.4 物理量诊断分析

利用 1 月 29 日 20 时—2 月 1 日 20 时 NCEP 每 6 h 一次的 FNL 1°×1°再分析资料对上海市(121°—122°E,31°—32°N)做区域平均的速度和散度垂直剖面图。从垂直速度图(图 5.9.6a)可以看到,850 hPa 以下垂直速度的绝对值基本在 0.2 Pa/s 及以下,说明这段时间上下层垂直交换较弱,不利于污染物在垂直方向上扩散,且 850 hPa 以下大部分时段都为弱的下沉气流,对污染物的垂直扩散进一步起到抑制作用。从散度垂直剖面图(图 5.9.6b)也可以看到,上海市 850 hPa 以下辐合辐散都弱,进一步验证了上述结论。

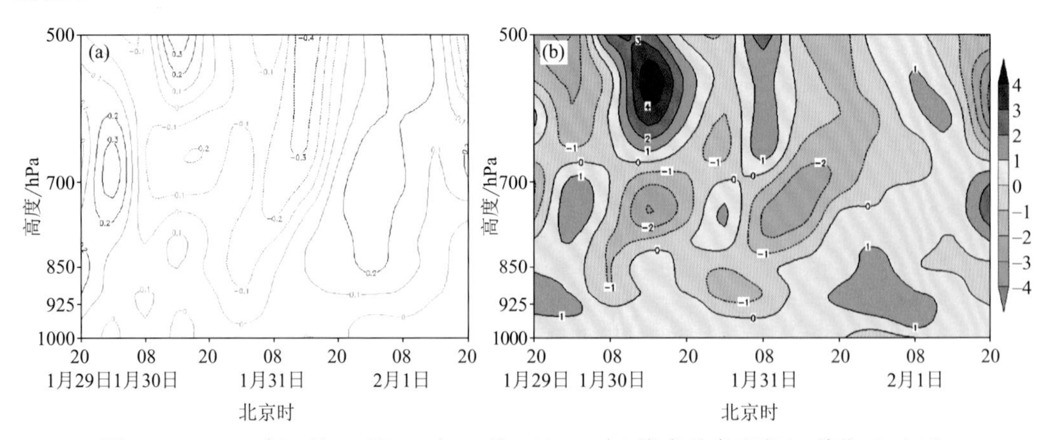

图 5.9.6 2018 年 1 月 29 日 20 时—2 月 1 日 20 时上海市垂直速度(a,单位:Pa/s)和散度(b,单位:10^{-6}/s)区域平均时序

5.9.5 垂直环流分析

由前文分析可知,污染期间上海市主导风向为西北风,因此,利用1月30日—2月1日NCEP每6 h一次的FNL 1°×1°再分析资料,从江苏省西北部地区(徐州市)至上海市做垂直环流剖面图(图5.9.7,该图中制作垂直环流时将垂直速度扩大了100倍)。从图上可以看到,污染期间垂直方向上存在一条输送通道,在上海市上游地区117°—118.5°E(江苏省北部地区)和119.5°—121°E(江苏省南部地区)850 hPa以下均存在上升运动,可以将当地污染物输送至中低空,污染物随着西北气流再输送至上海市上空,而上海市上空850 hPa以下为下沉运动,污染物可以通过下沉气流沉降至近地面。

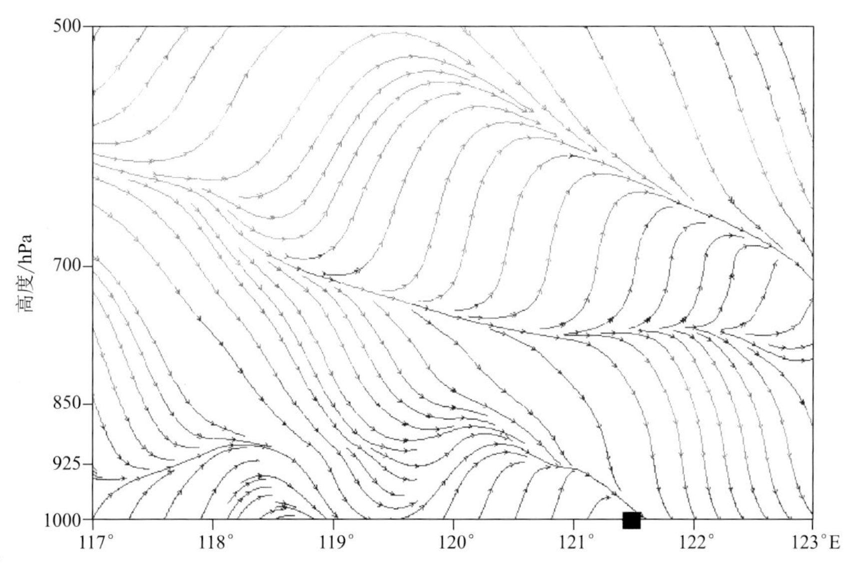

图5.9.7 2018年1月30日14时江苏—上海垂直环流剖面图(■:上海市位置)

5.9.6 后向轨迹分析

为了进一步验证$PM_{2.5}$的来源,选取上海市作为气团后向轨迹的终点,研究此次污染过程。图5.9.8给出了不同高度的气团到达上海市的轨迹,从图上可以看到,污染期间不同高度的气团来向基本一致,均来自上海市西北部,1500 m的气团从山东省西部地区经江苏省到达上海市,而500 m和100 m的气团则主要来自江苏省,同时不同高度的气团均出现了沉降现象。后向轨迹图进一步说明江苏省和山东省对上海市均有输送贡献。

5.9.7 小结

(1)2018年1月30日—2月1日上海市出现了连续3 d的$PM_{2.5}$污染过程,其中2 d重度污染、1 d中度污染。此次污染过程主要由本地污染物积聚叠加上游污染物输送造

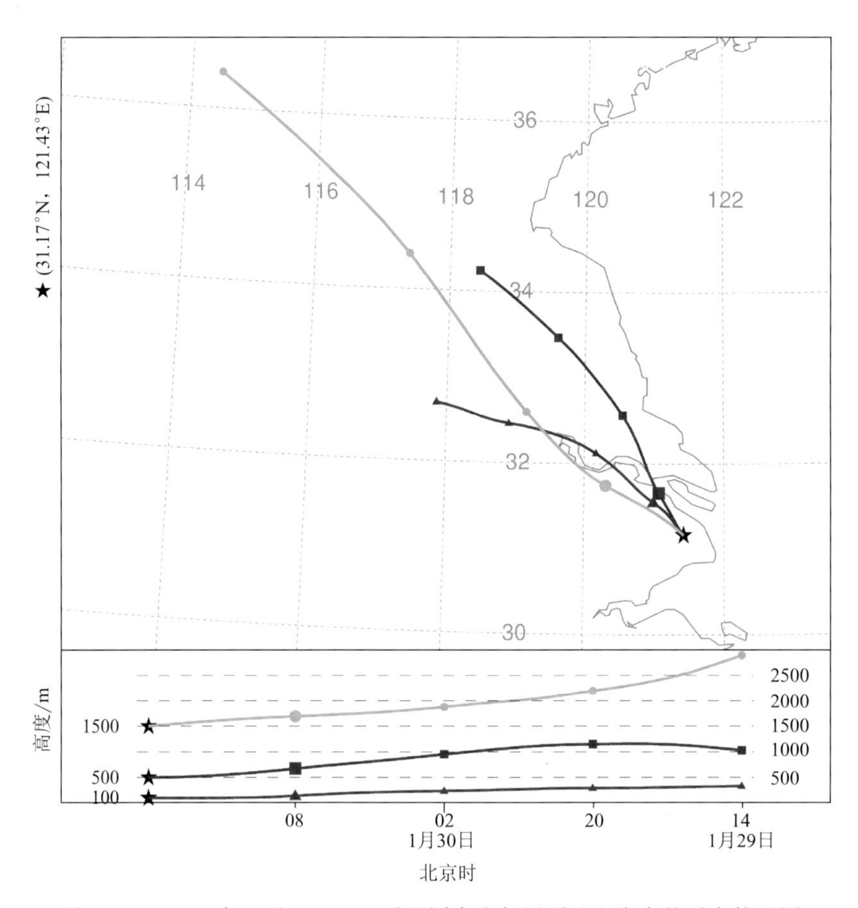

图 5.9.8　2018 年 1 月 30 日 14 时不同高度气团到达上海市的后向轨迹图

成，属于混合型污染。从 $PM_{2.5}$ 浓度变化来看，$PM_{2.5}$ 浓度前期上升速度较快，污染持续时间为 68 h，其中重度污染持续时间长达 59 h，此次过程污染时间较长，污染程度重。

(2)此次污染过程与天气形势的高低空配置有密切关系，污染期间上海市高空多为西北气流控制，且垂直方向上大部分时段层结较稳定，为污染的发生、发展提供了有利条件。从地面天气形势来看，上海市主要受 L 型高压的控制，为 L 型高压型，地面气压场较弱，且风向以西北风为主，因此地面天气形势有利于 $PM_{2.5}$ 的积聚和上游的输送。

(3)诊断分析污染时段的气象要素发现，污染时段内上海市地面风速较小，有静风出现，在垂直方向上垂直运动弱，且基本以下沉运动为主，大部分时段都出现了逆温，因此水平和垂直方向上的扩散条件都十分有利于 $PM_{2.5}$ 在地面堆积。另外，分析污染时段的风向发现，来自陆地的风有利于上游 $PM_{2.5}$ 输送至本地，而来自海上的洁净空气则有利于 $PM_{2.5}$ 浓度的稀释下降，风向对 $PM_{2.5}$ 浓度的变化起到了重要的作用。

(4)分析垂直环流发现，污染期间垂直方向上存在一条输送通道，污染物先通过上游地区的上升运动到达中低空，然后随着中低空气流到达上海市上空，最后再通过下沉运动沉降至近地面。后向轨迹分析则进一步证明江苏省和山东省对上海市均有输送贡献。

5.10 2020年12月11—13日污染过程

5.10.1 污染过程概述

2020年12月11—13日上海市出现了连续3 d的$PM_{2.5}$污染过程(图5.10.1a),其中12日达到了重度污染级别。图5.10.1b给出了11—13日$PM_{2.5}$小时浓度时序,从图上可以看到,11日上午$PM_{2.5}$浓度开始出现上升过程,12时达到轻度污染,19时达到中度污染,12日02时达到重度污染,13时出现第一个峰值,也是此次污染过程小时浓度最大值,达208.6 $\mu g/m^3$,之后$PM_{2.5}$浓度出现4 h的快速下降,但仍维持在污染水平,18时浓度再次出现上升过程,13日11时出现第二个峰值,之后浓度开始下降,到16时浓度出现了2 h的回升,之后浓度继续下降,于19时降回良等级,污染过程结束。污染时段为11日12时—13日18时,共55 h,其中出现了27 h重度污染、20 h中度污染,污染持续时间较长,污染程度重。

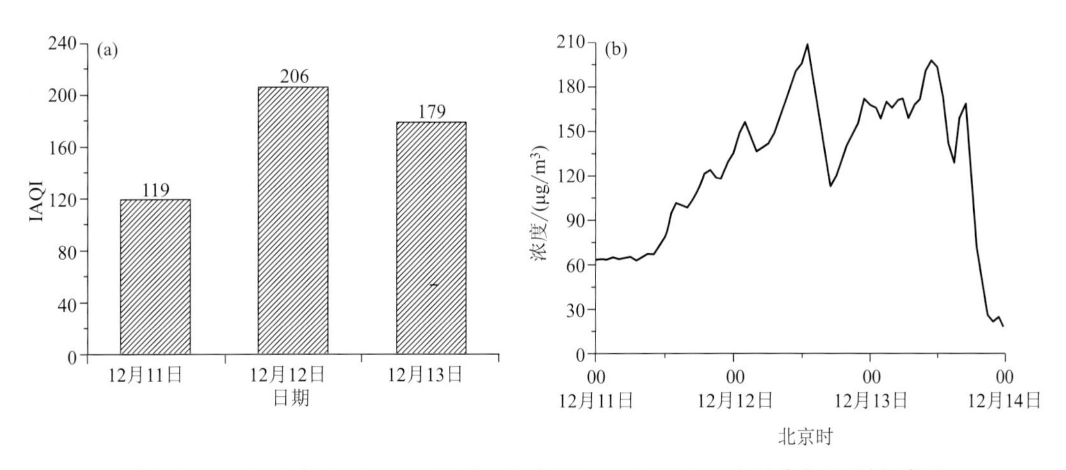

图5.10.1 2020年12月11—13日上海市$PM_{2.5}$ IAQI(a)和小时浓度(b)时间序列

5.10.2 天气形势分析

研究12月11—13日低空到高空的高度场(图5.10.2a～c,因为11—13日的高空形势基本一致,所以这里使用12日的高空形势图作为代表图)发现,上海市多位于槽后,受西北气流控制,不利于出现大强度的降水,为污染的发生、发展提供了有利的气象条件。850 hPa温度场显示(图5.10.2d),上海市多位于暖脊前部,受暖平流影响,低层增温明显,为大气产生稳定层结创造了良好的条件,不利于$PM_{2.5}$在垂直方向上扩散。

图5.10.3给出了12月11—13日海平面气压场和地面风场,可以看到11日至12日前期(图5.10.3a),上海市受高压楔影响,属于高压楔型,高压主体位于蒙古国西部地区,我国上海市主导风向为西北风,在上海市的上游地区安徽省、江苏省、山东省等地有大片

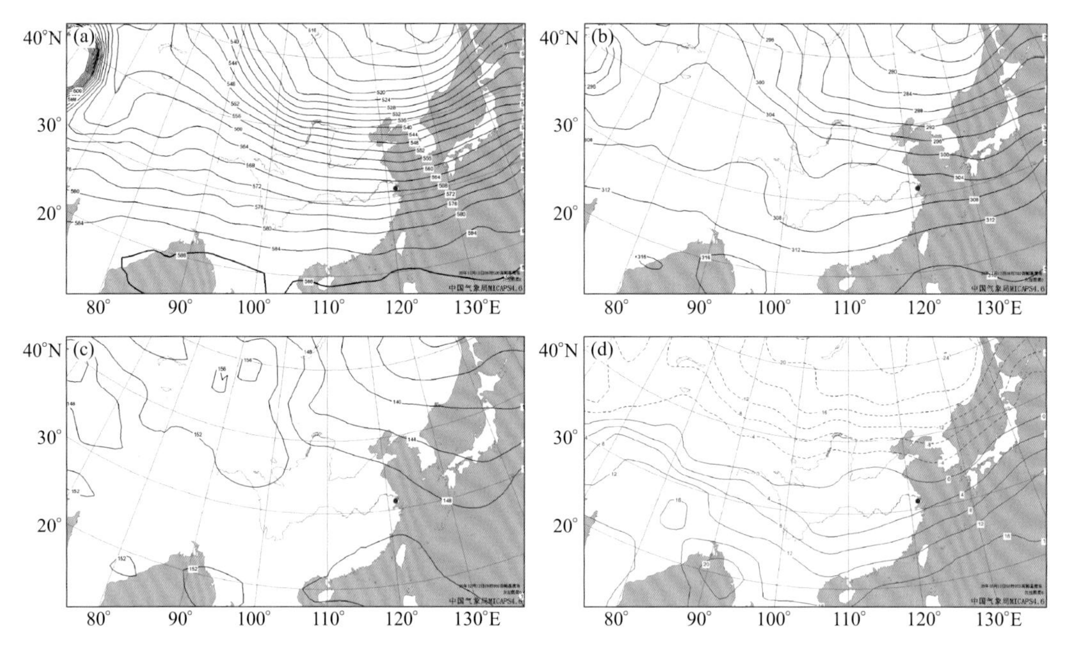

图 5.10.2　2020 年 12 月 12 日 08 时 500 hPa(a)、700 hPa(b)、850 hPa(c)高度场及 850 hPa 温度场(d)(高度场单位:dagpm;温度场单位:℃;•:上海市位置)

霾区,西北风有利于将上游污染物输送至上海市造成污染,另外,在高压楔的控制下,上海市气压场相对较弱,地面风速较小,近地层为下沉气流,大气层结也比较稳定,污染物在水平和垂直方向上都得不到扩散。到 12 日 14 时(图 5.10.3b),上海市位于高压中心附近,天气类型转为高压中心型,气压场进一步减弱,水平扩散条件进一步转差,上海市受本地污染物积聚影响。到 13 日 08 时(图 5.10.3c),北方有一股冷空气正在扩散南下,冷空气前锋已经到达江苏省和安徽省北部地区,在冷锋附近有大片霾区,上海市位于高压底前部,天气类型为冷空气型,主导风向仍然为西北风,随着冷空气逐渐南下,污染气团也随之向南输送,受冷空气输送影响,13 日上海市 $PM_{2.5}$ 浓度再次出现上升过程(图 5.10.1b),之后随着冷空气进一步向南扩散(图 5.10.3d),整个华东地区气压梯度明显增大,上海市地面风速也增大明显,大的风速有利于污染气团的快速过境,同时由于地面风向转到东北向,来自海上的洁净空气也对 $PM_{2.5}$ 浓度起到了稀释作用,因此,冷空气的影响虽然带来了污染,但也结束了上海市持续 3 d 的污染过程。

5.10.3　气象要素分析

图 5.10.4 给出了 12 月 11—13 日上海市地面风向风速变化时序,分析上海市地面风速变化可知,13 日冷空气影响前,上海市地面风速较小,大部分时段风速都在 3 m/s 以下,10 日和 12 日夜间都出现了静风,污染时段内(11 日 12 时—13 日 18 时)2 m/s 及以下风速时段占 47.3%,静风时段占 20.0%,小的风速使得污染物在水平方向上不易扩散出去,为污染物的积聚创造了十分有利的条件;13 日随着冷空气扩散南下,上海市地面风

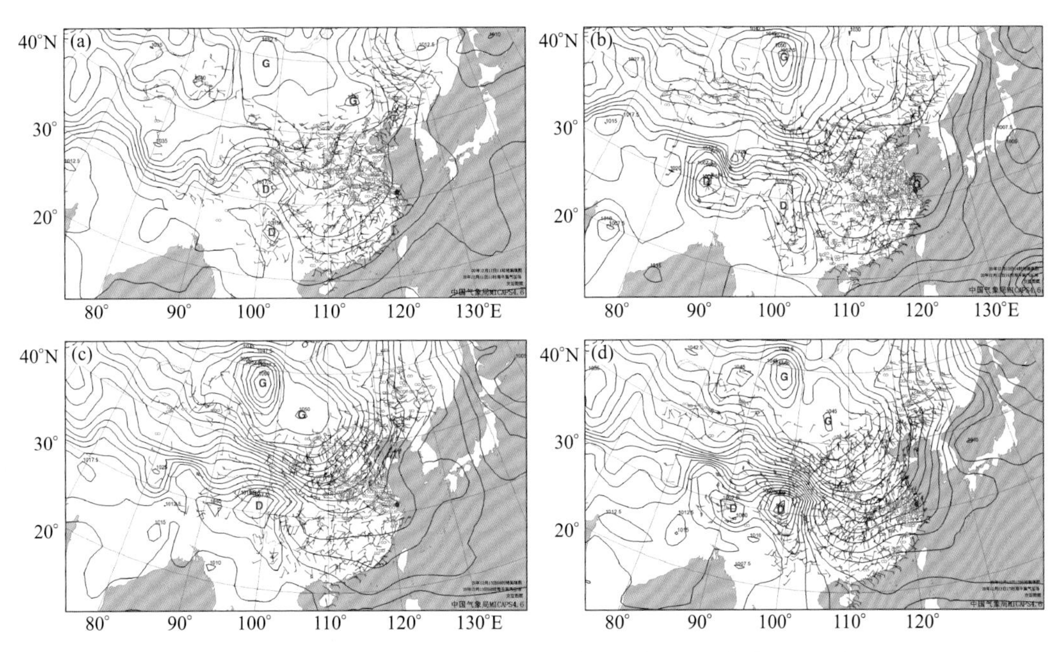

图 5.10.3 2020 年 12 月 11—13 日海平面气压场(单位：hPa)和
地面风场(单位：m/s)(∞：霾区；•：上海市位置)
(a)11 日 11 时；(b)12 日 14 时；(c)13 日 08 时；(d)13 日 17 时

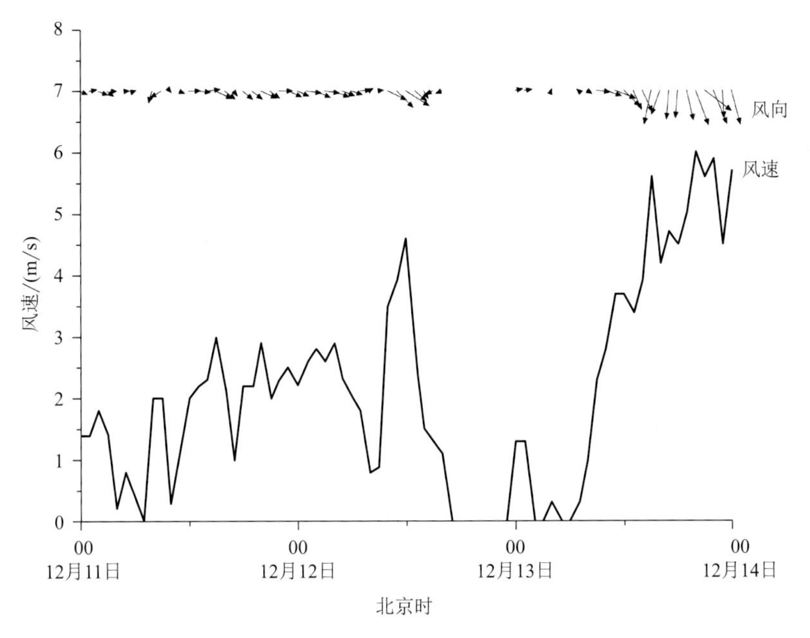

图 5.10.4 2020 年 12 月 11—13 日上海市地面风向风速变化时序

速增大明显，最大风速达到 6 m/s，水平扩散条件转好，有利于污染气团的快速过境。从风向变化来看，13 日中午前上海市地面风向以西北风为主，有利于上游污染物输送至上海市造成 $PM_{2.5}$ 污染，之后随着冷空气进一步向南扩散，上海市地面风向转为东北风，来自海上的洁净空气对于污染物的稀释下降起到一定的作用，对照图 5.10.1b 可以看到，

13 日随着风向的变化，再叠加较大的风速，上海市 $PM_{2.5}$ 浓度出现了迅速下降的过程，进一步说明地面风速风向的变化对 $PM_{2.5}$ 浓度的变化起到至关重要的作用。

图 5.10.5 为 12 月 12 日 20 时和 13 日 08 时上海市探空曲线，可以看到 12 日夜间—13 日早晨，上海市近地面都出现了辐射逆温，逆温层顶高分别为 170 m 和 224 m，逆温强度均为 2 ℃/(100 m)，逆温有利于 $PM_{2.5}$ 在低空不断积聚，容易造成污染。

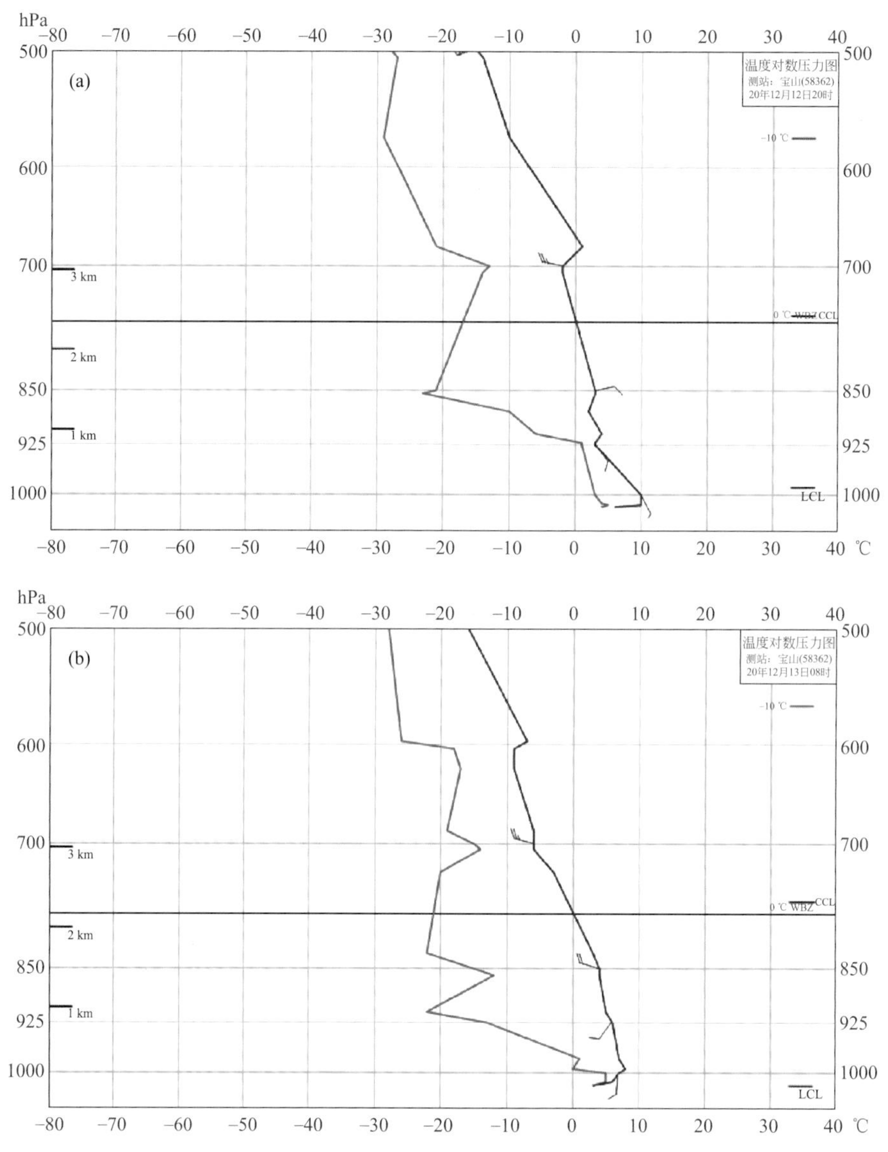

图 5.10.5　2020 年 12 月 12 日 20 时(a)和 13 日 08 时(b)上海市探空曲线，图中蓝线为温度曲线(单位：℃)

5.10.4　物理量诊断分析

利用 12 月 11 日 02 时—13 日 20 时 NCEP 每 6 h 一次的 FNL 1°×1°再分析资料对

上海市(121°—122°E,31°—32°N)做区域平均的速度和散度垂直剖面图。从垂直速度图(图 5.10.6a)可以看到,13 日以前 850 hPa 以下垂直速度的绝对值基本在 0.1 Pa/s 及以下,说明这段时间上下层垂直交换弱,不利于污染物在垂直方向上扩散,且上海市上空基本为下沉气流,对污染物的垂直扩散进一步起到抑制作用。从散度垂直剖面图(图 5.10.6b)也可以看到,13 日以前上海市 850 hPa 以下辐合辐散都弱,进一步验证了上述结论。

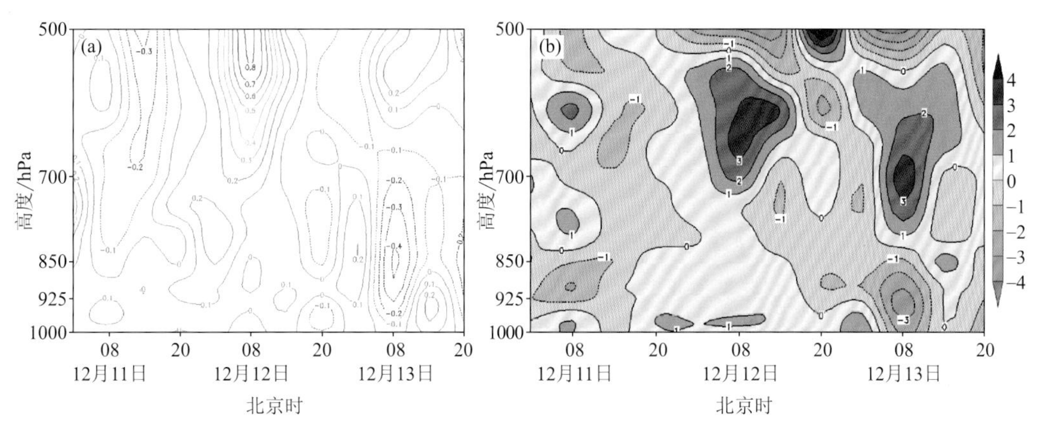

图 5.10.6 2020 年 12 月 11 日 02 时—13 日 20 时上海市垂直速度(a,单位:Pa/s)和散度(b,单位:10^{-6}/s)区域平均时序

5.10.5 垂直环流分析

由前文分析已知,污染期间上海市主导风向为西北风,12 月 11 日至 12 日中午及 13 日上海市受上游污染物输送影响,因此利用这段时间 NCEP 每 6 h 一次的 FNL 1°×1°再分析资料,从江苏省西北部地区(徐州市)至上海市做垂直剖面图(图 5.10.7,该图中制作垂直环流时将垂直速度扩大了 100 倍)。从图中可以看到,受输送影响期间上海市垂直方向上均有输送通道存在,12 月 11 日 14 时(图 5.10.7a)在 118.5°E 以西(江苏省北部地区)850 hPa 以下有上升运动,而 118.5°E 以东则为下沉运动,上海市上游地区的上升运动可以先将污染物输送至中低空,然后污染物随着中低空气流输送至上海市上空,再随着下沉运动沉降至近地面造成污染,而 12 日 02 时(图 5.10.7b)除了 118.5°E 以西有上升运动外,119.5°—120°E(江苏省中部地区)也有上升运动存在,13 日 14 时(图 5.10.7c)上升运动则出现在 120°E 以西(江苏省中部和北部地区),在这种环流配置下,上海市不仅有地面的 $PM_{2.5}$ 输送,中低空也有 $PM_{2.5}$ 的输送沉降。

5.10.6 后向轨迹分析

为了进一步验证 $PM_{2.5}$ 的来源,选取上海市作为气团后向轨迹的终点,研究此次污染过程。图 5.10.8 给出了上海市受污染物输送影响期间(12 月 11 日至 12 日中午及 13 日)不同高度的气团到达上海市的后向轨迹,从图上可以看到,到达上海市的气团均来自

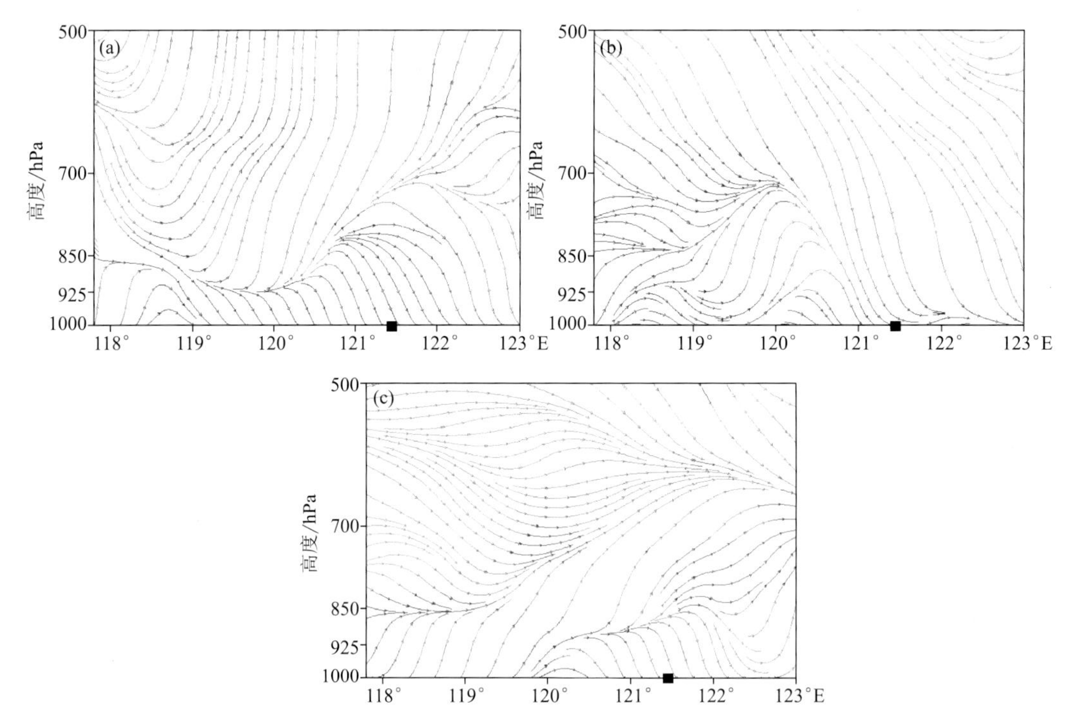

图 5.10.7 2020 年 12 月 11 日 14 时(a)、12 日 02 时(b)和 13 日 14 时(c)

江苏—上海垂直环流剖面图(■:上海市位置)

江苏省,100 m 和 500 m 的气团均出现了下沉现象。后向轨迹图进一步说明上海市 $PM_{2.5}$ 污染主要来自江苏省。

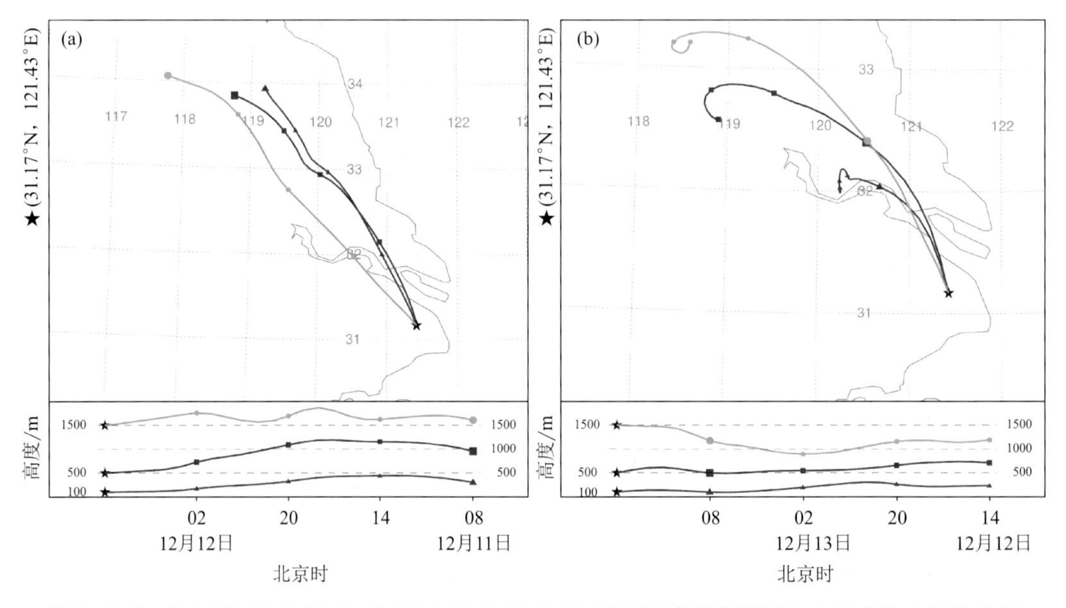

图 5.10.8 2020 年 12 月 12 日 08 时(a)和 13 日 14 时(b)不同高度气团到达上海市的后向轨迹图

5.10.7 小结

(1)2020 年 12 月 11—13 日上海市出现了连续 3 d 的 $PM_{2.5}$ 污染过程，其中 12 日出现了重度污染。此次污染过程成因比较复杂，3 种污染类型均有出现，其中 11 日至 12 日中午主要由本地污染物积聚叠加上游污染物输送造成，属于混合型污染，12 日下午至夜间主要由本地污染物积聚造成，属于积累型污染，13 日则受到上游污染物输送影响，为输送型污染。从 $PM_{2.5}$ 浓度变化来看，污染过程中 $PM_{2.5}$ 出现了 2 个峰值，污染时长 55 h，其中出现了 27 h 重度污染，污染时间较长，污染程度重。

(2)此次污染过程与天气形势的高低空配置有密切关系。污染期间上海市高空多为西北气流控制，且垂直方向上层结较稳定，为污染的发生、发展提供了有利条件。从地面天气形势来看，13 日以前上海市先后受到高压楔和高压中心控制，地面气压场较弱，13 日上海市受到冷空气影响，为冷空气型，且污染期间风向主要以西北风为主，因此，地面天气形势有利于 $PM_{2.5}$ 的积聚和上游的输送。

(3)诊断分析污染时段的气象要素发现，13 日冷空气影响前上海市地面风速较小，有静风时段，在垂直方向上垂直运动弱，且基本以下沉运动为主，12 日夜间至 13 日早晨出现了逆温，水平和垂直方向上的扩散条件都十分有利于 $PM_{2.5}$ 在地面堆积。13 日冷空气影响时，地面风速增大，大的风速有利于污染气团的快速过境。另外，分析污染时段的风向发现，来自陆地的风有利于上游 $PM_{2.5}$ 输送至本地，而来自海上的洁净空气则有利于 $PM_{2.5}$ 浓度的下降，风向对 $PM_{2.5}$ 浓度的变化起到了重要的作用。

(4)分析垂直环流发现，受输送影响期间垂直方向上均存在一条输送通道，污染物先通过上游地区的上升运动到达中低空，然后随着中低空气流到达上海市上空，最后再通过下沉运动沉降至近地面。后向轨迹分析则进一步证明上海市污染过程除本地积聚外还来源于上游地区的江苏省。

5.11 本章小结

通过分析上述 10 个污染个例发现，混合型污染是由本地污染物积聚叠加上游污染物输送造成的，因此，既具备积累型污染的特征，也有输送型污染的特征。

(1)从 $PM_{2.5}$ 浓度变化来看，由于既有本地积累又有上游输送，因此，$PM_{2.5}$ 污染往往持续时间较长，污染程度较重，污染过程中经常出现快速上升过程，重度及以上污染时段出现较多，长时间的连续污染过程出现频次较高。

(2)从天气系统高低空配置来看，污染多发生在槽后西北气流控制的天气形势下，此种形势下上海市出现降水的概率较低；而地面上造成混合型污染的天气形势种类较多，L 型高压、高压楔、高压顶部、低压系统等都会造成污染，但总体来看，L 型高压型控制下出现混合型污染的概率最高。

(3)从气象要素变化来看，上海市地面风速较小，经常出现静风，垂直方向上垂直运动弱，有时会有逆温，同时在高压系统的控制下，如果上海市上空近地层为下沉气流，会进一步抑制 $PM_{2.5}$ 向上扩散，水平和垂直扩散条件较差是混合型污染的一个重要特征。从地面风向来看，其变化对 $PM_{2.5}$ 浓度也有重要的影响，来自陆地的风有利于上游 $PM_{2.5}$ 输送至本地，而来自海上的洁净空气则有利于 $PM_{2.5}$ 浓度的稀释下降，如果在低压系统的控制下，上海市常出现局地风向辐合，有利于周边污染物迅速向辐合中心集中。垂直方向上混合型污染也经常存在一条输送通道，可以将上游污染物从中低空输送至上海市。

(4)混合型污染由于其污染持续时间较长，随着地面天气形势的变化常常与积累型污染及输送型污染交替出现。

混合型污染预报时需多关注地面风速风向的变化，较小的风速有利于 $PM_{2.5}$ 的本地积累，而来自陆地的风则有利于上游 $PM_{2.5}$ 的输送，如果两者叠加则容易引起长时间高浓度的污染过程，同时预报时还需关注中低空污染输送的可能性。另外，降水对 $PM_{2.5}$ 有一定的湿沉降作用，天气系统的高低空配置对于降水的产生尤为重要，也是预报时需要关注的重点。

第6章 总结和展望

6.1 上海市 $PM_{2.5}$ 污染天气概念模型总结

2013—2020 年上海市共出现 $PM_{2.5}$ 污染 392 d，根据高低空天气系统的配置及其对 $PM_{2.5}$ 浓度的影响，将 $PM_{2.5}$ 污染分为积累型污染、输送型污染和混合型污染 3 类，这 3 类中混合型污染出现频率最高。

积累型污染主要由本地污染物积聚造成，$PM_{2.5}$ 浓度日均值以轻度污染居多，污染持续时间较短，长时间的连续污染过程出现频次较低。积累型污染的地面影响天气类型包括高压中心型、鞍型场型和均压场型，其中高压中心型是造成积累型污染最主要的天气类型，在这 3 类天气形势的控制下，上海市地面风速小，有静风，垂直运动弱，经常会有逆温出现，水平和垂直扩散条件差是积累型污染最重要的特征。输送型污染主要由上游污染物输送造成，$PM_{2.5}$ 浓度日均值也以轻度污染居多，污染持续时间相对较短，长时间的连续污染过程出现频次较低，但短时污染程度经常达到重度及以上污染级别。输送型污染的地面影响天气类型包括冷空气型和低压型，其中冷空气型是造成输送型污染最主要的天气类型，在这 2 种天气形势的控制下，上海市地面风速较大，水平扩散条件较好，有利于污染气团快速过境，但地面主导风向一般为西向风（西北风、偏西风和西南风），来自陆地的风有利于上游污染物输送至本地，另外，垂直方向上输送型污染经常存在一条输送通道，可以将上游污染物从中低空输送至上海市。混合型污染是由本地污染物积聚叠加上游输送造成，其污染来源既有本地积累，也有外源输入，$PM_{2.5}$ 浓度日均值达到中度及以上级别的天数较前 2 种污染类型增多，污染持续时间也较长，长时间的连续污染过程出现频次较高，短时污染程度达到重度及以上级别的时段增多且持续时间较长。混合型污染的地面影响天气类型包括 L 型高压型、高压楔型、高压顶部型和低压型，其中 L 型高压型是造成混合型污染的主要天气类型，在这 4 种天气形势的控制下，上海市地面风速较小，经常出现静风，垂直运动弱，有时会有逆温，水平和垂直扩散条件较差是其一个重要特征，混合型污染地面主导风向也为西向风（西北风、偏西风和西南风），来自陆地的风有利于上游污染物输送至本地，在垂直方向上也经常存在一条输送通道，可以将上游污染物从中低空输送至上海市。

$PM_{2.5}$ 污染预报时需重点关注地面风速风向的变化，较小的风速有利于 $PM_{2.5}$ 的本地积累，如果垂直方向上再配合逆温，则出现积累型污染的可能性较大；当上海市地面主导风向为西向风（西北风、偏西风和西南风）时，同时上游地区已经出现霾区，则上海市出现输送型 $PM_{2.5}$ 污染的概率极高，风向变化的时间与 $PM_{2.5}$ 开始污染的时间密切相关；当较小的地面风速叠加西向风时，上海市则容易出现混合型 $PM_{2.5}$ 污染；对于输送型污染和混合型污染，预报时还需关注垂直方向上是否存在输送通道，将污染物从中低空输送至上海市。另外，需要注意的是降水对 $PM_{2.5}$ 有一定的湿沉降作用，天气系统的高低空配置对于降水的产生尤为重要，也是预报时需要关注的重点。

6.2 展望

目前，预报员对于 $PM_{2.5}$ 污染的预报主要依靠气象和大气化学模式预报产品和诊断产品，在对未来污染天气形势分析的基础上结合当前天气实况和污染实况做出污染判断，对于 $PM_{2.5}$ 污染开始时间、结束时间、污染峰值出现时间及峰值浓度等，常常出现预报偏差，也会出现污染空报或漏报的现象。虽然随着预报技术的不断进步，$PM_{2.5}$ 浓度的预报时效和预报准确率也在不断提高，但是仍然不能满足决策服务需求和公众服务需求，决策服务需求来源于政府决策部门对大气污染防治、重大社会活动保障等方面，其重点主要集中在长时效、重大污染过程判断等，而公众服务需求则是集中在人们需要更加精细化、个性化的预报服务。

面对日益增长的社会需求，如何加强空气质量预报和服务的能力建设，提高预报准确率、预报时效和服务精细化水平是未来发展的重点。随着全球数字化进程的加快，人工智能技术已成为引领未来世界发展的关键技术，其在环境气象方面应用前景巨大。首先，在多源数据融合方面，人工智能技术可以整合来自不同数据源的信息，包括地面观测、卫星遥感、气象雷达等数据，通过人工智能系统进行融合，提供全国范围的更详细的大气成分信息和气象信息，有助于预报员更好地分析污染的传输和演变过程。其次，在预报大模型方面，传统的气象和大气化学数值预报模型通常具有有限的时空分辨率，并且计算时间较长，而目前已知的应用人工智能技术建立的气象大模型，在预报精度、预报时效、资源效率等方面已达到或已超过传统数值预报模型，因此，发展应用人工智能技术建立的预报模型，可以有效提高预报精准度和预报时效，缩短计算时间，满足政府决策部门对长时效和重大污染过程的预报需求。最后，在公众智能服务方面，人工智能技术还可以为个体用户提供个性化的预报服务，通过结合用户的位置、健康状况和喜好等，人工智能系统可以为用户提供定制化的服务建议，包括是否户外活动、采取何种防护措施以及如何减少暴露于空气污染中等。未来，相信随着科学技术的不断进步，空气质量预报和服务将朝着更精确、更智能、更全面的方向发展。

参考文献

陈镭，马井会，耿福海，等，2016. 上海地区一次典型连续颗粒物污染过程分[J]. 气象，42(2)：203-212.

陈镭，马井会，甄新蓉，等，2017. 上海地区空气污染变化特征及其气象影响因素[J]. 气象与环境学报，33(3)：59-67.

陈敏，马雷鸣，魏海萍，等，2013. 气象条件对上海世博会期间空气质量影响[J]. 应用气象学报，24(2)：140-150.

耿建生，丁爱萍，陈佩君，2006. 南通市一次连续空气污染过程的气象特征分析广州环境科学，21(3)：18-21.

李小飞，张明军，王圣杰，等，2012. 中国空气污染指数变化特征及影响因素分析[J]. 环境科学，33(6)：1936-1943.

刘超，花丛，康志明，2017. 2014—2015 年上海地区冬夏季大气污染特征及其污染源分析[J]. 气象，43(7)：823-830.

王璟，伏晴艳，王汉峥，等，2008. 上海市一次罕见的连续 11 天空气污染过程的特征及成因分析[J]. 气候与环境研究，13(1)：53-60.

张国琏，甄新蓉，谈建国，等，2010. 影响上海市空气质量的地面天气类型及气象要素分析[J]. 热带气象学报，26(1)：124-128.

中华人民共和国环境保护部，2012. 环境空气质量标准：GB 3095—2012[S]. 北京：中国环境科学出版社：1-5.

CARROLL J J，DIXON A J，2002. Regional scale transport over complex terrain，a case study：tracing the sacramento plume in the Sierranevada of California[J]. Atmospheric Environment，36(23)：3745-3758.